“十四五”时期水利类专业重点建设教材

水资源管理学

沈大军　主编

中国水利水电出版社
www.waterpub.com.cn
·北京·

内 容 提 要

水资源管理学科是研究促进水资源可持续开发、利用、节约和保护的管理学科，研究管理水资源、水服务和水环境的机制、制度、体制和手段。本书按照管理科学框架，从人水关系出发，根据水资源开发、利用和保护的过程，构建水资源管理学科的水资源管理、水服务管制和水环境管理体系框架，包括：①水资源管理学基础，介绍水资源管理学科的发展和特点、水资源管理学基础和管理手段等；②水资源管理，介绍取水许可、水资源费（税）、水量分配和调度、水权等水资源管理手段和区域管理、流域管理与水危机管理等水资源管理体制；③水服务管制，介绍水服务进入管制、市场结构管制、价格管制、服务质量管制和管制体制等；④水环境管理，介绍水功能区管理、水污染物排放许可和交易、水环境管理经济手段和水环境管理体制等；⑤学科热点和前沿，介绍当前水资源管理学科的热点和前沿问题等。

本书可作为水利类、资源类、环境类、土木类、地学类、管理类等专业本科生、研究生教材，也可供专业技术人员使用和参考。

图书在版编目（CIP）数据

水资源管理学 / 沈大军主编. -- 北京 : 中国水利水电出版社, 2022.3
"十四五"时期水利类专业重点建设教材
ISBN 978-7-5226-0762-7

Ⅰ. ①水… Ⅱ. ①沈… Ⅲ. ①水资源管理－高等学校－教材 Ⅳ. ①TV213.4

中国版本图书馆CIP数据核字(2022)第098026号

书　　名	"十四五"时期水利类专业重点建设教材 **水资源管理学** SHUIZIYUAN GUANLIXUE
作　　者	沈大军　主编
出版发行	中国水利水电出版社 （北京市海淀区玉渊潭南路1号D座　100038） 网址：www.waterpub.com.cn E-mail：sales@mwr.gov.cn 电话：(010) 68545888（营销中心）
经　　售	北京科水图书销售有限公司 电话：(010) 68545874、63202643 全国各地新华书店和相关出版物销售网点
排　　版	中国水利水电出版社微机排版中心
印　　刷	天津嘉恒印务有限公司
规　　格	184mm×260mm　16开本　13印张　316千字
版　　次	2022年3月第1版　2022年3月第1次印刷
印　　数	0001—2000册
定　　价	**39.00**元

前　言

水资源管理学科是研究促进水资源可持续开发、利用、节约和保护的管理学科，研究管理水资源、水服务和水环境的机制、制度、体制和手段。水资源管理学科与水利工程学科是对立统一的学科体系，水利工程学科研究水资源的“硬”工程和技术体系，即工程手段；而水资源管理学科研究水资源的“软”科学体系，也就是管理措施。水资源管理学科和水利工程学科相辅相成，共同构成了水资源学科体系。

我国是水利大国，拥有十分悠久的水资源开发利用历史，古代成功的水利工程无一不伴随着科学合理的管理制度体系。改革开放以后，经过 40 多年长足和快速的发展，我国水资源管理工作取得了重大的历史性成就。水资源管理积极探索创新，从无到有、从有到严、从严到科学，我国已经基本建立了适合我国国情和水情的科学合理、系统综合的水资源管理框架体系，覆盖了我国水资源开发、利用、节约和保护的全过程。

正是在这样的体系建设下，我国水资源管理为提高水资源利用效率和效益、促进经济和社会可持续发展和保护生态环境做出了重大贡献。1980—2019 年，我国万元 GDP 用水量和万元工业增加值用水量分别从 $1501m^3$/万元（2019 年价，下同）和 $644m^3$/万元下降到 $60m^3$/万元和 $39m^3$/万元。更为可喜的是，我国在 2013 年达到用水总量峰值后，随后实现了用水总量的“零增长”，大大缓解了我国水资源供需矛盾和水环境压力。

但在水资源管理工作和实践取得重大成效的同时，我国水资源管理学科建设严重滞后，不能满足实际工作的需要。相对于水利工程学科完整系统的学科、教材和培养体系，至今，我国水资源管理学科教材十分稀少，更缺乏从管理科学角度开展水资源管理学科体系建设的教材。

正是基于以上设想，本教材按照管理科学框架，从人水关系出发，根据水资源开发、利用和保护的过程，构建水资源管理学科的水资源管理、水服务管制和水环境管理体系框架。

本书由顺序推进、前后连贯的五个部分组成，共十九章。第一部分为水资源管理学基础，包括第一章、第二章，介绍水资源管理学科的发展和特点、水资源管理学基础和管理手段等。第二部分为水资源管理，包括第三～九章，分别介绍取水许可、水资源费（税）、水量分配和调度、水权等水资源管理手段，以及区域管理、流域管理与水危机管理等水资源管理体制。第三部分为水服务管制，包括第十～十四章，介绍水服务进入管制、市场结构管制、价格管制、质量管制和管制体制等。第四部分为水环境管理，包括第十五～十八章，介绍水公共水环境管理、水污染物排放许可、水环境管理经济手段和水环境管理体制等。第五部分为学科热点和前沿，为第十九章，介绍当前水资源管理学科的热点和前沿问题，包括水资源统一管理、水治理、政府和社会资本合作、最严格水资源管理制度和河（湖）长制等。本书计划教学时数为 34～42 学时，具体的学时分配和教学内容可由任课教师根据本学科和专业教学计划安排确定。

本书是作者在 2004 年科学出版社的《水管理学概论》所建立的学科框架基础上形成的，并加入了近 20 年参与管理工作实践和开展管理科学研究的成果。同时，自 2011 年以来，作者在中国人民大学开设了研究生和本科生的水资源管理学课程，经过不断调整和总结，形成了本书的框架和内容。

在此，十分怀念和感谢我各个学习阶段的指导老师梁瑞驹教授、刘昌明教授、陈传友教授和和苏人琼教授。

由于第一次编撰教材，存在很大的难度和挑战，特别是作者水平有限，书中错误和缺点在所难免，欢迎广大读者批评指正。

作　者

2021 年 9 月

目　录

第三部分　水服务管制

第四部分 水 环 境 管 理

第五部分 学 科 热 点 和 前 沿

第一部分

水资源管理学基础

第一章 概 论

水是生命之源，是人类生存和发展不可或缺的自然资源。实现水资源可持续开发利用，是经济和社会可持续发展与生态环境保护的基础。实现水资源可持续开发利用的途径包括工程措施和非工程措施。非工程措施就是水资源管理。

水资源管理学科是研究人水关系的科学，是从自然与经济和社会相结合的角度研究水资源管理理论、机制、制度、体制和手段以及如何改善水资源管理的一门学科，是公共管理学、水资源学、应用经济学、自然资源和环境学、社会学等学科的交叉学科，具有公共管理学科内涵的普遍性和水利与土木工程学科、环境科学与工程学科内涵的特殊性。

第一节 概 念

水资源管理是应用行政、市场和社会等各种手段管理涉水行为的总称。水资源管理的目标是以水资源的可持续利用支撑经济社会的可持续发展，体现在三个方面：一是保障社会经济发展用水；二是提高用水效率和效益；三是维系良好的生态与环境。由于对水资源与管理的不同认识和理解，水资源管理可能存在各种不同内涵和外延。

水资源是自然资源中的重要一类。目前，水资源含义丰富，概念多样，其主要区别体现在时间和空间尺度上对水资源范围的界定。广义的水资源概念和定义不考虑水资源的时间、空间和数量、质量的差别，如"水资源是指地球上一切形态（液态、固态和气态）的水"；狭义的水资源强调水资源的时间、空间和数量、质量的限制，如 1988 年 UNESCO 和 WMO 定义"作为资源的水应当是可供利用或有可能被利用，具有足够数量和可用质量，并可适合某地对水的需求而能长期供应的水源"。而且随着技术的进步，一些非天然水也被纳入水资源的范畴，如再生水等。由于水资源范围的不同，体现在水资源管理上，水资源管理的对象就会有很大的差别，从而导致相应的水资源管理的差别。

同时，在具体的工作中，水资源活动的范围也有广义和狭义之分。广义的水资源活动包括水资源开发、利用、节约和保护的全过程，涵盖取水、供水、用水和污水收集、处理和排放等活动，包括水资源、供用水、水环境和水生态等内容；而狭义的水资源活动仅限于水资源或资源范围的水的活动，而不包括供用水、水环境治理和水生态保护等环节。

管理是人类各种组织活动中最普通和最重要的一种活动。作为一种知识体系，管理学是管理思想、管理原理、管理技能和方法的综合。管理的含义也有多种表达方式。广义的管理是指应用科学的手段安排组织社会活动，使其有序进行；狭义的管理是指为保证一个单位全部业务活动而实施的一系列计划、组织、协调、控制和决策的活动。管理一般有五个要素，包括管理主体、管理客体、管理目标、管理方法和管理理论。此外，管理还有计划、组织、指挥、监督和调节等五大职能。结合水资源，水资源管理在管理体系中呈现不同的含义。如从管理主体反映，水资源管理可以包括上至国际组织，下至个人的各个行为主体，如联合国、国际河流管理委员会、国家政府、各级政府部门、社会团体、个人等。从管理制度反映，水资源管理包括如法律规定的正式的制度安排，也包括各类非正式的制度安排，如习俗和传统等。

因此，广义的水资源管理是指在不同的社会层次管理水资源、水服务和水环境的政治、社会、经济和行政系统。狭义的水资源管理是指对某一特定管理主体或管理对象的涉水管理行为和活动。

第二节 学科形成和发展

尽管古代就存在如水权分配和灌溉管理等水资源管理活动，但现代水资源管理学的形成应该不早于水资源概念的形成。在水资源概念确立以后，基于水资源开发、利用、节约和保护的要求，水资源管理学科逐步形成和发展起来。从 20 世纪初开始，发达国家修建了大量的水利工程，提供了经济和社会发展所需的水资源以及水电和航运等便利；至 20 世纪六七十年代，发达国家的大规模水利工程建设基本停滞，水资源管理开始逐步成为水行业的重点和主流。

作为专业名词的“水资源”最早出现于正式的机构名称，1906 年美国地质调查局（U. S. Geological Survey，USGS）将 1902 年组成的水文处（hydrographic branch）改名为水资源处（water resources branch），并一直延续到现在。水文处的主要职能包括径流测量、地下水、工农业水质和垦务等。

世界范围对水资源及其管理问题的广泛重视，主要是由于 20 世纪后半叶、许多国家用水量急剧上升，一些地区出现水危机。为此，1977 年 3 月联合国在阿根廷马德普拉塔召开水会议（the UN Water Conference），通过了“马德普拉塔行动计划”（the Mar del Plata Action Plan），提出需要重视水政策、规划和管理。另一次重要的国际水会议是于 1992 年在爱尔兰都柏林召开联合国水和环境国际会议（International Conference on Water and the Enviroment，ICWE），通称为“都柏林会议”，会议形成了著名的“都柏林原则”。

我国是一个文明古国，也是一个水利古国，灌溉在我国具有十分悠久的历史。宋、元时，已有较完善的渠系用水制度，这是我国水资源管理制度的起源。改革开放以后，伴随着经济和社会的快速发展，水资源短缺、水污染等水资源问题逐步显现，我国的水资源管理工作开始起步，并成为水利工作的重要内容。1979—1984 年，我国开展了第一次全国水资源评价，对全国水资源数量、质量及其时空分布特征、开发利用状况进行了全面分析评价。1982—1986 年，水利电力部组织开展了中国水资源供需分析研究。1984 年，国务院决定由水利电力部负责全国水资源管理工作。

在水资源管理工作开展的同时，与水资源管理相关的学科以及知识迅速融入和应用，如水文学、水资源学、经济学、管理学、社会学和环境学等。水资源管理学科体系和框架逐步形成、发展和清晰，并逐步形成相对独立的学科，指导和应用于水资源管理实践。

第三节　学科研究对象和学科体系

一、研究对象

总体来讲，水资源管理学科的研究对象是人水关系，体现在两个方面，一是水资源活动中人水关系的协调，如取水中水资源开发量的确定和管理、污水排放中水污染物排放的管理等；二是由于水的关系而形成的人与人之间关系的管理，如水服务中价格制定等。同时，按照不同的分类，水资源管理学科的研究对象可以包括水资源管理理论和实践；水资源管理机制、制度、体制和手段；水资源开发、利用、节约和保护等。

二、学科体系

水资源管理学科体系主要框架如图 1－1 所示。从人水关系出发，按照水资源开发、利用和保护的过程，水资源管理学科框架包括水资源管理、水服务管制和水环境管理三个组成部分。

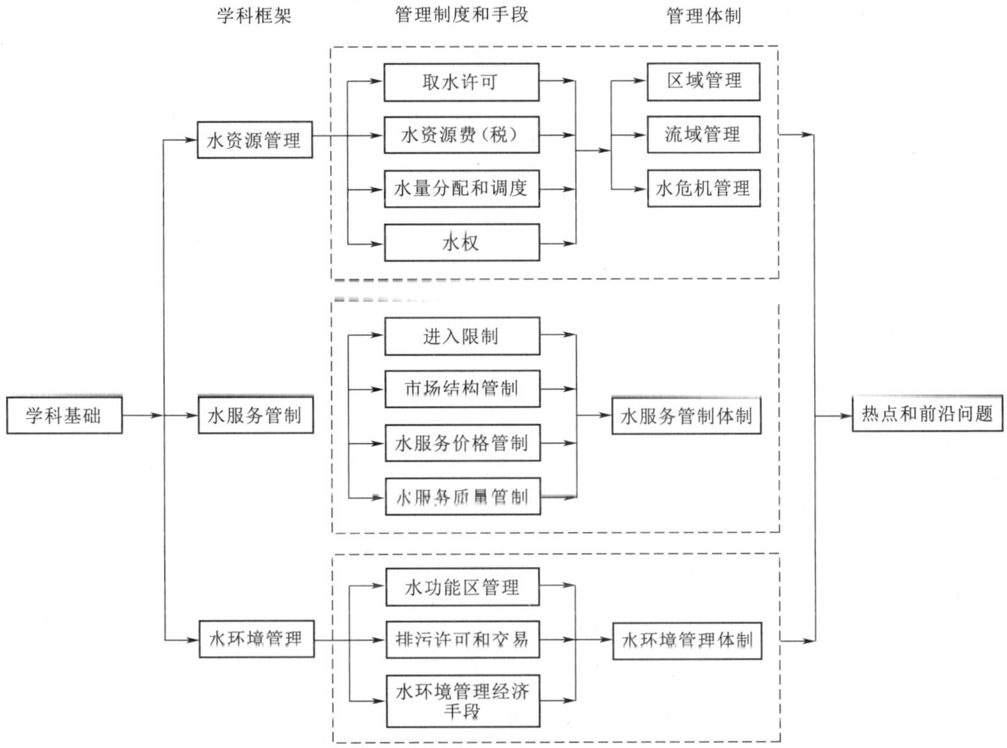

图 1－1　水资源管理学科体系主要框架图

在每一组成部分中，按照管理制度和手段、管理体制进行了区分。在管理手段中，按照管理手段类型，分别对命令控制型和经济激励型管理手段进行了阐述。同时，在空间尺度上，在命令控制型管理手段下，分别从宏观和微观角度进行了划分，宏观的管理手段包括水量分配和调度、进入限制和功能区管理等；微观的管理手段包括取水许可、水资源费（税）、水服务价格管制、排污许可和排污费（税）等。另外，考虑水资源的流域特性，在管理体制部分中对流域管理和区域管理进行了阐述，并加入了水危机管理，从而构成了完整时间尺度的管理体系。

按照以上的学科框架和体系，全书由十九章构成，可以分为五个部分。

第一部分为水资源管理学基础，包括第一～二章，介绍水资源管理学科的发展和特点、学科基础和管理手段等。

第二部分为水资源管理，包括第三～九章，分别介绍取水许可、水资源费（税）、水量分配和调度、水权等水资源管理制度和手段，以及区域管理、流域管理和水危机管理等管理体制。

第三部分为水服务管制，包括第十～十四章，分别介绍水服务进入管制、市场结构管制、价格管制、质量管制和管制体制等。

第四部分为水环境管理，包括第十五～十八章，将分别介绍公共水环境管理、水污染物排放许可、水环境管理经济手段和水环境管理体制等。

第五部分为学科热点和前沿，为第十九章，介绍水资源管理学科发展过程中和当前的热点和前沿问题，包括水资源统一管理、水治理、政府和社会资本合作、最严格水资源管理制度和河（湖）长制等。

第四节　学科特点和研究方法

一、学科特点

水资源管理学科涉及与水资源有关的自然、经济和社会系统，研究问题包括自然科学、工程科学和人文社会科学问题。

1. 交叉性

水资源管理学科的知识来自三个方面：一是自然科学，如水文学、水资源学、环境学、自然资源科学和生态学等；二是工程科学，如水利工程学和环境工程等；三是人文社会科学，如管理学、经济学、法学和社会学等。水资源管理学是隶属于公共管理、应用经济学、农林经济管理和水利与土木工程、环境科学与工程等一级学科下的交叉学科，具有公共管理学科内涵的普遍性和水利与土木工程学科、环境科学与工程学科内涵的特殊性。

水资源管理学科基于水文水资源科学和工程、水环境科学和工程、公共管理学、应用经济学和社会学等学科的基础，探讨如何科学合理解决和有效预防水资源、水环境和水生态问题；从公共管理和社会治理等多方面研究如何促进和实现水资源和水环境的可持续开发和利用，并推动水文水资源学、公共管理学和应用经济学等相关学科的交叉融合和发展。

2. 综合性

综合性是指水资源管理学科需要将各学科的知识综合到水问题上，运用各种管理手段综合、系统和协调解决各类水问题。

3. 实践性

水资源管理学科是一门直接服务于人类社会发展的学科，其产生就是为了解决人类经济和社会发展碰到的各类水资源、水服务和水环境问题，其主要的内容是应用管理理论和手段解决各类水资源、水服务和水环境问题。因此，水资源管理学科是一门实践性很强的学科，需要不断将理论应用于各类水问题，并完善学科理论体系。

4. 发展性

现代水资源管理学科体系发展时间还比较短，还在随着人们对水问题的认识深入而不断发展，各类新的理论和实践也不断显现。如水资源统一管理（integrated water resources management）和水治理（water governance）就是随着20世纪90年代世界治理发展的潮流而提出的水资源管理学科新理念；水权及其交易理论和实践也随着管理机制的创新而不断丰富。

二、研究方法

1. 理工和人文社会科学综合分析

水资源管理学科特点决定了需要综合运用理工和人文社会科学分析方法，并将这些方法有机结合。水资源管理学科需要应用水文分析方法、水资源计算和统计、水环境分析等方法研究水资源和水环境的物理和化学特性，需要应用管理学、经济学和社会学等分析方法研究管理机制、制度、体制和手段等。

2. 定性和定量分析相结合

水资源管理学不仅需要分析大量的定量问题，还需要定性分析许多管理政策和手段。

3. 系统分析方法

人水关系是一个复杂的大系统，横跨自然、社会、经济和生态系统，不仅涵盖水资源开发、利用、节约和保护的全过程，还包含上至国际、国家，下至用水单位和个人的整个经济和社会体系，影响流域生态系统。因此，水资源管理学需要应用系统的方法和手段，全面分析各类水问题。

第五节 与相关学科的关系

根据学科框架体系，水资源管理学科涉及的相关主要学科包括三个方面，一是自然科学为主的学科，如水文学和水资源学、水环境学等；二是工程学科，如水利工程学科、水环境工程学科等；三是人文社会学科，如管理学、经济学、社会学和法学等。

自然科学为水资源管理学科提供科学基础。水资源管理学科的科学基础需要自然科学提供，如水文学通过水循环为水资源管理学科建立水资源及其演变机理；水资源学为水资源管理学科建立水资源监测、调查和评价体系；水环境学为水资源管理学科建立水环境变化规律分析。

工程学科为水资源管理学科提供工程技术条件。通常，管理学科是工程学科的对立学科，管理学科研究解决问题的“软”途径，即管理措施；而工程学科提出解决问题的“硬”措施，如工程和技术手段。如水利工程学科研究与水有关的或水利工程建设，水环境工程也通过建设污染物收集和处理设施解决环境问题。但水工程学科与水资源管理学科相辅相成，共同促进水问题的解决。在发展阶段上，一般工程学科发展先于管理学科，但随着工程建设的基本完成，水资源管理学科将占据越来越重要的地位。

人文社会学科为水资源管理学科提供管理框架。人文社会学科包括管理学、经济学、社会学、法学和政治学等。这些学科为水资源管理学科建立和提供管理框架体系，包括管理理论、机制、制度、体制和手段等，并应用于水资源活动，与自然科学和工程学科共同综合形成水资源管理学科。

第六节　学科任务和主要内容

本教材可以作为水文与水资源工程、农业水利工程、公共事业管理以及水资源、水环境管理等相关专业的一门专业课教材。它的基本任务是：让学生学习水资源管理学科基本理论、基本知识，了解水资源管理学科框架，熟悉水资源管理、水服务管制和水环境管理的管理手段和具体应用。

本教材从管理学角度设置了学科的主要内容。本书的主要内容根据我国经济、社会发展和生态环境保护对水资源及其管理的现实需求、水资源特点和管理需求，按照《中华人民共和国水法》和《中华人民共和国水污染防治法》的规定，从人水关系的框架出发，研究如何科学合理地管理水资源、水服务和水环境。

本教材是相对比较系统的水资源管理学科体系的介绍。在课程的安排中，可以根据学生的前期课程安排和学习情况，酌情选择学科的内容；也可以根据专业要求，有选择重点突出部分内容。另外，建议在课程教学的同时，安排一定的课外阅读材料。

各章的学时分配为：第一章水资源管理学概论 1 学时；第二章学科基础 2 学时；第三章取水许可 2 学时；第四章水资源费（税）2 学时；第五章水量分配和调度 2 学时；第六章水权 2 学时；第七章区域管理 2 学时；第八章流域管理 2 学时；第九章水危机管理 1 学时；第十章水服务进入管制 1 学时；第十一章水服务市场结构管制 1 学时；第十二章水服务价格管制 3 学时；第十三章水服务质量管制 1 学时；第十四章水服务管制体制 1 学时；第十五章公共水环境管理 2 学时；第十六章水污染物排放许可 3 学时；第十七章水环境管理经济手段 2 学时；第十八章水环境管理体制 1 学时；第十九章学科热点和前沿 2 学时。

思　考　题

1. 分析水资源管理的概念、内涵和范围。
2. 如何理解水资源管理学科的交叉学科的性质？
3. 从水资源及其开发利用发展过程，思考水资源管理学科发展过程。

参　考　文　献

[1]　陈家琦，王浩，杨小柳. 水资源学 [M]. 北京：科学出版社，2002.
[2]　沈大军，梁瑞驹，王浩，等. 水价理论与实践 [M]. 北京：科学出版社，1999.
[3]　沈大军. 水管理学概论 [M]. 北京：科学出版社，2004.
[4]　左其亭，窦明，马军霞. 水资源学教程 [M]. 北京：中国水利水电出版社，2016.

第二章　学　科　基　础

第一节　水循环和水资源

一、水循环

地球上的水连续不断地变换地理位置和物理形态（相变）的运动过程，称水分循环，又称水循环或水文循环。水的三态转化特性是产生水分循环的内因，太阳辐射和重力作用则是水分循环的动力。自然界的水循环是连接大气圈、水圈、岩石圈和生物圈的纽带，是自然环境中发展演变最活跃的因素，并形成了地球上的淡水资源。

根据水循环的过程，水循环包括海陆间水循环、内陆水循环和海上内循环（图 2－1）。海陆间水循环是海洋水与陆地水之间的相互转化。具体过程是，海洋表面的水经过蒸发变成水汽，水汽上升到空中，随着气流运动被输送到大陆上空。其中一部分水汽在适当的条件下凝结形成降水。降落到地面的水，一部分沿地面流动形成地表径流；一部分渗入地下，形成地下径流。径流经过江河汇集，最后又回到海洋。海陆间水循环又称大循环。

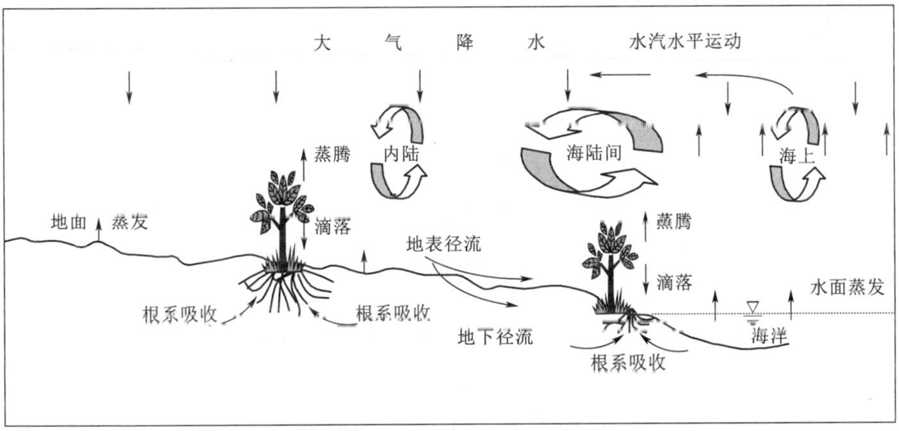

图 2－1　水循环过程

内陆水循环是指从陆地表面蒸发的水汽，在内陆上空成云致雨，然后再降落到大陆表面上，又称为陆地小循环。海上内循环是指从海洋表面蒸发的水汽，在海洋上空成云致雨，然后再降落到海洋表面上，也称为海洋小循环。

自然界的水循环一般包括蒸发、水汽输送、降水和径流等环节。

蒸发包括水面蒸发、陆地蒸发和植物蒸腾，是水分通过热能交换从固态和液态转化为气态的过程，也是水分从地球地面和水体进入大气的过程。蒸发过程是水循环的重要环节，陆地上年降水量的 66％通过蒸发返回大气。影响蒸发的因素很多，包括热能供应、水汽运动机制以及水温、气温、风、气压和大气辐射等，这些因素综合作用影响蒸发过程和蒸发量大小。

水汽输送是指大气中的水汽由气流携带从一个地区上空输送到另一个地区的过程。它揭示了一个地区上空水汽输送的源地、路径、强度、场的结构以及它们随时间的变化。陆地和海洋表面的水经蒸发后，如果不经过水汽输送就只能降落到原地，不会形成地区间和全球水循环。大气中的水汽含量虽然只占全球水循环系统总水量的1.53%，但却是全球水循环过程中交换最活跃的部分，全球大气水平均8天更新一次，一年可更新45次，其更新速度远快于其他任何水体。正是由于大气中的水汽如此活跃的更新和输送，实现了全球各水体之间水量连续转换和更新。

降水是水汽在大气中微小颗粒周围进行凝结，形成雨滴，再降落到地面的过程。降水是水循环中一个十分重要的过程，能被人类所利用的天然水资源均来自大气降水。

径流一般是指降雨及冰雪融水在重力作用下沿着流域的不同路径（地表或地下）流入河流、湖泊或海洋所形成的水流。径流有不同类型，按水流来源可以分为降雨径流和融雪径流；按运动方式可分地表径流和地下径流，地表径流又分坡面流和河槽流。

水量平衡是水循环的数量表示，是质量守恒定律在水循环中的特定表现形式。在给定任意尺度的时域空间中，水的运动（包括相变）有连续性，在数量上保持收支平衡。水量平衡可用水量平衡方程式来表示，系统中输入的水（I）与输出的水（O）之差就是该系统内的蓄水量变化，通用形式为

$$I-O=\pm\Delta S \tag{2-1}$$

水量平衡的研究区域可以是某个流域、湖泊、沼泽、海洋或某个特定地区，也可以是整个地球。水量平衡的时段可以是小时、日、月，也可以是年、数十年或更长的时间。一般流域水量平衡方程式可表达为

$$P-E-R=\Delta S \tag{2-2}$$

式中：P 为流域降水量；E 为流域蒸发量；R 为流域径流量；ΔS 为流域储水量的变化量。从多年平均来说，流域储水变量 ΔS 的值趋于0。从而，流域多年平均水量平衡方程式为

$$P_0=E_0+R_0 \tag{2-3}$$

式中：P_0、E_0、R_0 分别为多年平均降水量、蒸发量、径流量。

二、水资源

水资源是十分重要的自然资源。自然资源来自自然界，具有经济和社会属性，具有价值，能给人类带来福利、舒适或价值，是生产要素；同时，自然资源是动态的，受经济、社会和技术发展水平的限制，不同时间和不同地点的资源种类、数量、质量等不同。

对水资源的定义应在自然资源的框架内，但目前对于水资源的定义也是多种多样。《不列颠百科全书》中由苏联加里宁撰写的定义为：自然界一切形态（液态、固态和气态）的水；1988年联合国教科文组织（UNESCO）和世界气象组织（WMO）定义“作为资源的水应当是可供利用或有可能被利用，具有足够数量和可用质量，并可适当地对某地为对水的需求而能长期供应的水源”。国内对“水资源”也有不同见解。《中国大百科全书》的“大气科学·海洋科学·水文科学”卷中的定义是“地球表层可供人类利用的水”；“水利卷”则仿照《不列颠百科全书》的提法，并把可供人类利用的水作为“供评价的水资

源”。1991年，《水科学进展》编辑部组织的国内各专家对“水资源”定义及内涵的笔谈中，提出了如下的观点：

——降水是大陆上一切水分的来源，但降水只是一种潜在的水资源，只有降水量中可被利用的那一部分才是真正的水资源。（张家诚）

——人类所利用的水资源包括农业用水、工业和生活用水。河槽水流是工农业用剩的水量，不应误作全国水资源。（黄万里）

——从自然资源的观念出发，水资源可定义为与人类生产和生活（有关）的天然水源。（刘昌明）

——水资源是指可供国民经济利用的淡水资源，它来源于大气降水，其数量为扣除降水期蒸发的总降水量。（曲耀光）

——一切有利用价值，包括各种不同来源和形式的水，均属水资源范畴。（陈梦熊）

——不能把降水、天然水或地表水称之为水资源，犹如不能把海水、洪水、气态水当做水资源一样，（要）把具有稳定径流量、可供利用的相应数量的水定义为水资源。（施德鸿）

——水资源主要指与人类社会用水密切相关而又能不断更新的淡水，包括地表水、地下水和土壤水，其补给来源为大气降水。（贺伟程）

——作为维持人类社会存在并发展的重要自然资源之一的水资源应当可以按照社会的需要提供或有可能提供的水量、有可靠的来源且可以通过自然界水文循环不断得到更新或补偿、可以由人工加以控制、水质能够适应人类用水的要求。（陈家琦）

从以上对水资源的不同定义及内涵的解释可以看出，其差别主要在于对水资源范围的认识。广义的概念和定义一般忽略水资源的时间、空间和数量、质量的差别，如《不列颠百科全书》《中国大百科全书》、刘昌明、曲耀光、陈梦熊等的观点；狭义的概念和定义则考虑了水资源的时间、空间和数量、质量的限制，强调在现有人类社会经济和技术条件下能被人类利用和对人类有价值的水，如UNESCO和WMO、张家诚、黄万里、贺伟程、施德鸿、陈家琦等的观点。

根据自然资源的定义及综合以上各家的观点，可以认为，水资源是能够被人类开发利用并给人类带来福利、舒适或价值的各种形态的天然水体。从人类社会发展的过程看，不同时代和不同地点的水资源的范围、种类、数量、质量等不同：广义上，地球上一切形态的水都有可能被人类利用，狭义上，在现有社会经济技术水平下，水资源主要是指赋存于地球陆地的淡水水体。

水资源一般由地表水资源和地下水资源组成。但在特定时间或区域，其他形式的水体也可能作为水资源的组成部分，如再生水、人工降雨中的空中水汽、海水淡化等。地表水资源量是指地表水中可以逐年更新的淡水量，包括冰雪水、河川水和湖沼水等，通常以还原后的天然河川径流量表示其数量。由于地表水和地下水之间存在着一定的联系，在水资源评价中必须扣除地下水补给河流的那部分水量。地下水资源量是存在于地下可以为人类所利用的水资源量，主要是由于大气降水的直接入渗和地表水渗透到地下形成的。区域内的水资源总量是指当地降水形成的地表和地下产水量，即地表径流量与降水入渗补给量之和。水资源总量可用下式计算：

$$W=R+Q-D \tag{2-4}$$

式中：W 为水资源总量；R 为地表水资源量；Q 为地下水资源量；D 为地表水和地下水之间的重复计算量。

同时，需要指出是，管理或实际工作中的水资源定义经常会根据工作的需要进行规定。如《中华人民共和国水法》第 3 条规定，水资源包括地表水和地下水。1998 年，水利部的“三定”方案规定水利部“统一管理水资源（含空中水、地表水、地下水）”。2002 年，《全国水资源综合规划技术细则》规定，地下水是指赋存于饱水带岩土空隙中的重力水；本次评价的地下水资源量是指地下水体中参与水循环且可以逐年更新的动态水量；一定区域内的水资源总量是指当地降水形成的地表和地下产水量，即地表径流量与降水入渗补给量之和。另外，美国加利福尼亚州 1992 年《水法》规定，河道潜流等有确定性通道的不属于地下水管理范畴；而其 1943 年《水法》规定属于地下水。

除了自然资源所具有的经济和社会属性、稀缺性等通用特性外，水资源还表现出与其他自然资源不同的特性，主要包括以下几方面：

（1）水文随机性。水文随机性是指水资源演变受水文随机规律的影响，年、月之间的水量均发生变化，有丰水年、枯水年和平水年之分，有连丰、连枯情况，有丰水期和枯水期，而且这种变化是随机的。水文随机性要求水资源管理对这种变化做出响应，建立对应的管理制度，如对应于洪水和干旱的危机管理、对应于丰枯变化的临时水权制度和年度取水计划等。

（2）利害双重性。水存在利害双重性。作为自然资源，水为人类生活、生产和发展作出了不可磨灭的贡献，而且现在和将来仍然将是不可缺少的物质资源；水又是一种环境资源，是生态系统中最活跃的因子，是自然界能量转换和物质运输的主要载体。但水多、水少、水污染和水浑也可能给人类带来巨大的灾害，洪涝、干旱是目前世界上最严重的自然灾害。同时，目前世界上存在的严重环境问题中，几乎所有的陆地生态系统问题都与水有关，水作为载体参与环境污染物的运输和扩散，并造成了自身水质的恶化。对人类的开发利用活动来讲，水资源也具有利害双重性：若水资源开发利用合理，水资源不仅能满足人类的需求，美化环境，还能促进人类的可持续发展；但若开发利用不当，将造成严重的水生态环境问题，如海水入侵、地下水位下降、地面沉降和河道淤积等。

（3）可再生性。水资源的可再生性来自水循环。水来自海洋蒸发，经过大气输送、冷凝，随降水至地面，经汇流，从河流汇入海洋，自此周而复始，年复一年地演变。正因为如此，水资源不像在地质历史时期形成的不可再生的矿产资源，总量一定，而且越开采越少；也不同于森林和动植物等可再生资源，其再生量受存量的限制。水资源可以经过水循环再生、恢复，能得到永续利用。但尽管水资源是可再生的，人类的开发利用活动常改变天然的水循环过程，致使水资源在局部地区和部分时段出现衰退现象。因此，人类应该合理利用水资源，使其得到良好循环再生。

第二节　水资源开发利用和社会水循环

一、水资源开发和利用

水资源开发是指人类开发各类水源为用户提供符合质量要求的水源的过程。按照水源划分，水资源开发可以划分为地表水资源开发、地下水资源开发和其他水源开发等。水资源利用是指各类用户使用用水的过程。按照行业划分，水资源利用可以分为工业用水、农业用水、生活用水和生态环境用水等；按照利用方式划分，水资源利用可以分为河道内用水和河道外用水，河道内用水包括水力发电、航运、渔业、水上娱乐和水生生态等用水；河道外用水包括农业、工业、城乡生活和河道外生态环境等用水。此外，根据用水的消耗性划分，还可以分为消耗性用水和非消耗性用水两类。

二、社会水循环

在没有人类活动或没有人类开发利用水的活动下，自然水循环在太阳能的作用下周而复始。但人类活动改变了自然水循环过程，特别是在人类开发利用水资源程度比较高的地区（如我国西北的内陆河流域等），极大地改变了自然水循环；形成了人工水循环。在水循环的路径上，在自然水循环的“降水→蒸发→产流→汇流→入渗→排泄”的框架下，形成了“取水→输水→用水→排水→回归”五个基本环节构成的人工水循环框架，这个人工水循环框架就是社会水循环。在水资源开发和利用中形成的社会水循环框架耦合于自然水循环，组成一个新的水循环体系。随着水资源开发利用程度的不断提高，社会水循环强度不断加大，在大多数情况下，将导致自然水循环的水流通量不断减少（图 2-2）。

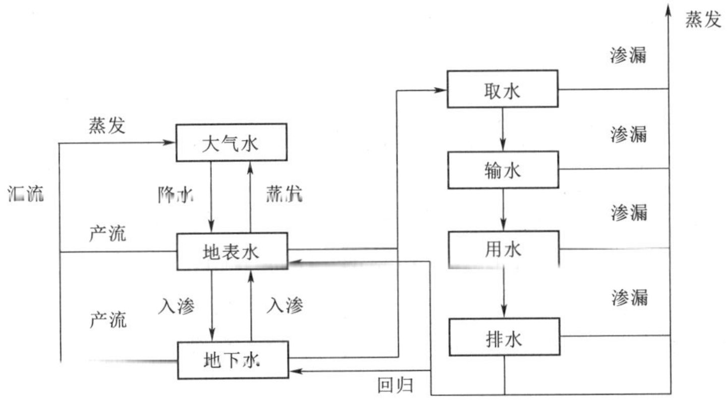

图 2-2 自然水循环和社会水循环

社会水循环就是人类开发利用水资源的过程，也是人类在经济和社会活动中不断地取水、用水和排水而形成的人工水循环过程。按照环节划分，社会水循环包括取水、输水、用水、排水和回归等环节。对应于自然水循环，社会水循环的驱动机制完全不同、更加复杂，而且是自然规律与人类工程技术、非工程技术机制共同作用的结果。工程技术，如各种水利工程建设等，可以改变水自然时空状态；非工程技术机制包括经济和社会政策和制度等，如价格政策就可能改变人们的用水行为，从而影响社会水循环。

按照不同划分标准，社会水循环可以分为城镇社会水循环、农村社会水循环；也可以划分为流域社会水循环和区域社会水循环等。

第三节 基本理论和框架

管理属于经济和社会范畴，是一个与人有关的概念，因此，对水的管理只可能发生在人与水以及由水导致的人与人的关系中，也即在自然水循环与社会水循环的交互界面和社会水循环的内部。在自然水循环中，“管理”是多余的，自然将按照其自身的规律“管理”水的运动。图 2-2 显示，人与水的关系发生在取水、排水的过程中，这两个过程形成了社会水循环与自然水循环的两个交互界面。这两个界面形成了水资源管理学科的两个重要组成部分：资源管理和环境管理。在取水和排水之间的社会水循环环节，形成了由水导致的人与人的关系，对其的管理，构成了水资源管理学科的另一个重要部分：服务管制。因此，资源管理是对社会水循环和自然水循环之间发生的取水活动的管理，是对水资源开发的管理；环境管理是对社会水循环和自然水循环之间发生的排水活动的管理，是对水资源和水环境保护的管理；服务管制则是对社会水循环过程中人与人关系的管理，是对水资源利用和水服务的管理。

相对于其他自然资源，对水资源的管理比较复杂，这是由水的资源特性、环境特性及其所提供的服务特性所决定的。下面分别论述这三个方面的理论基础。

一、资源管理：避免“公地悲剧”

水资源管理的目的是避免“公地悲剧”的发生。公地资源（common pool resources，CPR）是指那些难以排他但可为个人分别享用的资源，如水资源、渔业资源和森林资源等。自从 1968 年哈丁发表著名的“公地悲剧”（the tragedy of the common）文章以来，有关公地资源管理引起了广泛讨论，并成为热点和扩展到其他领域。

公地资源一般具有以下特点：①通过物理和制度措施将受益者排除在外十分昂贵，即非排他性；②一个开发者开发资源将减少其他人的资源可利用量，即消耗性。公地资源的非排他性和消耗性造成了其开发利用的困境，即理性的人们只考虑其短期利益而不是长期利益。在没有有效的制度限制进入和明晰产权的情况下，就可能发生“搭便车（free riding）”的情况：过度开发利用资源而不顾及对其他人的不利影响，缺乏对维持和改善公地资源的投入。

水资源是典型的公地资源。流域水资源在开发上具有竞争性，但一般缺乏有效的产权界定，容易造成水资源的过度开发和利用。当对开发未加以有效限制时，水资源就成为一种共享性的资源。当某人在开发同一流域内水的同时，并不能排除他人同时开发；当某人的取水量超过一定的流量时（尤其是上游用户），他人（下游用户）对该流域的水的使用会受到影响，甚至容易导致互相竞争，加速资源的耗竭。我国华北平原地下水过度开采、20 世纪 90 年代黄河干流断流等严重的水资源问题都是水资源的“公地资源”的特点造成的。

因此，为了避免水资源开发陷入可能的“公地悲剧”，就需要对水资源进行管理。

二、服务管制：公共利益和自然垄断

水服务（water service）包括供水服务和污水服务，具有为公共服务和自然垄断的特点。为公共服务的服务提供商必须接受以“合理的价格”提供服务的义务，在涉及公共利益的情况下应优先考虑公共利益；而公共利益需要政府表达。因此，出于公共利益的考虑，需要管制水服务，这是一个政治决策。

同时，管制用于控制自然垄断，以限制垄断者控制市场价格的力量，因此，管制是对垄断的经济反应。自然垄断是指一种技术状况，对一个既定的市场垄断，首先从效率上讲是合理的，其次在实际中也一定会出现，有利于一个单独供给者存在的规模经济的情况。

在传统理论中，导致自然垄断的“自然”或技术的因素是某些产业具有明显的规模经济和过高的沉淀资本。首先，如果一个产业具有规模经济的特点，规模大的企业比规模小的企业具有生产成本优势，最先进入的企业生产规模越大、成本就越低，必然具有把生产规模扩大到独占市场的趋势。同时，在垄断企业存在的情况下，任何新的企图进入该产业的企业，必然面临较高的壁垒，无法与垄断者展开竞争。因此，如电力、供水、煤气、铁路等具有规模经济特点的产业，生产技术的性质决定了垄断不可避免。其次，许多产业的生产经营活动需要投入特别专门的资本，这些资本不易转移到其他用途，形成沉淀资本，如供水和污水公司铺设的管道系统。如果一个产业需要大量的“沉淀资本”，产业内就很难维持多家竞争的局面。因此，如果一个产业具有自然垄断特征，一方面，无管制的“自杀性竞争”将导致社会生产力的破坏；另一方面，垄断企业利用垄断操纵市场将导致社会福利的损失。为改善经济效率和增进社会福利，需要对自然垄断进行管制。

当然，也有理论对管制自然垄断提出挑战。如可竞争市场理论认为，来自潜在竞争者的竞争压力，将对市场上的供给者施加很强约束，从而导致垄断利润的消失，因此，自然垄断与竞争相容。同时，从实施效果看，管制可能远远未达到增进社会福利的理想境界，相反却产生了一系列损害社会福利的后果，其表现之一就是助长了寻租（个人或利益集团寻求垄断特权以获得垄断利润或额外收益的非生产性行为）活动。

尽管存在诸多争议，管制仍然是世界上几乎所有国家都采用的一种管理公用事业的手段。公用事业获得政府的排他性授权，在特定条件下和特定市场从事活动。这些特定条件一般包括：①政府保留控制市场进入的权力；②政府保留管制价格的权力；③政府保留为公共利益而制定质量标准和其他服务条件的权力；④被授权者有责任向所有消费者提供上述②和③两条规定的“合理”服务。

三、环境管理：外部性

外部性是指对他人产生有利的或不利的影响，但不需要他人对此支付报酬或进行补偿的活动。当私人成本或收益不等于社会成本或收益时，就会产生外部性。外部性包括外部经济和外部不经济两种类型。外部经济又称正外部性，是指生产和消费给他人带来收益而受益者不必为此支付的现象，如养蜂人的蜜蜂的活动给果农带来好处，而果农不必为此付钱。环境领域的外部经济是指经济活动对环境有益，但这些益处的价值未通过市场实现，导致私人收益少于社会收益，对良性经济活动产生抑制作用。理论上，社会应该对这些生产者进行补偿，使私人收益与社会收益趋于一致。外部不经济又称负外部性，是指人们的行为对他人或社会造成不利影响。在经济行为中，它既包括生产的外部不经济，也包括消费的外部不经济，如工矿企业的排放废水、废气、废渣等行为，对他人和周围的环境均有负面影响。为有效减少和控制经济行为的外部不经济，就应当使外部成本内部化。

导致外部性的原因有很多，一个重要的原因是没有建立有效的产权制度。例如，由于水体没有明确的归属，或者有名义归属，如归集体或国家，但产权行使效率很低。如当周边的企业向水体排放污染物后，水体被污染，但由于没有人拥有这水体，也就没有人因为污染损失而向污染企业索赔，污染企业将不用承担导致污染的经济成本和环境成本，污染企业的“个人成本”低于“社会成本”。

技术原因也可以导致产权不明晰。大江大河不可能由某些个人所有或分段拥有而又不互相影响。因此，环境的不可分性和相互关联性是外部性产生的重要原因。

同时，时间也可以导致外部性。环境损害在时间上往往不均衡，在相当长时间内，环境损害程度可能增长缓慢，但当超过一定的阈值后，损害程度会迅速增长，但这时补救为时已晚，如地下水污染等；但在达到阈值前，人们不会将即将到来的成本计算到与他人的交易中，因此，市场上没有一种价格信息会反映和提醒人们保护环境。这是信息在时间上的不均匀导致的外部性问题。这种时间上的不均匀信息，又因为人们在空间上的分散，更不容易在灾难发生前知道。另外，即使所有的人都知道他们的行为给环境带来的损害程度，由于人与人之间的利益并不一致，也会导致外部性问题的发生。这里的人既指同时代的，也指不同时代的。在同时代的人中，任何个人或团体若考虑环境问题，将环境成本追加到自己的生产成本中，他们将会在同行竞争中败北。在不同时代的人之间，由于后代人在现时的决策中缺乏代表，当代人就有可能将环境成本转嫁给后代人。

水环境问题存在广泛的外部性，从而导致“市场失灵”。为应对外部性问题，就需要对水环境进行管理。

第四节　管 理 类 型 和 手 段

一、自主管理

如果没有施加管理手段，对水资源、水服务和水环境的管理就是自主管理。自主管理是对管理对象充分授权，从而激励其自觉性和创造性的一种管理方式。因此，准确地说，自主管理，是一种不施加管理手段的管理类型。

自主管理在水资源的管理中广泛存在。如农民用水户协会就是一个应用，农民用水户成立协会，制定规章，自主管理其用水行为，包括用水安排、水费制定和征收、工程维护等。同时，水服务产业和水环境管理中的行业和企业自律也属于自主管理。

二、管理手段

如果施加了外部管理手段，就属于另外一种管理类型。对水资源、水服务和水环境进行管理或管制的目的是避免“公地悲剧”、纠正自然垄断导致的市场垄断力量和维护公共利益、克服外部性导致的市场失灵。对于这些问题，管理学通常有两类手段，即外部的进入限制和内部的激励。

外部限制即进入限制，也称命令控制型手段，是通过行政手段控制或限制水资源开发利用、提供水服务和进入水环境。进入限制是政府广泛采用的管制手段。进入限制一般以总量、用量和标准等控制的形式体现，如水资源管理部门通过数量控制以强制的方式限制区域、流域或取用水户的取用水量。许可制度是进入限制最常用的手段，包括水资源管理中的取水许可、水服务管制中的市场进入许可、水环境管理中的水污染物排放许可等。在水资源管理中采用进入许可措施，政府能够根据资源的情况控制开发利用的水资源数量；水服务管制中的进入限制可以避免市场的恶性竞争，发挥水服务产业的规模经济效益；在水环境管理中采取水污染排污许可证制度，可以控制污染物排放的数量和污染物浓度等。

内部激励又称经济激励型手段，是在内部创造保护资源、促进竞争和保护环境的激励手段。内部激励以激励措施的形式，让用户自动调节其取水、用水和排污行为，从而实现管理的目标。激励手段包括建立产权和采用各种经济手段，如水资源费（税）、排污费（税）、押金制度、价格管制、可交易水权与排污权（许可）市场等。在水资源管理中，目前采用最广泛的手段是水资源费（税）和可交易水权；在水服务管制中，各种经济手段包括价格管制、利润率管制等；在水环境管理中，可采用的经济手段包括排污收费、押金退款制度和可交易排污许可（权）市场等。

对比两类管理手段，如同名称，外部限制是通过外部的强制行为实施，内部激励通过被管理对象的内部自适应措施实现。因此，外部限制手段一般结果确定性高，但执行成本较高（管理目标通过管理手段的执行实现）；而内部激励的管理结果不确定性高，一般执行成本较低。

三、基本概念

在管理学中，两组基本概念需要清晰理解。第一组是制度、体制和机制。

制度（system）一般是指在特定社会范围内统一的、调节人与人之间社会关系的一系列习惯、道德、法律、戒律、规章等的总和。诺贝尔经济学奖得主科斯认为“制度是个社会的游戏规则，更规范的讲，它们是为人们的相互关系而人为设定的一些制约”，并将制度分为三种类型，即正式规则、非正式规则和这些规则的执行机制。正式规则又称正式制度，是指政府、国家或统治者等按照一定的目的和程序有意识创造的一系列的政治、经济规则及契约等法律法规，以及由这些规则构成的社会等级结构，包括从宪法到成文法与普通法，再到明细的规则和个别契约等，它们共同构成人们行为的激励和约束。非正式规则是人们在长期实践中无意识形成的，具有持久的生命力，并构成世代相传的文化的一部分，包括价值信念、伦理规范、道德观念、风俗习惯及意识形态等因素。执行机制是为了确保上述规则得以执行的相关制度安排，它是制度安排中的关键一环。这三部分构成完整的制度内涵，是一个不可分割的整体。在水资源的管理中，取水许可、水资源有偿使用制度、水权制度等，都是水的管理制度。

体制（institution）是由各种组织组成的、用以解决一定问题的机构或群体体系。组织（organization）是人们按照一定的目的、任务和形式编制起来的社会集团。从管理学的角度，组织是具有明确的目标导向、精心设计的结构与有意识协调的活动系统。水的管理中，2002年，《中华人民共和国水法》规定的流域管理和行政区域管理相结合的水资源管理体制是一种体制形式，其中的各级水行政主管部门和流域管理机构就是这个体制下的组织。

机制（mechanism）是指各要素之间的结构关系和运行方式。管理机制是指管理系统的结构及其运行机理，本质上是管理系统的内在联系、功能及运行原理。对一般管理系统，管理机制主要包括运行机制、动力机制和约束机制。在水的管理中，自主管理、外部限制和内部激励都是机制，市场和政府管理也是机制。

因此，将制度、体制和机制综合起来的话，制度是社会运行的规则，组织是社会运行中的角色，体制是组织的总和，机制就是推动组织和体制工作的机理。

另一组概念是管理、行政管理、管制和治理。

管理（management）一般是指负责、监督、处理，是一个比较泛用的词。

行政或行政管理（administration）是指政府、企事业、各种社会团体等的内部管理。

在公共事务中，指国家事务的管理。对应于政府机构，如生态环境部是国务院环境保护主管部门。

管制（regulation）是指根据规则控制或根据法律或授权控制。

治理（governance）：在商业管理中，常用“公司治理”，但目前在公共管理领域，治理应用十分广泛。治理是各种公共的或私人的个人和机构管理其共同事务的诸多方式的总和。它有四个特征：①治理不是一整套规则，也不是一种活动，而是一个过程；②治理过程的基础不是控制，而是协调；③治理既涉及公共部门，也涉及私营部门；④治理不是一种正式的制度，而是一种持续的活动。

在英语中，这四个词相对比较容易区分，但在我国的习惯中，就比较难以区分。水管理是泛指处理与水有关的各种水事活动，它是以水作为出发点建立的。水行政是指从政府的角度管理水事活动，如水利部在我国《中华人民共和国水法》中的界定为国务院水行政主管部门。管制是特指政府或特定的机构根据法律授权对某一活动进行的控制，如我国的电力监管委员会、银行业监管委员会等。在水事活动中，是指对供水和污水服务的控制。治理是20世纪90年代随着全球化时代的来临而提出的政治经济学新概念，强调人类的政治生活正在发生重大的变革，人类政治过程的重心正在从统治（government）走向治理（governance），从善政（good government）走向善治（good governance）。水治理不特定指某一机构和行为，而是涉水事务管理系统中的组织（政府、非政府部门、私营公司和用户等）、制度（法律、习俗等正式和非正式的合约）、行为和过程等的总称。

思 考 题

1. 分别阐述自然水循环和社会水循环的过程和特点。
2. 阐述水资源管理学科的基本理论和框架。
3. 对比分析机制、制度和体制，管理、行政管理、管制和治理等概念。

参 考 文 献

[1] 沈大军. 水管理学概论 [M]. 北京：科学出版社，2004.
[2] 沈大军，梁瑞驹，王浩，等. 水价理论与实践 [M]. 北京：科学出版社，1999.
[3] 刘昌明，傅国斌. 今日水世界 [M]. 北京：清华大学出版社；广州：暨南大学出版社，2000.
[4] 陈家琦，王浩，杨小柳. 水资源学 [M]. 北京：科学出版社，2002.
[5] 王浩，龙爱华，于福亮，等. 社会水循环理论基础探析Ⅰ：定义内涵与动力机制 [J]. 水利学报，2011，42 (4)：379-387.
[6] 龙爱华，王浩，于福亮，等. 社会水循环理论基础探析Ⅱ：科学问题与学科前沿 [J]. 水利学报，2011，42 (5)：505-513.

第二部分

水资源管理

第三章 取 水 许 可

取水许可制度是目前国际上广泛使用的水资源管理手段。1988 年《中华人民共和国水法》规定，“国家对直接从地下或者江河、湖泊取水的，实行取水许可制度。”国务院于1993 年以第 119 号令颁布了《取水许可证制度实施办法》，至今取水许可制度在我国已经实施了 20 多年。

第一节 理 论 基 础

一、经济学：进入限制

从经济学角度，市场失灵是市场经济下政府干预经济活动的主要理由。在现实的经济活动中，市场通常不能保证和实现有效率和公正的社会状态，导致“市场失灵”，成为政府作为治理主体参与和干预市场的根本理由。在水资源管理中，“市场失灵”通常是水资源开发利用的非排他性造成的。另外，在宏观层面上，“市场失灵”还包括由于市场导致的社会分配不公正，如过度追求经济利益而侵占农业和生态环境用水。

为了纠正“市场失灵”，政府需要制定公共政策和行政法律制度，授权行政机构制定并执行直接干预市场配置的机制，以增进公共利益和合法的私人利益。在我国，根据《中华人民共和国水法》，水行政主管部门对单位和个人的水资源开发利用活动进行干预的手段主要包括行政许可和收取水资源费（税）（见第四章）等。

因此，从经济学的角度，为了保障水资源的可持续开发利用，保障开发利用的效率、效益和公正性，对于水资源开发利用的进入限制是必须的，这是取水许可证制度实施的经济学基础。

二、法律：登记交付制度与行政程序

作为物权，水权（见第六章）在法律上一般作为不动产或准不动产处理。不动产的登记交付制度是物权变动中实现物权公示原则的途径。因此，根据物权的法律原则，取水许可是水权在水资源管理中的具体体现，取水许可的实施过程也可理解为水资源作为不动产实施的登记交付制度。

不动产物权登记的意义，是通过登记为不动产物权交易提供具有国家公信力支持的、统一的、公开的法律基础。不动产登记即经权利人申请国家专职部门将有关申请人的不动产物权的事项记载于不动产登记簿的事实。

尽管目前我国取水许可管理并不严格符合不动产法原理和惯有做法，但取水许可所建立的取水权登记效力说明了取水许可制度的目的和效果，相关法律的基本原则为我国取水许可制度提供了基本理论、法律依据和实施框架。

但在认识到取水许可制度在法律上作为不动产登记交付制度性质的同时，国务院及其

水行政主管部门在取水许可制度中承担双重角色：既是水资源所有者的代表，又是水权登记机关和水行政主管部门。因此，也有观点认为，我国取水许可应该纳入行政程序的范畴。

行政程序是指国家行政机关在行使行政权力、实施行政活动过程中所遵循的步骤、方式、时限和顺序的总和。步骤是行政活动过程的若干必经阶段，方式是行政活动过程的方法和形式，时限是指行政行为必须在限定的时间内履行完毕，顺序是指行政活动步骤的先后次序。行政程序常常指行政机关行使职权的程序，它具有相对独立性和自身的规律性。

但作为取水户，无论是行政程序和登记交付制度，取得水的使用并没有实质区别。而且，我国现有的法律规定也明确了取水许可制度按照《中华人民共和国行政许可法》的规定执行和实施，但在办理取水许可和缴纳水资源费以后，将获得取水权。

第二节　涵义和性质

取水许可属于行政许可的一个类别。行政许可是一项极为重要的法律制度，是国家为维护经济秩序、社会秩序和公共利益，保护资源和生态环境，保障公民权利等而设立的具有多方面功能的法律制度，为世界各国所普遍重视和广泛适用。行政许可，即行政审批，是指行政机关根据公民、法人或其他组织的申请，经依法审查，准予其从事某种行为、确认某种权利、授予某种资格和能力的行为。许可，对被授予者说，是赋予权利，因而有时被称为授益行为。但是对更多未被赋予权利者来说，则是一种禁止，是对行使某种权利的限制，因此，从性质上说，许可是对限制或禁止的解除。

对某一事项设立许可制度基于如下考虑：行为具有潜在的危险性而又对需要者有利。如对于水资源开发利用来讲，若不采取许可，有可能导致“公地悲剧”的潜在危险，但对开发利用者又可从活动中获益。

从实践来看，许可的范围大致包括以下四种：①为了社会安全和公共利益，对于直接影响人身健康、生命财产安全的产品生产、经营、运输等需要实行许可；②对数量有限的自然资源或社会资源的开发和利用需要实行许可，取水许可就是这种类型；③对自然垄断产业的准入，需要实行许可，提供供水和污水服务的许可就是典型；④对为公民提供服务、直接影响公共利益，要求提供者必须是具备特殊信誉、条件、技能的个人、组织，由此而必须实行许可。当公民、法人或其他组织需要取得许可时，公民、法人或其他组织依法定条件和程序提出申请，经有关行政机关依法审查，决定是否许可。但是，上述这些领域并非都必须由行政机关直接进行审批，如某些自然资源的开发利用可以运用市场机制来解决；对某些特殊行业从业者的资格、资质的控制，也可以授权中介组织、行业自律组织承担。此外，许可是一种事先控制，但许多事情也可以通过事后监督来解决，而不必实施许可制度。

因此，我国的取水许可是水行政主管部门依据申请人的申请，依法授予申请人在规定的条件下从事水资源开发利用活动的行为。对于取水户，其获得的取水许可允许其从事水资源的开发利用，并从中获益。

同时，有效的许可一般需遵循以下基本原则：

（1）法定原则。许可制度直接关系公民、法人和其他组织的权利，因此，许可的设定、实施机关的权限和义务、获得许可的条件和程序等，都必须由法律规定。我国取水许可制度由《中华人民共和国水法》规定。

（2）公开、透明原则。许可的设定过程，设定许可的法律文件，许可的条件、程序，都必须公开和透明。

（3）公正、公平原则。设定和实施许可，必须平等对待同等条件的个人和组织，不得歧视。

（4）便民、效率原则。许可在程序设置上必须体现方便申请人、提高行政效率的要求。

（5）救济原则。在实施许可时，申请人有权陈述、申辩、依法请求听证、申请复议和提起诉讼等。

（6）诚实信用、信赖保护原则。政府应信守诺言，要求行政活动具有真实性、稳定性和善良性。行政机关制定的规范或做出的行为应具有稳定性，不能变化无常，不能溯及既往。在诚信的基础上产生信赖保护原则，即公民基于对行政机关信赖所做的行为，应得到行政机关的保护，这一原则尤其适用于行政机关的“授益行为”。行政机关不得随意变更或撤销许可。因公共利益的需要，必须撤销或变更许可的，行政机关应负责补偿损失。

（7）监督与责任原则。谁许可，谁监督，谁负责。许可要与行政机关的利益脱钩，与责任挂钩。行政机关不履行监督责任或监督不力，甚至滥用职权、以权谋私的，都必须承担法律责任。

第三节　我国的取水许可制度

2016 年《中华人民共和国水法》第 7 条规定，“国家对水资源依法实行取水许可制度和有偿使用制度。但是，农村集体经济组织及其成员使用本集体经济组织的水塘、水库中的水的除外。”此条款确定了取水许可制度作为国家基本的水资源管理制度的法律地位。同时，《中华人民共和国水法》第 48 条规定，“直接从江河、湖泊或者地下取用水资源的单位和个人，应当按照国家取水许可制度和水资源有偿使用制度的规定，向水行政主管部门或者流域管理机构申请领取取水许可证，并缴纳水资源费，取得取水权。但是，家庭生活和零星散养、圈养畜禽饮用等少量取水的除外。”

一、我国取水许可实施框架

（一）取水许可申请与受理

申请和受理是许可的首要环节。取水许可是一种行政许可，取水单位和个人必须先申请取水许可，审批机关才受理。依照《中华人民共和国行政许可法》的要求，《取水许可和水资源费征收管理条例》（以下简称《条例》）对取水许可申请范围和主体、申请程序、建设项目水资源论证制度、申请受理的程序做了规定。同时，规定把建设项目水资源论证作为申请取水许可的前置条件。

1. 申请范围

《条例》第 2 条规定，“本条例所称取水，是指利用取水工程或者设施直接从江河、湖泊或者地下取用水资源。取用水资源的单位和个人，除本条例第四条规定的情形外，都应当申请领取取水许可证，并缴纳水资源费。本条例所称取水工程或者设施，是指闸、坝、渠道、人工河道、虹吸管、水泵、水井以及水电站等。”这就是我国取水许可申请范围。

按照我国《中华人民共和国水法》的规定，水资源包括地表水和地下水。同时，需要办理取水申请的是直接取用水的单位和个人，并不是所有取用水户都需要办理取水许可申请。许多取水工程后面有复杂的供水系统，如自来水公司从地下直接取水，然后通过供水管网向企业和居民供水，而需要办理取水许可的是直接从地下取水的自来水公司；而对于利用自来水公司的供水管网取用水的企业和居民，由于其不是直接从地下取水，不需要办理取水许可。同样，在某些大型灌区中，渠首工程和灌区分属不同管理部门，渠首管理单位直接从河道取水，需要办理取水许可申请手续，而灌区管理单位以及灌区内的农民从渠首后面的渠道取水，不需要办理取水许可证。

同时，办理取水许可申请的是利用取水工程和设施取用水的单位和个人。在此，明确了取用水的方式是利用取水工程和设施。在实践中，不借助取水工程和设施，而直接从江河、湖泊或者地下取用水资源的取水方式是很少的。同时，也并不是所有直接从江河、湖泊和地下取水的，都需要办理取水许可申请。只有利用取水工程或设施取用水的才需要办理，而利用其他方式，如利用人力和畜力直接取用少量水资源的，不需要办理取水许可手续。如此限定的原因是，在一般情况下，利用取水工程和设施取用水量较大，有可能对局部区域或流域水资源产生较大影响，而利用人力和畜力等方式使用水量较小，对区域和流域水资源影响甚微。

利用这些工程和设施，无论是将地表水取到河道外进行利用，还是在河道内直接加以利用不消耗水量，都需要办理取水许可申请。尽管河道内用水一般不消耗水量，但往往改变河川径流的时程分配，或消耗水能，或改变水温等，影响其他用水户对水资源的利用或改变水资源的自然属性。因此，从水资源管理的角度，必须纳入取水许可管理范畴。

同时，《条例》第 4 条规定了不需要申请领取取水许可证的五种情况：

（1）农村集体经济组织及其成员使用本集体经济组织的水塘、水库中的水的。这是为了保持我国水资源归属和开发利用法律制度的稳定性和延续性，调动农村集体经济组织和农民新修农田水利设施的积极性，将农村集体经济组织及其成员使用本集体经济组织的水塘、水库中的水设定在实施取水许可制度和水资源有偿使用制度范围之外。但农村集体经济组织及其成员使用本集体经济组织的水塘、水库中的水，不包括使用其他经济组织的水塘、水库中的水，国有水塘、水库中的水以及地下水，也不包括其他组织或取用人使用该集体经济组织的水塘、水库中的水。

（2）家庭生活和零星散养、圈养畜禽饮用等少量取水的。这里的家庭生活和零星散养、圈养畜禽饮用等少量取水包含打井使用地下水，但不包括供应生活用水的自来水厂的水和家庭办起的经营性的畜禽养殖场取用或灌溉用水。由于各地水资源条件不一、差别较大，对于少量取水的规定，由省（自治区、直辖市）人民政府规定。

（3）为保障矿井等地下工程施工安全和生产安全必须进行临时应急取（排）水的。《条例》将临时应急取（排）水规定为不需要申请取水许可的情形，如矿井发生透水事故，为保障安全紧急排水，不需要申请领取取水许可证。而为保障矿井等地下工程施工安全和生产安全必须进行的长期正常的取（排）水，要办理取水许可申请，这有利于水资源保护。

（4）为消除对公共安全或者公共利益的危害临时应急取水的。为消除对公共安全或者公共利益的危害的长期正常取水，应当办理取水许可申请，但应急的不需要。

（5）为农业抗旱和维护生态与环境必须临时应急取水的。同样，为农业干旱和维护生态与环境必须长期正常的取水应当办理取水许可申请，但临时应急取水免于取水许可申请。

因此，临时应急取水有以下三个特点：一次性取水、持续时间十分短和取水不可或缺。

2. 申请程序

办理取水申请需经过以下几个程序：

（1）提出申请。由取用水资源的单位或者个人向有取水申请审批权或者《条例》规定的水行政主管部门提出取水申请。其中，申请利用多种水源，且各种水源的取水审批机关不同的，应当向其中最高一级审批机关提出申请；申请在地下水限制开采区开采利用地下水的，应当向取水口所在地的省（自治区、直辖市）人民政府水行政主管部门提出申请；取水许可权限属于流域管理机构的，应当向取水口所在地的省（自治区、直辖市）人民政府水行政主管部门提出申请；其中，取水口跨省（自治区、直辖市）的，应当分别向相关省（自治区、直辖市）人民政府水行政主管部门提出申请。

（2）审查。受理机关在收到申请人提出的取水许可申请后，填写取水许可申请材料登记表，将收到许可申请的时间、申请人、申请事项、提交材料情况等记录在案，并在规定的时间内对申请人提交的材料进行审查，视不同情况提出正式处理意见，并书面告知申请人。不属于本机关受理范围的，正式告知申请人向有受理权限的机关提出申请；申请人提交的申请材料不完备或申请书填注不明的，需要出具补正通知书，告知申请人补正。

（3）补正。申请人接到补正通知书后，在规定的时间内补正。申请人补正齐全后，再正式向受理机关申报。

（4）受理。受理机关在接到申请人提交的申请材料，经审查材料齐备或申请人补正材料齐全后，予以受理并出具书面受理凭证。决定不予受理的，也出具加盖审批机关专用印章和注明日期的书面凭证。

3. 建设项目水资源论证制度

建设项目水资源论证制度是我国水资源管理中实行的另一项具有重要意义的制度，与取水许可制度紧密相连，对提高取水许可审批的科学性和合理性，促进水资源的优化配置和可持续利用，保障建设项目的合理用水要求起到了积极作用。建设项目水资源论证作为取水许可审批的前置程序是将论证报告书及其审查意见作为审批取水许可申请的依据。

2016 年《中华人民共和国水法》第 23 条规定“国民经济和社会发展规划以及城市总体规划的编制、重大建设项目的布局，应当与当地水资源条件和防洪要求相适应，并进行科学论证。”2017《建设项目水资源论证管理办法》第 2 条规定“对于直接从江河、湖泊或地下取水并需申请取水许可证的新建、改建、扩建的建设项目（以下简称建设项目），建设项目业主单位（以下简称业主单位）应当按照本办法的规定进行建设项目水资源论证，编制建设项目水资源论证报告书。”第8条规定，“需要申请取水的建设项目，申请人应当按照《建设项目水资源论证管理办法》要求，自行或者委托有关单位编制建设项目水资源论证报告书。但取水量较少且对周边环境影响较小的建设项目，申请人可不编制建设项目水资源论证报告书，但应当填写建设项目水资源论证表。”

建设项目水资源论证报告书，包括取水水源论证、用水合理性论证、退（排）水情况及其对水环境影响分析和对其他用水户权益的影响分析等主要内容。建设项目水资源论证报告书，由具有审查权限的水行政主管部门或流域管理机构组织有关专家和单位进行审查，并根据取水的急需程度适时提出审查意见。建设项目水资源论证报告书技术审查意见和审定后的报告书是审批取水许可申请的技术依据。

（二）取水许可审查决定

1. 取水许可审批权限

取水许可审批权限设立依据《中华人民共和国水法》。从便民和高效的角度出发，设立审批权限尽可能考虑在基层水行政主管部门审批，以方便取用水单位和个人。但由于水资源开发利用涉及流域上下游、左右岸乃至全流域用水和生态环境。因此，取水许可审批权限的设立一般考虑以下原则：①对跨行政区域取用水的，由共同的上一级水行政主管部门审批；②行政区边界河流、湖泊限额以上的取用水，由共同的上一级水行政主管部门负责审批；③国际跨界河流的指定河段和国际边界河流限额以上的取水，由流域机构负责审批；④对可能影响流域或者区域水资源布局、经济社会发展的特定河段、湖泊取用水的，应根据其取水量的大小和影响的范围，设立由有哪一级水行政主管部门审批；⑤为确保为国家经济社会有重大影响的重点项目的取水，可根据规模等因素设定有较高一级的水行政主管部门；⑥对于取用地下水的，根据我国现行的资源管理体制和行政区域划分，由地方水行政主管部门审批为宜。

我国的取水许可实行分级审批。流域管理机构审批权限为：①长江、黄河、淮河、海河、滦河、珠江、松花江、辽河、金沙江、汉江的干流和太湖以及其他跨省（自治区、直辖市）河流、湖泊的指定河段限额以上的取水；②国际跨界河流的指定河段和国际边界河流限额以上的取水；③省际边界河流、湖泊限额以上的取水；④跨省（自治区、直辖市）行政区域的取水；⑤由国务院或者国务院投资主管部门审批、核准的大型建设项目的取水；⑥ 流域管理机构直接管理的河道（河段）、湖泊内的取水。

除流域管理机构审批外的其他取水的审批权限，由省（自治区、直辖市）人民政府规定。如内蒙古自治区规定，①地下水年取水在300万m^3以上，地表水用于工业和城镇生活年取水在300万m^3以上或其他用水年取水在3000万m^3以上的，由取水口所在地旗县水行政主管部门提出意见，报盟市水行政主管部门审核后，由自治区水行政主管部门审批、发证；②地下水年取水100万m^3以上不足300万m^3，地表水用于工业和城镇生活年取水100万m^3以上不足300万m^3或其他用水年取水1000万m^3以上不足3000万m^3的，由取水口所在地旗县水行政主管部门审核，报盟市水行政主管部门审批、发证；③地下水年取水不足100万m^3，地表水用于工业和城镇生活年取水不足100万m^3或者其他用水年取水不足1000万m^3的，由地旗县水行政主管部门审批、发证；④在自治区内流经两个以上行政区域河流指定河段及界河上的取水，由当地水行政主管部门的共同上级水行政主管部门审批、发证。

2. 取水许可审批原则

取水许可审批时遵循以下原则：

（1）符合规划原则。实施取水许可必须符合水资源综合规划、流域综合规划、水中长期供求规划和水功能区划，遵守依照《中华人民共和国水法》规定批准的水量分配方案；尚未制定水量分配方案的，应当遵守有关地方人民政府间签订的协议。取水许可的核心目标是合理配置水资源，因此，符合水资源综合规划、流域综合规划、水中长期供求规划和水功能区划，遵守依法批准的水量分配方案，遵守有关地方人民政府间的协议，是保证水资源合理配置，保障水资源开发、利用、节约、保护等有序、合理进行的基本原则。

（2）总量控制原则。取水许可总量控制是根据批准的水量分配方案或者签订的协议，在综合考虑流域的可供水量和现状用水情况，确定的各流域或者行政区域的最大取水许可量。根据取用水户的申请和相应用水定额，核算其合理的用水量，汇总后在本流域取用水总量限额内协调平衡是最后取用水户的取水总量。

（3）定额管理。审批机关审查取水许可申请时，批准的取水量不得超过按行业用水定额标准核定的水量。

（4）地表水与地下水统筹考虑，开源与节流相结合，节流优先原则。实施取水许可需充分考虑水循环的整体性和水的各种形态相互影响的特性，要根据当地水资源条件，从有效保护和节约水资源并获得最大经济、社会、生态与环境效益的目标出发，因地制宜，统筹兼顾地表水和地下水资源。

（5）优先满足城乡生活，统筹兼顾生产与生态用水的原则。获得充足、洁净的饮用水，是城乡居民最基本的生活需要，因此，在实施取水许可考虑各项用水需求时，应当把生活用水放在优先地位，对农业、工业、生态与环境等用水，本着全面规划、统筹兼顾的原则协调安排，既要基本保障经济和社会发展用水，又要努力改善生态和环境用水，逐步形成水资源合理配置的格局和安全供水体系。

3. 取水许可审查内容

取水许可审查的主要内容包括对取水申请事项、取水水量的合理性、取水水源的可靠性、取用水的可行性等方面的实质审查。审查机关需将已通过专家审查的建设项目水资源论证报告书作为审查的主要依据。不需要水资源论证的取用水项目，也需对这些方面进行内容审查。

4. 取水许可听证程序

取水许可听证是取水许可审批机关在作出影响公民、法人或者其他组织合法权的取水许可前，向其告知决定理由和听证权利，公民、法人或者其他组织随之向审批机关表达意见、提供申辩和质证，以及审批机关听取意见、接纳其证据的程序所构成的一项法律制度。

取水许可需要听证的事项有以下两个方面：一是取水许可审批机关依职权组织听证的事项。审批机关认为取水涉及社会公共利益需要听证的，应当向社会公告，并举行听证。涉及社会公共利益的取水一般属于比较重大的取水事项。采取听证的形式，便于审批机关掌握相关信息，维护社会公共利益。二是取水许可审批机关已申请举行听证的事项。取水直接涉及申请人与利害关系人之间重大利害关系的，申请人和利害关系人提出听证申请的，审批机关有组织听证的义务。

5. 取水许可决定

审批机关作出取水许可决定，遵循以下3点要求：一是在法定的期限内，二是按照规定的程序，三是根据审查的结果。取水许可审批机关根据申请人是否符合法定条件和标准作出准予和不予许可的决定。其中，作出不予取水许可的决定，说明理由，告知救济权。取水申请经审批机关批准，申请人可以新建取水工程或者设施。

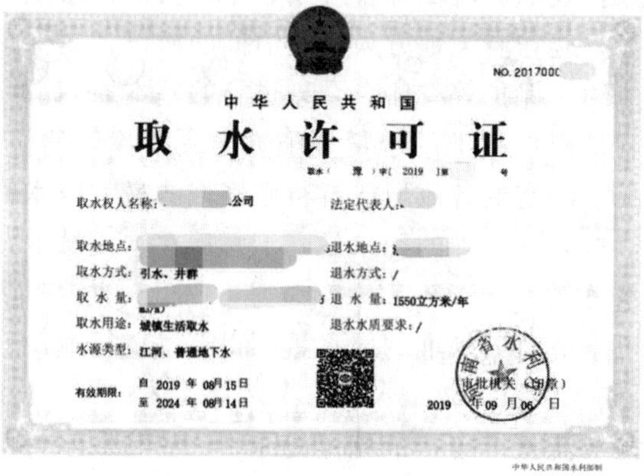

图3-1 取水许可证样本

6. 取水许可证核发

取水许可证是单位和个人取用水资源的合法证件，也是取水许可申请人取得取水权的象征，取水许可审批机关向取水许可申请人核发取水许可证，标志着整个取水许可申请和审批程序的终结。取水许可证样本如图3-1所示。

取水工程或者设施竣工后，申请人向取水审批机关报送取水工程或者设施试运行情况等相关材料，申请领取取水许可证。取用水申请人向审批机关提交有关申请验收材料，审批机关组织验收，取水工程或者设施验收合格，竣工后审批机关应当向取水许可申请人核发取水许可证。

取水许可证有效期限一般为5年，最长不超过10年。有效期届满前，需要延续的取水单位或者个人向原审批机关提出申请，审批机关在有效期届满前作出是否延续的决定，重新换发取水许可证。在这里需要明确的是，取水许可证有效期限并不是取水许可的有效期限，取水许可取得的取水权受到法律保护，审批机关不得擅自核减水量，换发取水许可证是对原取水权的延续，而不是重新审核。

7. 取水许可的变更与重新申请

取水许可的变更是取水权人向原审批机关对已取得的取水许可证载明事项进行非实质性重大变更。可以变更的事项主要是变更取水人名称或其法人代表等。原审批机关对变更申请进行审查，符合法定条件、标准的，依法办理变更手续。

取水许可证有效期限内，取水事项有较大变更的，包括取水水源、方式或地点，取水量，取水用途，退水地点，污染物排放浓度和种类，退水方式或退水量等，需要办理取水许可重新申请。

如果连续停止取水满两年的、取水许可证有效期届满未延续的、取用水主体消失的、因不可抗力导致取水许可行为无法实施等情况，应注销取水许可证。

（三）取水许可监督管理

1. 监督管理主体

流域管理机构和县级以上人民政府水行政主管部门具有取水许可监督管理的职责，但其监督管理是有条件限制的。按照分级管理权限，县级以上地方人民政府水行政主管部门只能对本行政区域内有取水许可审批权的单位进行监督管理，对管理权限外的取水许可对象只能根据授权进行监督。流域管理机构只能对其审批的取水许可和水利部授权的管理对象进行监督管理。但流域管理机构审批的取水，可以委托其所属管理机构或者取水口所在地省（自治区、直辖市）人民政府水行政主管部门实施日常监督管理；县级以上地方人民政府水行政主管部门审批的取水，可以委托其所属具有管理公共事务职能的单位或者下级地方人民政府水行政主管部门实施日常监督管理。同时，按照层级管理原则，上级水行政主管部门和流域管理机构可以对下级行政主管部门的取水许可工作、其管理对象的取用水情况进行督查。

2. 年度取水计划制定

（1）制定流域或区域年度取水计划。由于水文的随机性，每年的来水量往往不同，因此，需要预测的来水量和水量分配方案，制定年度取水计划。国家确定的重要江河、湖泊的流域年度取水计划由流域管理机构会同有关省（自治区、直辖市）人民政府水行政主管部门制定。县级以上地方人民政府水行政主管部门应当根据上一级地方人民政府水行政主管部门或者流域管理机构下达的年度取水计划，制定本行政区域的年度取水计划。

（2）制定取用水单位年度取水计划。取水单位或者个人在每年的 12 月 31 日前向取水审批机关报送其本年度的取水情况总结（表）和下一年度的取水计划建议（表）。取水审批机关于每年的 1 月 31 日前向取水单位或者个人下达当年取水计划。年度取水计划应实施总量控制、不超过取水许可证载明的水量和不超过用水定额，同时应统筹协调，留有余地，应对可能出现的取水风险和可能新增的取水量。

3. 年度取水计划执行

取水单位或者个人应当严格按照批准的年度取水计划取水。因扩大生产等特殊原因需要调整年度取水计划的，应当报经原取水审批机关同意。

取水单位或者个人应当安装符合国家法律法规或者技术标准要求的计量设施，对取水量和退水量进行计量，并定期进行检定或者核准，保证计量设施正常使用和量值的准确、可靠。

二、我国取水许可制度实施情况

1988 年《中华人民共和国水法》首次规定了我国实行取水许可制度，并明确实施的办法由国务院规定。1993 年国务院发布了《取水许可制度实施方法》（国务院〔1993〕119 号令）。根据 2002 年《中华人民共和国水法》，2006 年国务院颁布了《取水许可和水资源费征收管理条例》（国务院〔2006〕460 号令）。2008 年，为加强取水许可管理，规范取水的申请、审批和监督管理，根据《中华人民共和国水法》和《取水许可和水资源费征收管理条例》等法律法规，水利部制定了《取水许可管理办法》。同时，各地根据实际情况，制定和出台了相应的地方取水许可制度实施细则。因此，取水许可制度已经在我国实施了 20 多年的时间。

截至 2017 年年底，全国年终保有有效取水许可证 349187 套，许可水量 92276.1 亿 m^3，其中非河道内用水的取水许可证 314626 套，许可水量 3813.55 亿 m^3。按水源分类，地表水（河道外）、地下水和其他水源的取水许可证数分别占非河道内用水总证数的 16.6%、

83.2%和0.2%，取水许可水量分别占总非河道内用水总许可水量的87.8%、12.1%和0.1%。

三、取水许可制度在我国水资源管理的地位和意义

作为我国基本的水资源管理制度，取水许可制度在我国的水资源管理中具有十分重要的地位。

（1）取水许可制度通过对取水活动的管理，成为水资源管理的基本制度。尽管水循环的过程相互联系和互相影响，但对于水资源、水服务和水环境的管理还是存在不同的环节。在水资源的开发、利用和保护中，取水许可制度建立在水资源开发、利用和保护过程中的源头，通过对源头管理，实现水资源开发、利用和保护的管理目标，从而也使取水许可成为我国基本的水资源管理制度。

（2）取水许可制度通过对取水户的管理，实现了水资源产权的衔接。根据我国的水资源配置框架（见第五章），取水许可制度是国家基于水资源的所有者和管理者的双重身份，授权水行政主管部门或者流域管理机构代表国家对直接从江河、湖泊或者地下取用水资源的单位和个人进行审查并许可其取水的一项制度。从公共和个体的关系上，取水许可制度实现了水资源的公共管理和取水单位与个人的取水行为的衔接和联系；在权利关系上，通过取水许可制度和水资源有偿使用制度，实现了国家的水资源所有权和个体的取水权之间的衔接，建立并授予了取水权；在权利层次上，取水许可制度的实施需要与水量分配方案相连接，实现了区域权利和个体权利的衔接。因此，取水许可制度不仅仅是一项行政管理制度，同时是一项权利授予和清晰的制度。

（3）取水许可制度通过总量控制制度，实现水量分配的落实。在技术上，根据法律的规定，取水许可制度的审批和监督管理需要根据水量分配方案和年度水量调度计划，批准取水许可的许可水量和年度取水计划，这实际上是区域取用水总量和个体取水量之间的衔接。因此，通过取水许可制度的实施，实现了区域或流域总量控制的目标，从而落实了水量分配工作。

（4）取水许可制度为水资源有偿使用制度的实施建立了基础。水资源有偿使用制度也是我国基本的水资源管理制度，从经济激励的角度实现对水资源的高效利用。但水资源有偿使用制度需要取水许可制度作为基础，需要取水许可制度提供许可水量、实际取水量等基本信息，从而为水资源费（税）的征收和管理提供依据。因此，取水许可制度的实施为水资源有偿使用制度建立了基础。

同时，从更加广泛的角度来讲，取水许可制度建立和实施具有如下作用。

（1）取水许可制度有利于水资源的宏观管理。在市场经济逐步完善的条件下，政府为解决好水资源合理开发、优化配置、高效利用、有效保护等问题，须对水资源实施政府宏观调控，加强事前管理和过程管理。通过取水许可制度，可以实现经济布局与水资源条件相适应、经济规模与水资源承载能力相协调，促进水资源的合理开发和优化配置，有利于政府对水资源开发、利用和保护等方面实施宏观管理。取水许可制度的实施对加强水资源统一管理，促进计划用水、节约用水，实现水资源可持续利用等可以发挥积极作用。

（2）取水许可制度有利于保障生态安全。我国部分地区用水量已大大超过水资源可利用量，无节制地开发利用水资源，导致江河断流、湖泊萎缩和地下水超采。一些地区出现

“有河皆干、有水皆污、湿地消失、地下水枯竭”的问题，对生态安全和经济安全构成潜在威胁。

但长期以来，经济发展与水资源开发、利用与保护不够协调。一些地区制定经济社会发展规划时，没有充分考虑当地的水资源条件。在加快经济社会发展过程中，以浪费资源、牺牲环境为代价，换取短期内的经济增长。以取水许可为手段，可以加强政府在水资源开发利用中的宏观管理职能，从源头控制高耗水、高污染工业项目和面源污染，加快产业结构调整和布局，强化水功能区管理和水生态保护目标，统筹考虑生产、生活和生态用水，保障我国生态安全。

(3) 取水许可制度有利于实现水资源的可持续利用。水资源已经成为我国经济和社会可持续发展的瓶颈因素，以水资源的可持续利用支撑经济社会的可持续发展，已经成为各界的共识。我国水资源条件决定了我们必须追求内涵式的持续、健康发展，追求人与自然的和谐共处，走生产发展、生活富裕和生态良好的文明发展道路。取水许可制度的实施，为水资源的可持续利用和经济社会的可持续发展提供了制度保障。

第四节　英格兰的取水许可

尽管取水许可制度是国际上普遍采用的水资源管理制度，但各个国家和地区的具体应用有所区别。下面以英国英格兰的取水许可制度为例说明。

1963年《水资源法》(*Water resources act*) 建立了英格兰和威尔士取水许可制度 (water abstraction licensing system)，替代了以前以地表水滨岸权为主的系统。根据1991年的《水资源法》，环境署 (Environment Agency，EA) 负责英格兰取水许可制度的实施。2003年《水法》(*Water Act*) 对1991年《水资源法》做了一系列修改，以遵守欧盟《水框架指令》(*Water framework directives*，WFD)，如所有水体要求在2027年达到好生态状态 (good ecological status)。但随着英国退出欧盟，《水框架指令》可能不再实施。

法律规定，取水是指从地表水源（如河流、溪流或运河）或地下水源取水。如果日取水超过$20m^3$以上，就需要获得环境署的取水许可。

英格兰的取水类型包括：①完整许可，日取水超过$20m^3$的大多数取水；②转移许可，每日将超过$20m^3$的水从一种来源转移到另一种来源而不改变使用；③临时许可，日取水超过$20m^3$的28天内的取水；④新取水许可，先前获得豁免的取水，也称为新授权（要求在2020年6月30日前提交申请，并在2022年12月前完成许可；但新授权的申请不需要考虑流域是否有可用水量和是否会申请成功）；⑤蓄水许可，建造蓄水工程，例如水闸、堰或水坝等。同时，以下取水可以豁免：包括日取水量少于$20m^3$，一些土地排水，如饮用或压载等的船舶加注用水，经环境署同意日取水超过$20m^3$的用于测试状况、数量或水质的地下取水，用于消防以及其他根据豁免命令或法定豁免等。

目前，英格兰和威尔士的取水许可制度分别由英国环境署和威尔士自然资源部 (Natural Resources Wales) 负责。环境署负责管理英格兰的水资源管理。为了保证人类的用水和良好的环境，环境署采用流域取水管理战略 (catchment abstraction management strategy，CAMS）和取水许可战略（licensing strategy）进行管理。流域取水管理战略建立了流域水资源管理和实现《水框架指令》目标的措施。取水许可战略规定了区域水资源管理和未来区域的取水地点、水量和保证率。环境署根据以下状况决定是否授予取水许可：在满足现有取水和环境要求后的申请水量是否满足、取水论证是否合理和取水户是否考虑了节水措施等。这点与我国的取水许可审批类似。

首次授予许可证时，环境署通常给予6～18年的期限；到期后，通常再给予12年的期限。在某些情况下，也可以考虑授予24年的期限。如果需要超过24年的期限，申请时需要提供相关材料。

另外，英格兰的蓄水需要办理许可，但也存在一些豁免的情况。法律规定，蓄水池是内陆水域的永久或暂时改变水位或水流的工程，包括坝、堰、闸、鱼道、压力管、涵洞、挡土墙、水槽、书库堤防和施工期间的临时改道等。

一般取水许可证包括以下内容：取水量、方式、地点、时间和计量方式，取水的用途和土地（除了为公共供水目的），有效期以及特定条件，如当河流水位低于特定水位时要求停止取水。

取水许可证拥有的权利包括：①对环境署采取行动的权利，如果环境署未经许可证拥有者同意而签发另一个损害其权益的许可，许可证拥有者可以对环境署采取行动；②对第三方行动的防卫，对非违反许可条件取水造成影响，许可证持有者可以规避任何第三方对其采取的行动；但许可证的权利并不保证授权的水量或水质。

在现存的21000多个许可中，79%是永久性许可；还有一部分是有时间限制的许可，需要定期接受环境影响评价。超过1/3的许可，原来由农业和工业用户拥有，没有用水。

思 考 题

1. 阐述取水许可制度的理论基础、涵义和性质。
2. 阐述我国取水许可制度实施框架。
3. 对比英格兰和我国取水许可制度的异同，并分析其原因。

参 考 文 献

[1] 沈大军. 水管理学概论［M］. 北京：科学出版社，2004.
[2] 水利部水资源管理司. 取水许可和水资源费征收管理实务［M］. 北京：中国水利水电出版社，2006.

第四章 水资源费(税)

水资源费（税）是水资源管理中普遍采用的经济手段。水资源费是指由于取水行为的发生而征收的费用。目前，许多国家采用取水费（water abstraction charge）或类似的形式征收。2016 年《中华人民共和国水法》第 7 条规定："国家对水资源依法实行取水许可制度和有偿使用制度。"水资源有偿使用制度是指水资源为国家所有即全民所有的法律制度下，基于所有者的权益，为促进水资源的节约、保护和合理利用，保障水资源的可持续利用，国家向取用水资源的单位和个人收取资源调节和补偿性质的水资源费的制度。

第一节 水资源费（税）征收理论依据

水资源费（税）的征收依据，主要是出于受益原则、公平原则、补偿原则和效率原则。

一、受益原则：水资源费（税）是水资源国家所有的经济体现

《中华人民共和国宪法》第 9 条规定，"矿藏、水流、森林、山岭、草原、荒地、滩涂等自然资源，都属于国家所有，即全民所有。"《中华人民共和国水法》第 3 条也规定，"水资源属于国家所有。"因此，在我国的法律规定水资源属于国家所有的情况下，资源的开发利用者将因资源的开发利用而受益，从受益方面考虑，有责任向资源所有者支付补偿，即向国家缴纳水资源费（税）。

在水资源开发利用中，由于水资源的公共资源特性，水资源所有与使用和收益出现分离。从资源的开发利用角度来讲，开发利用者通过许可活动，获得取水权，也从水资源的所有者获得了水资源的使用和收益。由于其开发利用国家所有的水资源并从开发利用活动中收益，资源的开发利用者应向资源的所有者支付补偿，因此，水资源费（税）是国家所有的水资源在使用和收益转让过程中的经济体现。

二、公平原则：水资源费（税）是调节水资源稀缺性和质量的必要手段

由于水资源的多来源性，相同的用水可以由不同的水源供给，如地下水和地表水等。同时，在水资源利用中，还存在水源水质的不同，这样就导致水资源开发利用者之间开发利用成本的差别。为了平衡市场的产品和价格，保护不同水源和水质的水资源开发利用者和用户的利益，国家有必要对水资源开发利用中存在的这种差别进行调节，以协调各方面的利益，这样，水资源费（税）就成为国家调节水资源开发利用的必要手段。

同时，水资源还存在时空差异，不同时间和地区的水资源数量和质量都不相同。我国南方地区的水资源相对比较丰富，而北方地区较稀缺，特别是在我国的黄河、淮河和海河流域，水资源已经成为制约区域国民经济可持续发展的主要因素。在时间上，水资源还存

在丰水期和枯水期，有丰水年和枯水年之分，对于利用来讲，枯水期和枯水年的水资源稀缺性明显地大于丰水期和丰水年。因此，若不对水资源存在的这种天然差异进行调节，将影响水资源开发利用者之间的公平性。从公平性角度出发，水资源费（税）是调节水资源数量和质量差异的一个重要手段，也是促进市场公平竞争的手段。

三、补偿原则：水资源费（税）是补偿水资源管理活动的开支

水资源的开发利用需要大量的前期和基础性工作，如水资源调查、评价和监测等，这些工作需要大量的前期经费投入。对于资源所有者，这些投入和费用应得到合适补偿。而水资源费（税）正是这样一种形式，可以补偿水资源管理活动的开支。

四、效率原则：水资源税（费）是调节资源配置效率的有效手段

从提高资源利用效率出发，稀缺资源应由效率高的单位和个人利用，对资源开发利用中可能出现的浪费行为，除法律和行政手段之外，运用经济手段加以限制也是一种有效的方法。因此，除了保证人的基本生活和生产需求外，水资源应配置在利用效率最高的用途上。

尽管我国水资源时空分布不均、开发利用条件地区差异显著、区域水资源供需矛盾突出，但在水资源开发利用中还存在大量的浪费和资源低效配置。为了抑制这种浪费和低效配置，促进水资源高效利用和节约用水，资源管理者有必要对水资源的开发利用运用经济手段加以管制，而水资源费（税）就是其中的一个有效手段。如对于区域产业布局来讲，若区域水资源条件较差，为了促进水资源高效配置和区域经济的发展，征收高的水资源费（税）将有可能限制高需水或耗水工业企业或行业的发展，使之迁移到水资源比较丰富的地区。同样，对于农业的种植结构调整也是如此，在我国的北方缺水地区，若对农业灌溉用水征收适宜的水资源费（税），将有可能限制如水稻等高耗水作物的种植，也可以促进节水措施在农业生产中的推广和应用。

但需要说明的是，尽管在上述的讨论中，对水资源费和水资源税没有明确区分，但在具体的实施上，它们有明显的区别。税与费的区别主要有以下三点：①征收主体，我国代表政府所属的各级税务机关、海关等收取的一般是税，由经济部门和事业单位收取的一般是费；②无偿性，收费遵循有偿原则，税收具有无偿原则；③专款专用，税收一般通过国家预算统一支出，收费则专款专用。因此，费总是以投入或消耗为前提的，是对投入或消耗的补偿。税收是国家为了实现其职能，强制地、无偿地取得财政收入的一种手段；是国家凭借政治权力，依照规定的税法，参与国民经济收入分配和再分配的一种方式；也是贯彻国家经济政策，调节生产、消费和收入的一个经济杠杆。税收具有无偿性、强制性和固定性的特点，同时具备三个基本特征：①依靠国家的职能和权力；②依据既定的税法；③以参与国民经济分配、再分配和发挥经济杠杆作用为目的。修订税法要贯彻国家经济政策。但作为经济手段，无论是费还是税，对水资源管理几乎具有相同的作用。

第二节　水资源费（税）对水资源开发利用的影响

征收水资源费（税）将导致水资源开发利用成本的变化，从而影响水资源供需关系。一般来讲，尽管水资源是可再生的，但一个地区可持续开发利用水资源量是一定的。在市场经济条件下，一个固定的可利用水资源量情况下的水资源供求关系就演变为如图 4－1 所示的情况。

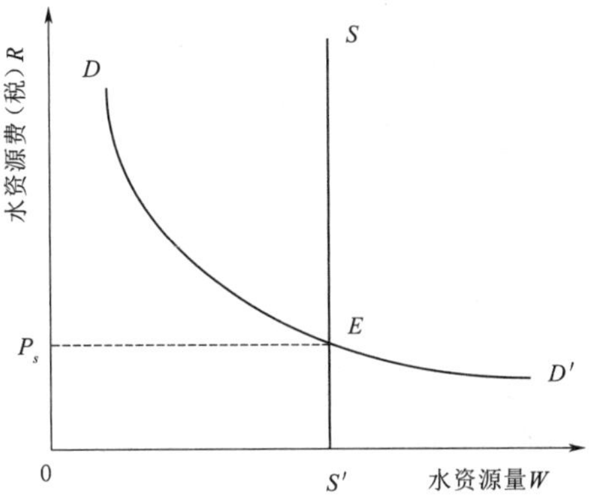

图 4－1　水资源费（税）与水资源供求关系
［完全缺乏弹性是水资源的特点，垂直供给线 SS' 与需求曲线 DD' 的交点 E 决定市场出清的水资源费（税）水平 P_s］

图 4－1 显示，自然界以固定的供给提供水资源，其供给曲线 SS' 完全缺乏弹性。供给和需求曲线相交于点 E。这就是水资源费（税）水平必须趋向于与之相等的价格 P_s。如果水资源费（税）水平高于这个均衡价格，那么区域用户对水资源的需求数量会少于现有的供给量，从而某些水资源不会被开发利用。如果存在水权交易，水权的拥有者会以较低的价格交易水资源，从而降低均衡价格。同样，水资源费（税）也不应该长期处于均衡点以下。只有当竞争的价格处于水资源的总需求量正好等于总供给量的状态时，才有均衡状态。在这个意义上，供给和需求决定水资源费（税）的水平。

第三节　水资源费定价方法

一、以成本和支出为基础的定价方法

以成本和支出为基础的定价方式的依据是，水资源费是为了弥补某些成本而征收的，如水资源管理费用、水资源开发利用的前期基础工作费用（包括水文监测及调查、水资源评价与规划等工作的费用），甚至水资源开发、利用和保护的费用。在这种情况下，水资源费的制定就必须以所需要弥补或补偿的成本和支出为依据进行计算。当根据以成本和支出为基础制定水资源费标准时，随着所包括成本和支出的不同，水资源费的标准也就有差别。一般来讲，所包括的范围越广，所要求征收的费用越高，可能导致水资源费的征收标准越高。

《取水许可和水资源费征收管理条例》第 36 条规定，征收的水资源费主要用于水资源的节约、保护和管理，也可以用于水资源的合理开发。《水资源费征收使用管理办法》第 21 条规定，水资源费专项用于水资源的节约、保护和管理，也可以用于水资源的合理开发，使用范围包括：水资源调查评价、规划、分配及相关标准制定，取水许可的监督实施和水资源调度，江河湖库及水源地保护和管理，水资源管理信息系统建设和水资源信息采集与发布，节约用水的政策法规、标准体系建设以及科研、新技术和产品开发推广，节水示范项目和推广应用试点工程的拨款补助和贷款贴息，水资源应急事件处置工作补助，节约、保护水资源的宣传和奖励，水资源的合理开发。《南水北调工程基金筹集和使用管理办法》第 2 条规定，南水北调工程基金在南水北调工程受水区的北京市、天津市、河北省、江苏省、山东省、河南省范围内筹集；第 3 条规定，南水北调工程基金通过提高水资源费征收标准增加的收入筹集，还可将现行水资源费部分收入等

划入南水北调工程基金。

目前，我国的各省（自治区、直辖市）出台的省级水资源费征收管理办法对水资源费支出的规定，原则上可以分为三类：一是没有指明具体的支出内容，如《内蒙古自治区水资源费征收使用管理办法》。二是支出仅包括非工程的水资源措施，这些非工程的水资源措施主要包括水资源调查、评价、规划、研究，水资源管理与执法，以及节水措施的推广等。如《浙江省水资源费征收管理办法》第 22 条规定，水资源费主要用于下列支出：①江河源头、水源地的保护，水污染治理和水资源管理；②水资源保护规划的编制和水功能区管理，水质、水量监测及网络建设；③水资源评价、科学研究和合理开发；④节约用水规划、定额编制，节约用水技术、工艺的研究和推广等。但有些规定也包括了如工程建设补助等的工程建设开支。三是包括非工程水资源措施和工程建设的支出内容，如南水北调工程基金征收省份；《江西省水资源费征收管理办法》规定水资源费支出包括水资源的开发利用和保护，《湖南省取水许可和水资源费征收管理办法》包括调水（含人工增雨）、水源工程等重点水利设施建设，山东省和辽宁省也出台了有相似内容的水资源费征收管理办法。由于水资源的开发、利用和保护通常需要大量资金投入，包括工程建设支出的省份的水资源费标准就可能较高。同时，由于还存在其他来源的工程建设资金，而这些管理办法并没有明确所包含的工程建设开支的范围和比例等，又加上区域年际之间的工程建设资金的需求变化较大，这样就不容易准确确定开支的内容及数量，从而对水资源费的标准制定也带来一定的影响。

根据以上的讨论内容，下面分别按三种类别的成本和开支计算水资源费标准。这三类开支分别为水资源前期基础工作费用、水资源管理费用和工程建设费用。

（1）单位水资源量前期基础工作费用的计算方法。设第 t 年投入的需要水资源费弥补的前期基础工作费用（如水文监测、水资源勘测、规划、评价，水量监测等）为 C_t，基础工作费用的核算年数为 T，社会折现率或资本的机会成本为 i_t，则累计投入的前期基础工作费用 C_q 为

$$C_q = \sum_{t=1}^{T} C_t (1 + i_t)^{T-t+1} \tag{4-1}$$

设区域 t 年征收水资源费的水资源量为 W_t，则单位水资源量每年需补偿的费用为

$$P_q = C_q \Big/ \sum_{t=1}^{T} W_t \tag{4-2}$$

其中基础费用的核算期 T 一般可根据当地水资源和社会经济情况确定。

（2）单位水资源量现行管理费用计算方法。设区域需要水资源费弥补的水资源管理费用（水资源的实时监控、水资源管理机构的开支等）之和为 C_g，区域或流域多年平均征收水资源费的水资源量为 W，则单位水资源量现行管理费用 P_g 为

$$P_g = C_g / W \tag{4-3}$$

（3）单位水资源量工程建设费用计算方法。假设需要水资源费弥补的用于区域水资源开发、利用和保护的工程建设的费用为 C_j，区域多年平均征收水资源费的水资源量为 W，则单位水资源量工程建设费用 P_j 为

$$P_j = C_j / W \tag{4-4}$$

在我国的南水北调工程建设中，供水区需要建立南水北调工程基金，以为工程建设提供资金。在南水北调工程基金从水资源费中征收的情况下，假设区域需要为南水北调工程筹集的基金为 C_n，征收年数为 T_n，区域可以征收水资源费的水资源量为 W_n，则单位水资源量征收的水资源费 P_n 为

$$P_n = C_n / (W_n \times T_n) \tag{4-5}$$

这样根据以上的计算，以成本和支出为基础的水资源费 P 为

$$P = P_q + P_g + P_j \tag{4-6}$$

二、以市场供需平衡为基础的定价方法

以市场供需平衡为基础的水资源费的定价方法能很好地通过市场价格的变化来体现区域水资源的稀缺程度，因此能有效调节水资源的供需关系，从而实现水资源的优化配置。这是市场供需平衡为基础的定价方法优于以成本和支出为基础的定价方法的一个方面，但基于市场方法的水资源费的收入是不稳定的，随着市场价格的变化而变化。图 4－2 显示的是水资源供需平衡确定的水资源费。

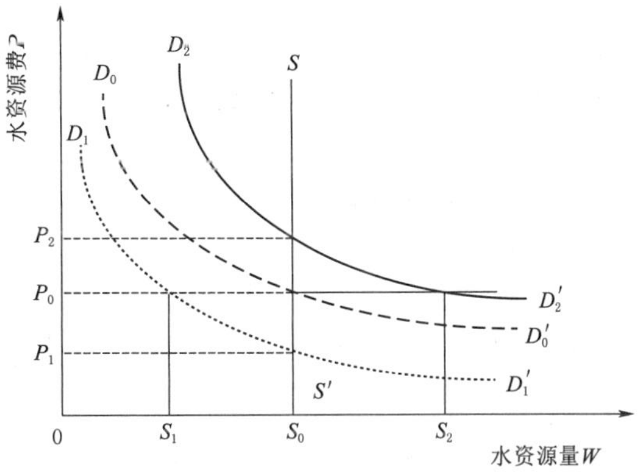

图 4－2　以市场供需平衡为基础的水资源费确定

在图 4－2 中，由于区域可持续开发利用下的可利用水资源量固定，这样，水资源市场的供求关系就成为固定供给的市场。由于供给固定，对于一个水资源需求曲线，就只存在一个出清的价格。当水资源的需求曲线为 D_0D_0'，市场确定的水资源费为 P_0；当需求曲线分别向 D_1D_1' 和 D_2D_2' 移动时，市场确定的水资源费相应调整为 P_1 和 P_2。

图 4－2 同时显示了市场确定的水资源费对水资源费的灵活调整机制的要求。如果水资源需求曲线从 D_0D_0' 移动至 D_1D_1'，而水资源费不能及时从 P_0 调整为 P_1，这样 S_1S_0 的水资源量将不能利用，从而造成社会财富的浪费；同样，如果水资源需求曲线从 D_0D_0' 移动至 D_2D_2'，如果水资源费不能及时从 P_0 调整为 P_2，这样市场将为出现 S_0S_2 的水资源量的短缺。

第四节　我国水资源费征收和管理

一、我国水资源费征收发展过程

20 世纪 70 年代后期和 20 世纪 80 年代初期，我国北方和沿海一些城市水资源短缺的问题日益突出，各级政府和有关部门大力推行计划用水，厉行节约用水。当时，供水用水设施分为三个系统：①城市自来水系统，自来水用户的计划用水和节约用水由管理经营自来水的城建部门管理；②水利工程供水系统，年供水量超过 4000 亿 m^3，其中供农业灌溉占 80%以上，供城市工业用水近 20%，其计划用水和节约用水工作由水利部管理；③大

中型工矿企业的自备水源工程，年取水量 200 多亿立方米，比当时自来水年取水量还多 1/2。在 20 世纪 80 年代以前大中型工矿企业的自备水源工程取水用水实际上没有管理起来，任意取水，浪费严重。为了加强对工矿企业自备水源工程的管理，在 1982 年以后城建部门开始在北方一些大城市和较大城市对工矿业自备井征收水资源费。1984 年以后，水利部门在北方几个省市开始征收水资源费。

我国有“水资源费”性质的提法的最早文件是 1981 年 9 月 9 日河北省人民政府《河北省人民政府颁发〈河北省城市地下水资源管理暂行办法〉、〈河北省城市计划用水和节约用水暂行规定〉》(冀政〔1981〕180 号)，其中《河北省城市地下水资源管理暂行办法》第 11 条规定：“非农业自备水源井按计量收取资源开发费，计划内用水每吨收取两分，超计划用水按计划内用水的二至五倍收费。”第 12 条规定：“地下水开采费、超计划用水加收的水费和罚款，由市节水办公室收取并按月缴给当地财政部门，作为预算外专项资金，专款专用，用于地下水资源管理、地下水人工补给、节约用水综合性措施及部门单位节约用水措施补助等。”上文中“资源开发费”和“地下水开采费”其实就是资源属性的“水资源费”。

山西省是我国最早提出和征收水资源费的省份，也是水资源费征收和管理比较规范的省份。1982 年 10 月 29 日山西省五届人大常委会第 17 次会议批准的《山西省水资源管理条例》第 19 条规定：“各级水资源主管部门，对拥有自备水源工程的单位，按取水量的多少，向其征收水资源费。征收标准，每吨定为三至六分。水资源费由指定的水资源主管部门征收。征收的水资源费上缴财政，列入预算管理，作为水资源管理的专项资金，不得挪用。农村人畜吃水，农田灌溉，暂不征收水资源费。”1982 年 12 月 3 日颁布的《山西省地下水资源管理暂行条例》第 13 条规定：“对自备水井实行计量，并征收水资源费。”并对省内的不同地区制定了每立方米 2.5 分和 5 分的征收标准（对农村人畜吃水和农田灌溉豁免）。1982 年 12 月 28 日出台的《山西省征收水资源费暂行办法》，根据上述暂行条例对水资源费的征收范围、征收标准、征收方式、水资源费管理和使用方式及超计划用水的处罚等作出了规定。

在 1988 年《中华人民共和国水法》颁布和实施之前，我国只有北方水资源比较紧缺的少数几个省市出台了水资源费征收管理的规定，包括山西、河北、天津、辽宁和北京等。1988 年《中华人民共和国水法》第 34 条规定：“对城市中直接从地下取水的单位，征收水资源费；其他直接从地下或者江河、湖泊取水的，可以由省（自治区、直辖市）人民政府决定征收水资源费。”

1988 年《中华人民共和国水法》颁布以来，水资源费征收工作开展较快。我国北方的众多省份开征水资源，如陕西（1992 年）、内蒙古（1992 年）、黑龙江（1995 年）、青海（1995 年）和甘肃（1997 年）；南方一些省市也开始征收，如贵州（1992 年）、广西（1992 年）、四川（1993 年）、安徽（1993 年）、广东（1995 年）和江西（1997 年）。

1997 年《水利产业政策》第 17 条指出：“国家实行水资源有偿使用制度，对直接从地下或江河、湖泊取水的单位依法征收水资源费。水资源费征收和使用管理办法由国务院制定，在国务院正式发布之前，暂按省（自治区、直辖市）的有关规定执行”。从 1988 年《中华人民共和国水法》和 1997 年的《水利产业政策》之间的不同行文可以看出，1988—

1997 年，随着水资源问题的日益突出和水资源管理的逐步加强，水资源费的征收范围也渐渐扩大。1988 年《中华人民共和国水法》仅规定对城市中直接从地下取水的单位征收水资源费，这是为了严格控制城市地下水开发，以经济手段加强监督管理；而 1997 年的《水利产业政策》则提出对所有的取水水源征收水资源费，征收的范围大大扩大。

2002 年《中华人民共和国水法》第 48 条规定，“直接从江河、湖泊或者地下取用水资源的单位和个人，应当按照……水资源有偿使用制度的规定，向水行政主管部门或者流域管理机构……，并缴纳水资源费。但是，家庭生活和零星散养、圈养畜禽饮用等少量取水的除外。”2006 年《取水许可和水资源费征收管理条例》颁布，明确了水资源费征收标准的制定原则，完善了水资源费征收和缴纳程序，规范了水资源费的分配和使用。2008 年《水资源费征收使用管理办法》发布，规范了水资源费的征收、使用和监管，强化了水资源费在水资源管理中的经济调节作用，完善了水资源节约保护和管理的财政保障机制。

2002 年《中华人民共和国水法》颁布以后，我国各地加快了水资源费的征收。2009 年，随着西藏自治区开征水资源费，我国所有 31 个省（自治区、直辖市）全部开征了水资源费。2013 年，国家发展和改革委员会、财政部和水利部发布《关于水资源费征收标准有关问题的通知》要求，明确水资源费征收标准制定原则，规范水资源费标准分类，合理确定水资源费征收标准调整目标，并加强水资源费征收管理。

因此，30 多年来，我国水资源费征收从华北平原扩展到北方省份，然后再扩大到所有省（直辖市、自治区），一定程度上反映了我国缺水问题发展过程。从征收对象上看，从城市自备井扩展到所有取水；从用途来看，从工业用水逐步延伸到生活用水。同时，水资源费的标准也不断提高。我国水资源有偿使用制度已经全面实施。

二、我国水资源费征收管理规定

1. 征收对象和征收单位

我国水资源费的征收对象是取水单位或者个人，也就是直接从江河、湖泊或者地下取用水资源的单位和个人，除不需要申领取水许可证的情形外，均应缴纳水资源费。其中，农业生产取水的水资源费征收的步骤和范围由省（自治区、直辖市）人民政府规定；但各省的规定都对农业生产取水免于征收，或对计划内或定额内用水免于征收。

水资源费由取水审批机关负责征收。其中，流域管理机构审批的，水资源费由取水口所在地省（自治区、直辖市）人民政府水行政主管部门代为征收。上级水行政主管部门可以委托下级水行政主管部门征收水资源费。

2. 水资源费征收标准制定和原则

水资源费征收标准由省（自治区、直辖市）人民政府价格主管部门会同同级财政部门、水行政主管部门制定，报本级人民政府批准，并报国务院价格主管部门、财政部门和水行政主管部门备案。其中，由流域管理机构审批取水的中央直属和跨省（自治区、直辖市）水利工程的水资源费征收标准，由国务院价格主管部门会同国务院财政部门、水行政主管部门制定。

水资源费征收标准制定遵循下列原则：①促进水资源的合理开发、利用、节约和保护；②与当地水资源条件和经济社会发展水平相适应；③统筹地表水和地下水的合理开发利用，防止地下水过量开采；④充分考虑不同产业和行业的差别。

农业生产取水的水资源费征收标准根据当地水资源条件、农村经济发展状况和促进农业节约用水需要制定。农业生产取水的水资源费征收标准应当低于其他用水的水资源费征收标准，粮食作物的水资源费征收标准应当低于经济作物的水资源费征收标准。

从各地规定的水资源费征收标准来看，总体上，矿泉水、地热水的征收标准高于普通地下水，地下水高于地表水，地下水超采区高于非超采区，工业用水高于生活用水，生活用水高于农业用水，水资源紧缺地区高于水资源丰富地区，经济发达地区高于经济不发达地区。同时，很多地区结合计划用水，规定了对超计划取水累进加倍征收水资源费的标准。

3. 征缴数额

水资源费缴纳数额根据取水口所在地水资源费征收标准和实际取水量确定。水力发电用水和火力发电贯流式冷却用水根据取水口所在地水资源费征收标准和实际发电量确定缴纳数额。

三、我国水资源费征收现状

2017 年，全国共征收水资源费 247.54 亿元（不含水资源税改革试点征收的水资源税及山西采矿排水水资源费）。按取水水源分类，征收地表水水资源费 176.66 亿元，地下水水资源费 70.88 亿元。按取水用途分类，征收公共供水水资源费 101.41 亿元，自备水水资源费 59.57 亿元，农业灌溉水资源费 4.95 亿元，火电取水水资源费 15.44 亿元，水力发电取水水资源费 53.30 亿元，其他用途水资源费 12.87 亿元。

第五节　水资源费改税改革

为深化财税体制改革、促进资源节约集约利用和加快生态文明建设，根据国家决策部署，财政部、国家税务总局于 2016 年 5 月 10 日联合发布《关于全面推进资源税改革的通知》（财税〔2016〕53 号）（以下简称《通知》），宣布自 2016 年 7 月 1 日起我国全面推进资源税改革，旨在通过全面实施清费立税、从价计征改革，理顺资源税费关系，建立规范公平、调控合理、征管高效的资源税制度，有效发挥其组织收入、调控经济、促进资源节约集约利用和生态环境保护的作用。

《通知》同时提出开展水资源税改革试点工作。鉴于取用水资源涉及面广、情况复杂，为确保改革平稳有序实施，先在河北省开展水资源税试点。河北省开征水资源税试点工作，采取水资源费改税方式，将地表水和地下水纳入征税范围，实行从量定额计征，对高耗水行业、超计划用水以及在地下水超采地区取用地下水，适当提高税额标准，正常生产生活用水维持原有负担水平不变。在总结试点经验基础上，财政部、国家税务总局将选择其他地区逐步扩大试点范围，条件成熟后在全国推开。

2016 年 5 月，财政部、国家税务总局和水利部印发《水资源税改革试点暂行办法》的通知，自 2016 年 7 月 1 日起在河北省实施水资源税改革试点。其基本的改革思路是将水资源费平移为水资源税，即维持征收标准不变，但征收单位将为税务部门。其具体安排如下：①水资源税纳税人为利用取水工程或者设施直接从江河、湖泊（含水库）和地下取用地表水、地下水的单位和个人；②水资源税的征税对象为地表水和地下水，地表水是陆地表面上动态水和静态水的总称，包括江、河、湖泊（含水库）、雪山融水等水资源；地下水是埋藏在地表以下各种形式的水资源；地表水分为农业、工商业、城镇公共供水、水力发电、火力发电贯流式、特种行业及其他取用地表水；地下水分为农业、工商业、城镇公共供水、特种行业及其他取用地下水；特种行业取用水包括洗车、洗浴、高尔夫球场、滑雪场等取用水；③水资源税实行从量计征，应纳税额计算公式：应纳税额＝取水口所在地税额标准×实际取用水量，其中水力发电和火力发电贯流式取用水量按照实际发电量确定。

同时规定，对取用地下水、特种行业取用水、超计划或者超定额取用水从高制定税额标准。对超过规定限额的农业生产取用水，以及主要供农村人口生活用水的集中式饮水工程取用水，企业回收利用的采矿排水（疏干排水）和地温空调回用水从低制定税额标准。对规定限额内的农业生产取用水，取用污水处理回用水、再生水等非常规水源，和财政部、国家税务总局规定的其他减税和免税情形免征水资源税。

在河北省试点的基础上，2017 年 11 月财政部、国家税务总局和水利部联合发布《关于印发〈扩大水资源税改革试点实施办法〉的通知》，自 2017 年 12 月 1 日起在北京、天津、山西、内蒙古、山东、河南、四川、陕西、宁夏等 9 个省（自治区、直辖市）扩大水资源税改革试点。下一步，我国将应该全面开展水资源税，替代水资源费。

第六节 国际上其他国家和地区水资源费（税）征收

世界上许多国家和地区都开征取水费（水资源费或税），包括英格兰和威尔士、美国加利福尼亚州等。但一些国家和地区并不一定以水资源费或税的形式出现，但收费都具有水资源费或税的性质，如美国加利福尼亚州洛杉矶附近地区一般以抽水税（pumping tax）的形式征收地下水资源税。同时，由于税费征收和管理制度、体制不同，世界上其他国家和地区的水资源费（税）征收和管理形式不同，但从经济激励角度对水资源开发、利用、节约和保护的效果几乎相同。

出于不同的征收目的，费率制定标准和方法不同。一些国家将费率设定在弥补管理和监督取水的全部成本，而有些国家特别地将征收的收入用于取水有关的基金。同时，根据水源、用途和取水地点的不同，一些简单因子或系数用于区别取水费率之间的差异，例如对工业和生活用水采用不同的征收费率。比利时将对除饮用取水外的地下取水征收的收入用于地下水保护基金。

英格兰和威尔士几乎对所有的取水许可征收年度收费（annual charge），但一些许可免于收费，包括少于 5MW 装机的水电取水、氯化物平均浓度超过 8g/L 的取水、临时许可和转移许可。年度费用由标准收费和补偿收费两部分组成，标准收费用于弥补环境署管理取水的费用，该费用与许可对水资源的影响成正比。补偿收费加在标准费用上，用于补偿许可撤销或变更、申请拒绝或施加取水限制条件等相关的费用。

征收水量是取水许可授予的年度水量。如果许可没有授予年度水量，环境署将根据许可的取水流量计算。

收费因子应用乘法计算，包括水源、季节、消耗和水源调节 4 个因子。水源因子区分不支持、支持和潮汐 3 种水源。不支持水源是不包括在其他类别的水源，包括地下水；支持水源由环境署按照河流通过国家分区系统规定，并随时修订；潮汐水源是指河流正常潮位线下游的陆地水域或由环境署规定的其他水源，但如果同时规定为潮汐水源和支持水源的按支持水源处理。

季节因素分为夏季、冬季和全年 3 类。夏季指只被授权在 4 月 1 日至 10 月 31 日的取水，冬季是 11 月 1 日至次年 3 月 31 日的取水；全年是全年或不包括在其他类别的取水。

消耗因子按照用途分成高、中、低和十分低 4 类。高消耗是指利用后不直接和间接回归任何水源的取水，包括喷灌和滴管、园林灌溉、压尘和其他用途等。中等消耗包括公共和私人供水，一般商业和工业用水，锅炉给水，传输物料用水，瓶装和产品用水，农业取水（不包括喷灌和滴管、园林灌溉、渔业、水生植物种植等）和防雾喷洒。低消耗包括洗矿、洗蔬菜和非蒸发冷却等取水。十分低消耗包括水力发电、渔业、水生植物种植、航运、排水等取水。

水源调节因子只用于补偿收费计算，按潮汐和非潮汐分为 2 类。2020—2021 年英格兰和威尔士的季节因子分别为，夏季 1.60，冬季 1.60，全年 1.0；消耗因子分别为：高 1.00，中 0.60，低 0.03 和十分低 0.003；水源因子潮汐为 0.2，非潮汐（包括支持和不支持）为 1.0。

由环境署制定的 2020—2021 年，英格兰和威尔士的每 $1000m^3$ 水量的标准单位收费和 2020 年 4 月 1 日以后每 $1000m^3$ 英格兰的环境改善单位收费（the environmental improvement unit charge）见表 4-1。

表 4-1　　2020—2021 年英格兰和威尔士取水单位收费

地　　区	标准单位收费/（英镑/$1000m^3$）	环境改善单位收费/（英镑/$1000m^3$）
盎格鲁（Anglian）	27.51	0
半德兰兹（Midlands）	14.95	0
诺森伯兰（Northumbrian）	16.66	0
西北地区（North West）	12.57	12.91
南部地区（Southern）	19.23	0
西南地区［South West，包括韦塞克斯（Wessex）］	19.71	0
泰晤士（Thames）	13.84	5.69
约克郡（Yorkshire）	11.63	0
第（Dee）	15.54	0
怀（Wye）	15.54	0

年度收费的计算公式为　　年度收费＝基本收费＋补偿收费

其中　　基本收费＝取水量×水源因子×季节因子×消耗因子×标准单位收费

补偿收费＝取水量×季节因子×消耗因子×水源调节因子×环境改善单位收费

年度收费最少为 25 英镑，要求在每年 4 月 1 日前交。

思 考 题

1. 阐述水资源费（税）征收的理论依据。
2. 阐述我国水资源费和税的不同。
3. 对比英格兰和我国水资源费征收的区别。

参 考 文 献

[1] 沈大军. 水管理学概论 [M]. 北京：科学出版社，2004.
[2] 水利部水资源管理司. 取水许可和水资源费征收管理实务 [M]. 北京：中国水利水电出版社，2006.
[3] 沈大军，陈雯，罗健萍. 水价制定理论、方法与实践 [M]. 北京：中国水利水电出版社，2006.
[4] 沈大军，阮本清，张志诚. 水资源税征收的理论依据分析 [J]. 水利学报，2002，33 (10)：124－128.
[5] 沈大军. 水资源费征收的理论依据及定价方法 [J]. 水利学报，2006，37 (1)：120－125.
[6] Dajun Shen，Juan Wu. State of the Art Review：Water pricing reform in China [J]. International Journal of Water Resources Development，33 (2)：198－232.

第五章 水量分配和调度

第一节 水资源配置理论

水资源配置是在不同时间、地域、用途和用户之间进行水资源分配的选择行为。根据水资源的特点，它通常同步包含时间、空间、用途、数量、质量和保证率等配置要素。实际上，天然水资源的时空分布是一种原始配置，但当天然的水资源配置不能满足人类对水资源的时间、空间、水质、水量或保证率等的需求时，就需要对水资源进行配置，以满足人类经济和社会活动对水资源的需求，这就是水资源配置。因此，水资源配置就是改变水资源天然的时空分布或现状，以满足人类的经济和社会发展的过程。

一、水资源配置框架和内容

水资源在时间、空间和行业上的配置构成了水资源配置框架和内容（图 5-1）。

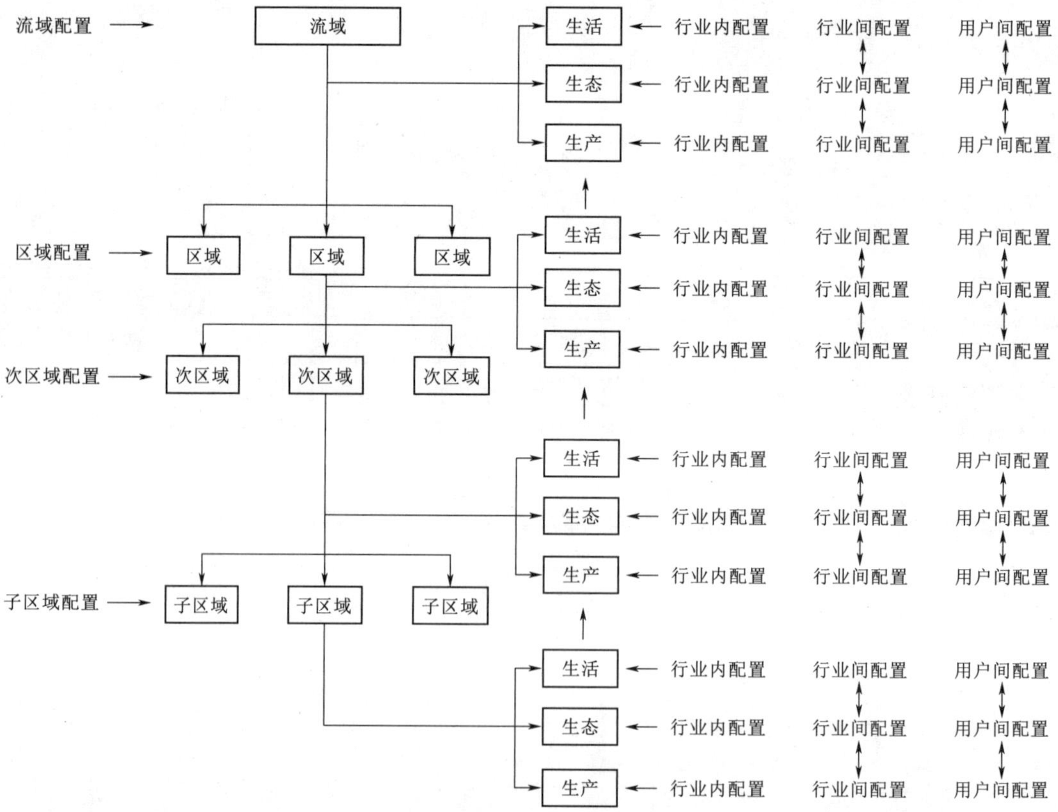

图 5-1 水资源配置框架和内容

1. 流域配置

流域配置包括流域间配置和流域内配置。流域间配置是将水资源在流域间分配，确定各流域的水资源配置量。流域内配置是将配置给本流域的水资源在流域内进行分配。流域内配置一般包括流域内区域间和流域内行业（生活、生态和生产）间的水资源配置。流域内配置的水资源包括流域水资源和调入（如调出，则应减去）流域的水资源。南水北调工程和《黄河可供水量分配方案》分别是流域间和流域内水资源配置的例子。

2. 区域配置

由于流域内区域间配置等同于流域内配置，因此，区域配置是指区域内配置。区域配置是将配置给本区域的水资源在区域内进行分配。同样，区域配置包括区域内各次、子区域的配置和各级区域内行业间的配置。区域配置的水资源包括区域当地的水资源和调入区域的水资源。

3. 行业配置

行业配置包括行业间配置和行业内配置。行业间配置将水资源在不同行业间进行分配，如农业、工业和生活之间的配置。行业内配置是将水资源在行业内进行分配，实际是在用户间进行分配。根据我国的水资源管理特点，行业内配置在水资源配置的最低层次，即在取用水户的层级。

4. 代际配置

由于水资源具有可再生性，因此代际配置的问题并不突出。但当人类开发利用的强度大于水资源的更新速率而导致水资源枯竭时，为了维持水资源的可持续利用，就存在代际问题，特别是更新周期比较长的地下水资源。因此，代际水资源配置，也就是在现在和将来之间分配水资源。我国和澳大利亚等实施的地下水资源保护规划，就是水资源代际配置的例子。

二、水资源配置模式

水资源配置包括以需定供和以供定需两种模式。

1. 以需定供的水资源配置模式

以需定供就是以水资源需求的多少来决定水资源的供给量和配置量。由于理性经济人总是追求其利益的最大化，在缺乏有效限制措施的情况下，经济和社会发展以及人类生活对水资源的需求量会持续增长。因此，以需定供的水资源配置模式只能在水资源比较丰富、人类现状的需求能够充分满足的条件下实施。一般来讲，以需定供的水资源配置按照以下5个步骤进行（图5-2）：

（1）需水预测。根据经济和社会发展规划，以及人口增长预测，参照不同水平年的用水定额，预测不同水平年的需水量。

（2）可供水量分析。根据区域和流域水资源和开发利用评价，确定区域和流域不同水平年的可供水量。

（3）水资源供需平衡分析。根据需水预测和可供水量分析结果，进行水资源供需平衡分析。如果水资源供需不平衡（需水大于供水），则返回重新进行需水预测和可供水量分析：采取节水措施，降低需水；采取增加供水的措施，增加可供水量，从而再次进行水资源供需平衡分析，直到供需平衡或供大于需为止。

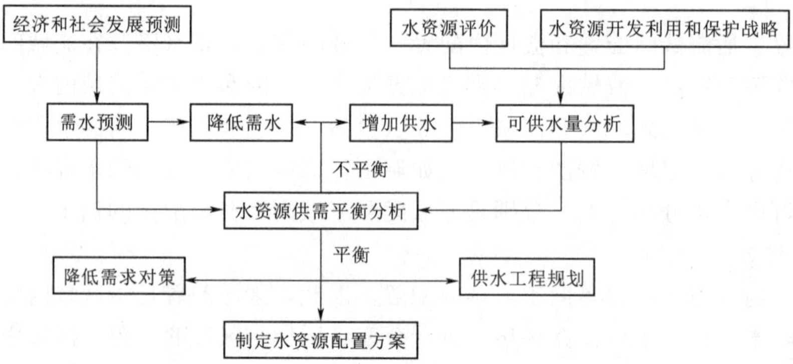

图 5-2　以需定供的水资源配置框架

（4）制定水资源配置方案。根据水资源供需平衡的结果，按照供需平衡时的行业供水量和需水量，制定不同区域和行业的水资源配置方案。

（5）建立实现水资源配置方案的水资源开发利用和保护战略。根据供需平衡的结果和水资源配置方案，提出增加供水的供水工程规划和降低需求的对策。

以需定供的水资源配置模式可以充分保证国民经济和社会发展对水资源的需求，但存在较大风险：一是国民经济和社会发展预测以及需水预测的不确定性。经济和社会系统的复杂性远高于水资源系统，而且容易受到诸多外部因素的影响，因此，国民经济和社会发展具有很大的不确定性，这些不确定性将对需水预测带来很大的随机性。相似地，需水预测也存在诸多不确定性，如我国以往的需水预测往往明显偏大。若根据这些存在诸多不确定性的需水数据来决定供水规模，将对供水带来诸多不确定性，也影响增加供水的工程规划的随机性。二是水资源供给量扩大的可能性。为了满足水资源需求（一般来讲是不断增加的），需要不断扩大供水量。这样就存在一个供水量是否能够满足需求增长的问题。三是人水关系。在以需定供的水资源配置模式下，水资源系统需要不断提供满足人类需求的水量，从而可能对水资源系统及相关的水生态环境系统造成损害。如果需要保障一定程度的生态环境用水，从而导致水资源供给不足，就不能采用以需定供模式，而要实行以供定需模式配置。

2. 以供定需的水资源配置模式

对应于以需定供，以供定需的水资源配置模式即以水资源供给量确定水资源需求量。水资源是稀缺性资源，在一定的社会、经济和技术条件下，流域或区域的可利用水资源量总有一个限制。因此，即使在水资源比较丰富的地区，其水资源供给量也是一定的；而在水资源短缺的地区，众多流域和区域的水资源开发利用量已经超过了可利用水资源量，对生态环境造成了巨大的影响。

以供定需的水资源配置一般按以下步骤进行（图 5-3）。

（1）可供水量分析。根据区域或流域的水资源条件、生态环境保护要求和水资源开发利用状况，在保证人类生活用水和保障生态环境用水的情况下，分析确定区域或流域的可供水量。

（2）制定水资源配置方案。按照公平、高效和可持续的原则，根据区域或流域的可供

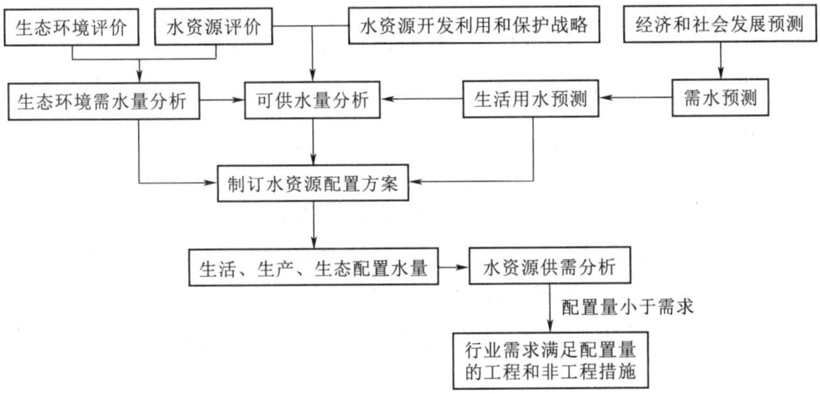

图 5-3 以供定需的水资源配置框架

水量，制定水资源配置方案，确定在某一水平年区域或流域不同用水行业（生活、生产和生态）的水资源配置量。

（3）水资源供需分析。根据国民经济和社会发展预测，预测不同水平年的水资源需求量；根据水资源配置量，进行不同水平年和不同行业的水资源供需分析。

（4）制定需求满足配置量的水资源开发利用和保护战略。根据供需分析的结果，制定水资源开发利用和保护战略。如果行业的供给小于需求，研究制定控制行业用水增长的工程和非工程措施；同时研究提出在区域或流域各行业用水总量一定的情况下，采用市场手段进行行业间水资源配置的政策和战略。

相对于以需定供的水资源配置，以供定需的水资源配置模式有以下特点：一是降低了国民经济、社会发展预测及需水预测的不确定性和对水资源供给造成的影响。二是可供水量的确定性。由于充分体现和把握了区域或流域水资源开发利用的特性和特点，以供定需的水资源配置能够比较准确确定区域或流域的可供水量，从而为用水以及国民经济和社会发展提供可靠的依据。三是水资源开发利用与经济和社会发展布局的关系。以供定需的水资源配置模式要求国民经济和社会发展按照水资源的条件进行布局和规划，即"适水发展"或"以水定发展"。四是人水关系。以供定需的水资源配置体现了人类充分重视生态环境用水，在人水关系上体现了和谐的理念。当然，以供定需的水资源配置也存在一定的生态环境风险，就是人类根据现有的知识确定的生态环境水量以及生产、生活供水量的科学性和人类不断变化的价值观。

三、水资源配置机制

水资源配置机制是水资源配置的内涵，决定了水资源以何种方式在流域、区域、行业和用户之间进行分配。

1. 行政配置

水资源的行政配置，也称为计划配置、政府配置或指令配置，是由政府或其水资源管理部门通过行政命令或指令配置水资源的机制。这是一种自上而下的配置方法，由于政府或管理部门掌握的信息或处理信息的能力有限，容易造成"政府失灵"和出现"寻租"现象。但行政配置的优点是可以保障公共利益和社会利益与生态环境保护目标的实现。因此，行政配置一般在宏观配置层次上比较有效，如流域或区域的水资源初始配置、区域内行业水资源的配置等；在满足公共利益、生态环境保护和重要的居民生活用水的情况下，行政配置也比较有效。行政配置是现行主要的水资源配置机制。我国的流域水量分配就是行政配置的典型例子。

2. 市场配置

市场配置就是应用市场机制和手段配置水资源，如价格机制和产权制度等。市场机制可以实现水资源高效配置和利用，但可能不能保证社会目标与生态环境保护目标的实现，即出现“市场失灵”。目前，市场机制在水资源配置中发挥了广泛的作用，如各种与水有关的价格和收费、水权交易等，都是市场机制用于水资源配置的例子。

3. 自主配置

自主配置是指由用水户或相关用水团体自行组织和协商来分配水资源。在灌区层次上，农民参与用水管理就是典型的例子。自主分配的优点是具有较大的灵活性，能充分反映用水户的需求，同时分配的结果也将对用水户的用水行为产生直接的影响，能避免同时出现“市场失灵”和“政府失灵”。由于配置范围相对较少，用户参与充分。因此，自主配置具有高透明度，解决了配置中的信息问题。

以上分析了不同的水资源配置机制，但实际的水资源配置可能是以上机制的综合，如采用政府和市场相结合，我国对取水同时实施取水许可制度和水资源有偿使用制度就是典型的例子；在农民用水户协会内部用水征收水费，这是市场机制和自主配置机制的结合。同时，在一个流域内，区域间水资源配置多采用行政配置，而区域内用户间配置可能采用市场机制，在灌区可能采用自主配置。

四、水资源配置对象

根据水资源的特性及其开发利用的内容，水资源配置的对象包括数量、水质、保证率、时间和空间（地点或区域）等。

1. 数量

数量也就是水资源量的配置，是最常见的配置对象。水资源量通常与其他配置对象相结合，从而形成了丰富的水资源配置内容。如我们常用的某一保证率下的水资源量，就是保证率和数量的结合；如果对应于某一水平年，就是数量和时间的结合；数量还同时可以与多个其他配置对象相结合。

2. 水质

水质指水资源质量，一般在水资源配置不经常应用，但出现的例子日益增加。水质对应的是用途，当水资源的水质不能满足使用用途的要求时，就需要出于水质要求的水资源配置。

在过去的很长一段时间，由于水污染不严重、或水质总是能满足人们的要求、或是人们对水质关注程度不足，水质这个对象并没有纳入水资源配置的范畴。但当这些问题显现的时候，越来越多的案例开始把水资源的水质配置纳入配置对象。如我国正在实施的“引江济太”工程，其实就是通过引用一定数量的优质水，缓解太湖水污染的配置措施；同样，“东阳—义乌”的水权交易也是由于当地丰富的水资源的质量不足，而购买区域外水资源的过程。

3. 保证率

保证率对应于水量，经常使用的 $P=50\%$、$P=75\%$ 以及 $P=95\%$，以及枯水年（月）等都是属于水资源配置的保证率范畴，多年平均也是一个与保证率有关的概念。由于水文的随机性，不同保证率情况下的水量是不同的。

4. 时间

时间对象界定配置何时的水资源，水资源规划的水平年是时间的一个体现。随着水资源越来越紧缺，经常会出现对现在甚至过去某一时间的水资源配置，特别是在以供定需配置模式下，如 2005 年制定的《石羊河流域水资源分配方案》以 2003 年现状为基础。在灌区的水资源配置中，经常采用一个灌溉季节的水资源配置。

在某些情况下，水资源配置有可能是针对特定时间或时段的分配，如年或月。如旱情紧急情况下的水量调度预案就是对枯水年，甚至是枯水月的水资源配置。我国晋江流域的水资源配置是一个枯水年枯水月（$P=97\%$）的分配。因此，时间可以是一个灵活的概念，可能是某一天、几天、一个用水时段、枯水月、正常年、枯水年、未来某一水平年等。

5. 地点或区域

地点或区域对应点和面的问题。在绝大多数情况下，水资源配置是针对于一个区域的分配，如流域、区域水资源配置是对一个流域或区域的水资源进行配置；但在某些情况下，也会出现对某一地点的水资源进行配置的问题，如我国古代灌区的水资源配置通常对渠口或引水点的来水进行分配。同样，晋江流域的水资源配置是针对某一地点（金鸡闸）的分配。

第二节 我国水量分配框架

由于水文随机性，每年降水量是不同的，每年的来水量或水资源量也不同，由此导致水资源配置存在两个时间尺度的配置，一是长期尺度或多年平均情况下的水资源配置，即水量分配。《水量分配暂行办法》规定，水量分配是对水资源可利用总量或者可分配的水量向行政区域进行逐级分配，确定行政区域生活、生产可消耗的水量份额或者取用水水量份额。另一个是具体的每个取用水年或季节的水资源配置，需要根据来水的不同而调整，这是水量调度。

一、流域与区域水量分配

《中华人民共和国水法》第 44 条规定，“国务院发展计划主管部门和国务院水行政主管部门负责全国水资源的宏观调配。全国的和跨省、自治区、直辖市的水中长期供求规划，由国务院水行政主管部门会同有关部门制订，经国务院发展计划主管部门审查批准后执行。地方的水中长期供求规划，由县级以上地方人民政府水行政主管部门会同同级有关部门依据上一级水中长期供求规划和本地区的实际情况制订，经本级人民政府发展计划主管部门审查批准后执行。”

水资源的宏观调配是指在全国、流域或者区域内，按照高效、公平、合理和可持续的原则，遵循市场经济规律和水资源的自然规律，对有限的各种形式的水资源通过工程和非工程措施在不同的流域、行政区域之间进行的分配。水资源宏观调配通过制定和执行跨流域、跨省、跨市、跨县的水中长期供求规划来实现，水资源可利用量是其基本依据。

《中华人民共和国水法》同时规定，水中长期供求规划应当依据水的供求现状、国民经济和社会发展规划、流域规划、区域规划，按照水资源供需协调、综合平衡、保护生态、厉行节约、合理开源的原则制定。因此，水中长期供求计划是调节水资源的总供给和总需求关系的总体部署，以水资源的可供给量和生态环境可承受的能力为基础，立足现实、展望中长期。根据经济社会发展对水的需求量和水资源可开发利用水平决定的可供水量决定需求，按照统筹兼顾、综合平衡和合理调配的原则，协调好全国或流域、区域的生活、生产和生态用水。

全国水资源的宏观调配实际上就是全国水资源的配置过程，由于我国分级的行政管理体制，水资源的宏观调配包括流域或上级行政区域对其辖区的水资源进行宏观调配。从内容反映，水中长期供求计划是对未来水资源的地区和行业的配置。

在短期或近期的水资源配置方面，《中华人民共和国水法》第45条规定，“调蓄径流和分配水量，应当依据流域规划和水中长期供求规划，以流域为单元制定水量分配方案。”水量分配方案是指在一个流域内，根据流域内各行政区域的用水现状、地理、气候、水资源条件、人口、土地、经济结构、经济发展水平、用水效率、管理水平等各项因素，将各种形式的水资源分配到各行政区域的方案。简言之，水量分配方案就是对水资源可利用总量或者可分配的水量向行政区域进行逐级分配，确定行政区域可消耗的水量份额或者取用水的份额。这是我国法律规定的流域和区域水量分配框架。

《水量分配暂行办法》明确规定了水量分配方案的制订、批准和实施。

（1）水量分配方案的制订程序、批准和修订。跨省（自治区、直辖市）的水量分配方案由水利部所属流域管理机构商有关省（自治区、直辖市）人民政府制订，报国务院或者其授权的部门批准。

省（自治区、直辖市）以下其他跨行政区域的水量分配方案由共同的上一级人民政府水行政主管部门商有关地方人民政府制订，报本级人民政府批准。

经批准的水量分配方案需修改或调整时，应当按照方案制定程序经原批准机关批准。

（2）水量分配方案类型。跨省（自治区、直辖市）的水量分配是指以流域为单元向省（自治区、直辖市）进行的水量分配。省（自治区、直辖市）以下其他跨行政区域的水量分配是指以省（自治区、直辖市）或者地市级行政区域为单元，向下一级行政区域进行的水量分配。

（3）水资源可利用量。《水量分配暂行办法》规定，水资源可利用总量包括地表水资源可利用量和地下水资源可开采量，扣除两者的重复量。地表水资源可利用量是指在保护生态与环境和水资源可持续利用的前提下，通过经济合理、技术可行的措施，在当地地表水资源中可供河道外消耗利用的最大水量；地下水资源可开采量是指在可预见的时期内，通过经济合理、技术可行的措施，在不引起生态与环境恶化的条件下，以凿井的方式从地下含水层中获取的可持续利用的水量。

可分配的水量是指在水资源开发利用程度已经很高或者水资源丰富的流域和行政区域或者水流条件复杂的河网地区以及其他不适合以水资源可利用总量进行水量分配的流域和行政区域，按照方便管理、利于操作和水资源节约与保护、供需协调的原则，统筹考虑生活、生产和生态与环境用水，确定的用于分配的水量。

(4) 水量分配原则。水量分配应当遵循公平和公正的原则，充分考虑流域与行政区域水资源条件、供用水历史和现状、未来发展的供水能力和用水需求、节水型社会建设的要求，妥善处理上下游、左右岸的用水关系，协调地表水与地下水、河道内与河道外用水，统筹安排生活、生产、生态与环境用水。

(5) 水量分配依据。水量分配应当以水资源综合规划为基础。省（自治区、直辖市）人民政府公布的行业用水定额是本行政区域实施水量分配的重要依据。

(6) 水量分配方案的内容。水量分配方案包括以下主要内容：①流域或者行政区域水资源可利用总量或者可分配的水量；②各行政区域的水量份额及其相应的河段、水库、湖泊和地下水开采区域；③对应于不同来水频率或保证率的各行政区域年度用水量的调整和相应调度原则；④预留的水量份额及其相应的河段、水库、湖泊和地下水开采区域；⑤跨行政区域河流、湖泊的边界断面流量、径流量、湖泊水位、水质，以及跨行政区域地下水水源地地下水水位和水质等控制指标。

二、区域向取用水户分配

我国区域与取用水户之间的水量分配是通过取水许可制度实现的，即通过取水许可制度，水资源实现了从流域或区域向取用水户的配置。

《取水许可和水资源费征收管理条例》规定，实施取水许可必须符合水资源综合规划、流域综合规划、水中长期供求规划和水功能区划，遵守依照《中华人民共和国水法》规定批准的水量分配方案；尚未制定水量分配方案的，应当遵守有关地方人民政府间签订的协议。

因此，取水许可水量审批一般依据两个条件：宏观上，流域或区域的水量分配方案以及据此确定的流域与行政区域取水许可总量是决定流域和区域内是否有水量可以取用的依据；微观上，行业用水定额是核定取水量的主要依据。由此，在宏观上，《取水许可和水资源费征收管理条例》第 15 条规定，批准的水量分配方案或者签订的协议是确定流域与行政区域取水许可总量控制的依据；第 16 条规定，按照行业用水定额核定的用水量是取水量审批的主要依据。通过第 15 条的规定，在水量分配上实现了流域或区域的水量分配与取水户的水量分配之间的衔接。

三、公共供水系统水量分配

公共供水机构是指依据取水许可制度的规定，拥有取水许可证而向其他用水户供水的机构，包括灌区管理机构和供水公司等。这些机构取水而不用水。因此，在水量分配方面，存在向系统内的用水户进行配置的过程。

根据《取水许可和水资源费征收管理条例》的规定，对于公共供水系统的管理机构，在办理取水许可申请时，其申请书应当包括申请理由，取水目的、取水量、年内各月的用水量等内容，从而在水资源配置上保证了灌区水量分配与取水许可下的取水量的衔接。

我国灌区水量分配根据灌区的灌溉制度制定。在灌区设计时，根据一定的保证率，按照灌区的灌溉面积、作物种植结构、作物灌溉定额，设计和制定一个灌区的灌溉制度，从而形成灌区水量分配的基本框架。这个框架明确了一定设计保证率下的灌区内不同区域的灌溉水量分配。《灌溉与排水工程技术管理规程》(SL/T 246) 规定，工程管理单位应在总量控制和定额管理基础上实行计划用水，制定用水计划，与用水户签订用水协议；工程管理单位应根据农作物高产、优质、高效对水分的要求，充分考虑水源条件、工程状况、气象资料、历年作物种植面积、主要作物灌溉制度等因素编制灌溉用水计划；用水计划包括配水方式、配水顺序、配水量、配水流量和配水时间等。

由于城镇公共供水系统用户所需要的高保证率，我国城镇公共供水系统中的水量分配以供用水合同的方式规定。根据《中华人民共和国民法典》和《城市供水条例》的规定，合同通常规定用水地址和用水性质、供水方式和质量、用水计量和水费结算、设施维护和供用水人的权利和义务等信息。

因此，通过流域与区域、取水许可和公共供水系统水量分配的衔接，在空间上实现了从上到下、从宏观到微观的水量分配。

第三节　我国水量调度框架

水量调度是实现水量分配的方式，是执行和落实水量分配方案的过程。从时间上反映，水量分配界定的是一个长期或某一较长时间段（如 10 年、20 年）的水资源配置情况，水量分配制度制定一个水资源配置方案，而不是开展实际的水资源开发利用活动；水量调度执行和落实某一特定时段的水资源配置过程，如某一年或用水时段（如灌溉期或其他用水期等）。因此，水量分配是水量调度的基础，水量调度是水量分配实现途径。

水量调度通过制定和实施各类年度或季节水量调度计划、取水计划和用水量实现。从空间划分，水量调度上至流域、下至用水户。

从时间段划分，水量调度包括常规调度和应急调度。常规调度是正常情况下的水量调度。但如果出现紧急情况，常规调度就不能满足要求，需要实施应急调度。目前，应急调度包括三个方面：①防汛调度，针对水量过多的情况，流域通常制定防汛调度预案；②抗旱调度，针对水量过少的情况，流域或区域都制定抗旱预案或旱情紧急情况下的水量调度预案；③水污染应急调度，针对突发性水污染事件，属于水质调度的情形。

一、流域与区域水量调度

《中华人民共和国水法》《水量分配暂行办法》和《取水许可管理办法》都规定了流域与区域水量调度。《中华人民共和国水法》第 46 条规定，县级以上地方人民政府水行政主管部门或者流域管理机构应当根据批准的水量分配方案和年度预测来水量，制定年度水量分配方案和调度计划，实施水量统一调度。《水量分配暂行办法》第 12 条规定，流域管理机构或者县级以上地方人民政府水行政主管部门应当根据批准的水量分配方案和年度预测来水量以及用水需求，结合水工程运行情况，制定年度水量分配方案和调度计划，确定用水时段和用水量，实施年度总量控制和水量统一调度。当出现旱情紧急情况或者其他突发公共事件时，应当按照经批准的旱情紧急情况下的水量调度预案或者突发公共事件应急处置预案进行调度或处置。《取水许可管理办法》第 40 条规定，流域管理机构应当商相关省（自治区、直辖市）人民政府水行政主管部门及其他相关单位，根据流域下一年度水量分配方案和年度预测来水量、水库蓄水量，按照总量控制、丰增枯减、以丰补枯的原则，统筹考虑地表水和地下水，制订本流域重要水系的年度水量调度计划或者枯水时段的调度方案。县级以上地方人民政府水行政主管部门应当根据上一级地方人民政府水行政主管部门或者流域管理机构下达的年度水量分配方案和年度水量调度计划，制订本行政区域的年度水量调度计划或者枯水时段的调度方案。

因此，水量调度计划是对根据经批准的水量分配方案和年度预测来水量制定的年度水量分配方案，将既定水资源在不同的时间段及行政区域的科学分配。县级以上水行政主管部门和流域管理机构，根据制定的年度水量分配方案和调度计划，实施水量调度。年度水量调度计划的制订受三个关键因素的影响：①预测的来水量，也就是根据水文随机性，分析和确定水量调度时段的来水量；②水量分配方案，这是制定年度水量调度计划的基础；③年度水量调度规则，也就是将水量分配方案和年度水量调度计划联系起来的规则或"计算公式"。水量调度规则是根据流域的水资源开发利用特点和生态环境保护要求制定的调度规则，它一般可能包括河道内流量的规定、取用水的规定和水库调度规则等。

来水量过多并不会导致水资源配置不足问题，但过少，也就是干旱，将导致水资源短缺。对于干旱问题，《中华人民共和国水法》第 45 条规定，跨省、自治区、直辖市的旱情紧急情况下的水量调度预案，由流域管理机构商有关省、自治区、直辖市人民政府制订，报国务院或者其授权的部门批准后执行。其他跨行政区域的旱情紧急情况下的水量调度预案，由共同的上一级人民政府水行政主管部门商有关地方人民政府制订，报本级人民政府批准后执行。旱情紧急情况下的水量调度预案是指在连续枯水年或特旱年，为减轻严重干旱缺水造成的损失，各流域和各行政区域应当制定的措施和应急计划。从资源配置的角度，旱情紧急情况下的水量调度预案是一个特别时期的水量调度框架。

二、取水许可监督管理

取水许可证载明的取水量是根据一定保证率下的取水定额计算的取水单位或者个人的取水量。由于受气候、水文等条件的制约，河流、湖泊、地下水每年、每季、每月的水量是不同的，可供取水的水量也是不断变化的。取水人每年、每月实际的取水量只能根据预测来水量、需求情况、取水许可证载明的取水量等因素，统筹协调、综合平衡，确定取水人的取水计划。因此，取水户的水量调度或年度取用水管理通过取水许可监督管理实现，具体通过制定和实施年度取水计划实现。年度取水计划包括流域或区域和取水户年度取水计划。

《取水许可和水资源费征收管理条例》第 39 条规定，年度水量分配方案和年度取水计划是年度取水总量控制的依据，应当根据批准的水量分配方案或者签订的协议，结合实际用水状况、行业用水定额、下一年度预测来水量等制定。《取水许可管理办法》第 34 条规定，流域管理机构应当会同有关省、自治区、直辖市人民政府水行政主管部门制定国家确定的重要江河、湖泊的流域年度水量分配方案和年度取水计划。县级以上地方人民政府水行政主管部门应当根据上一级地方人民政府水行政主管部门或者流域管理机构下达的年度水量分配方案和年度取水计划，制定本行政区域的年度水量分配方案和年度取水计划。

取水户年度取水计划由取水审批机关下达。《取水许可和水资源费征收管理条例》第 40 条规定，取水审批机关依照本地区下一年度取水计划、取水单位或者个人提出的下一年度取水计划建议，按照统筹协调、综合平衡、留有余地的原则，向取水单位或者个人下达下一年度取水计划。

关于具体的时间安排和取水量调整，《取水许可管理办法》第 35 条规定，取水单位或者个人应当在每年的 12 月 31 日前向取水审批机关报送其本年度的取水情况总结（表）和下一年度的取水计划建议（表）。第 36 条规定，取水审批机关应当于每年的 1 月 31 日前向取水单位或者个人下达当年取水计划。取水审批机关下达的年度取水计划的取水总量不得超过取水许可证批准的取水量，并应当明确可能依法采取的限制措施。第 38 条规定，取水单位或者个人应当严格按照批准的年度取水计划取水。因扩大生产等特殊原因需要调整年度取水计划的，应当报经原取水审批机关同意。第 39 条规定，取水单位或者个人应当按照取水审批机关下达的年度取水计划核定的退水量，在规定的退水地点退水。

三、公共供水系统用水调度

对于公共供水工程，《取水许可管理办法》第 34 条规定，公共供水工程取水单位报送其下一年度的取水计划建议（表）时，还应当附具供水范围内重要用水户下一年度用水需求计划。

对于灌区用水管理，《灌溉与排水工程技术管理规程》（SL/T 246）规定，工程管理单位应制定调度方案，应对灌区上、中、下游用水统筹兼顾，合理配置。灌区水量调配应符合下列规定：①由工程管理单位按照渠系供水计划向下级渠道配水；②农民用水户协会等农村用水合作组织负责本区域内的配水、用水，并组织协调田间灌水；③灌区配水宜采取干、支渠续灌，斗、农渠轮灌方式，可以将一个灌溉期划分为几个轮灌期，结合作物需水情况合理灌溉。

对于城镇公共供水系统，由于其高保证率要求和稳定的用水需求，水量通常以合同水量供给。

我国的水量分配和调度框架如图 5-4 所示。在空间尺度上，自上而下，我国的水量分配和调度由流域、区域、取水许可、公共供水系统和用户 5 个层面构成。在时间尺度上，我国的水量调度由多年平均的水量分配和年度或季节的水量调度构成，同时水量调度由日常调度和旱情紧急情况下的应急调度构成。

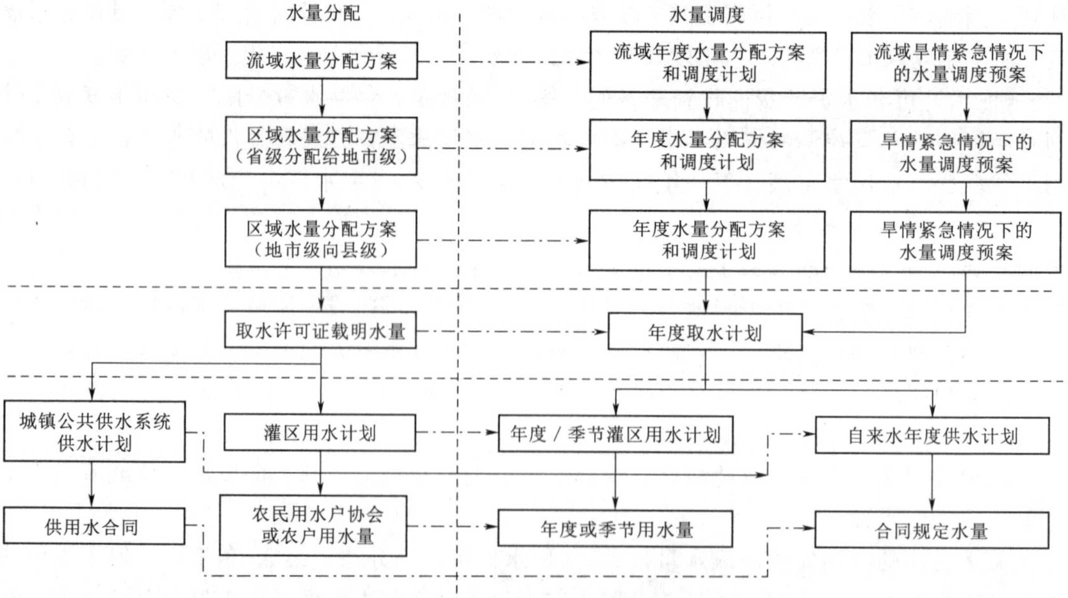

图 5-4 我国水量分配和调度框架

第四节　黄河流域水量分配和调度

一、水量分配

黄河流域位于干旱、半干旱地区，多年河川径流量为580亿m^3，水资源短缺，输沙、生态环境用水和外流域供水任务重，同时，地区分布不均，年内、年际变化大，连续枯水段长，天然径流受人类活动和下垫面影响较大。1949年以后，黄河流域工农业迅速发展，用水量大幅度增加。自20世纪70年代以来，黄河下游经常断流，已影响了生产发展和生活需要。

为了解决上下游的用水矛盾，1984年8月，在全国计划会议上，国家计委就水电部报送的《黄河河川径流量的预测和分配的初步意见》，约请同黄河水量关系密切的12个省（自治区、直辖市）座谈，调整并提出了在南水北调工程生效前，黄河可供水量的分配方案（表5-1）。1987年9月，国务院办公厅以《国务院办公厅转发国家计委和水电部关于黄河可供水量方案报告的通知》（国发办〔1987〕61号）文原则同意以上的水量分配方案（简称"87分水方案"）。

表5-1　　**黄河可供水量分配方案**　　单位：亿m^3

地　区	青海	四川	甘肃	宁夏	内蒙古	陕西	山西	河南	山东	河北	天津	合计
年耗水量	14.1	0.4	30.4	40.0	58.6	38.0	43.1	55.4	70.0	20.0		370.0
比例	0.038	0.001	0.082	0.108	0.158	0.103	0.117	0.150	0.189	0.054		1.000

在1987年黄河可供水量分配方案制定以后，实际上在颁布以后的10年左右时间内，水量分配方案并没有执行和落实。随着黄河流域用水量的大幅度增加，黄河流域水资源供需矛盾严重恶化，终于在1997年出现了黄河历史上最严重的干流断流。

为了缓解黄河流域的水资源供需矛盾和黄河下游的断流形势，1998年12月，国家计委、水利部会同有关部门、地方制定了《黄河可供水量年度分配及干流水量调度方案》（计地区〔1998〕2510号）。《黄河可供水量年度分配及干流水量调度方案》依据国务院的分配方案，通过分析设计用水和引黄耗水过程，拟定了正常来水年份各省（自治区）年内各月可供水量分配，作为黄河水量年度分配的控制指标。

2006年，黄河流域启动省级总量控制指标细化工作，依据"87分水方案"，将分水指标细化到市县一级和干流、支流。2009年，宁夏回族自治区印发了《宁夏黄河水资源县级初始水权分配方案》，将可耗黄河水量初始水权分配到各市县，建立了自治区、市、县三级水权指标体系。

二、水量调度

《黄河可供水量年度分配及干流水量调度方案》规定，黄河水利委员会每年10月制定黄河水量年度分配和干流水量调度预案；年度水量分配时段为当年7月至次年6月，年度干流水量调度时段为当年11月至次年6月。

《黄河可供水量年度分配及干流水量调度方案》同时规定了年度水量分配计划的编制：年度水量分配计划的编制根据天然来水量预测及水库调节情况，考虑河道内输沙用水要求，确定年度全年可供水量。然后，根据正常来水年份可供水量分配指标与年度可供水量比例确定各省（自治区）年度分配控制指标，各月份分配指标原则上同比例压缩。

同时，1998 年 12 月，国家发展计划委员会、水利部印发了《黄河水量调度管理办法》（计地区〔1998〕2520 号）规定：

- 各省（自治区、直辖市）年度用水量实行按比例丰增枯减的调度原则，即根据年度黄河来水量，依据 1987 年国务院批准的可供水量各省（自治区、直辖市）所占比重进行分配，枯水年同比例压缩。
- 黄河流域各省（自治区）即干流各河段用水量按断面进行控制，分别以下河沿、石嘴山、头道拐、花园口、高村和利津水文站作为进入宁夏、内蒙古、黄河中游、黄河下游、山东和河口地区的水量控制断面。
- 黄河干流各河段水量控制以河段总耗水量和断面下泄流量两项指标进行控制。
- 黄河水量实行年计划月调节的调度方式。
- 黄河水利委员会负责对进入各省（自治区）和河段控制断面的水量进行调度。
- 引黄各省（自治区、直辖市）水利厅（局）或省黄河河务局依据黄河水利委员会下达的月引水实施调度方案，安排辖区各用户月的用水计划，并实施调度管理。
- 当引黄各省（自治区、直辖市）用水过程有变化，需要调整正常来水年份年内水量分配指标时，由各省（自治区、直辖市）提出申请，黄河水利委员会报告水利部同意后，报国家计委审批。年水量分配方案调整须报国务院审批。
- 水量非常调度期的水量实行月计划旬调节的调度方式。
- 黄河水量调度计划的执行，由黄河水利委员会负责监督检查。

根据 1998 年的《黄河水量调度管理办法》，从 1999 年 3 月开始，黄河水量正式实施统一调度。黄河水量调度实行总量控制、计划配水、分级管理、分级负责。总的调度原则是：国家统一分配水量，流量断面控制，省（自治区）负责用水配水，重要取水口和骨干水库统一调度。

2006 年 7 月，为了更进一步加强和改进黄河水量分配，国务院颁布了《黄河水量调度条例》，规定：

- 黄河水量调度实行年度水量调度计划与月、旬水量调度方案和实时调度指令相结合的调度方式。
- 黄河水量调度年度为当年 7 月 1 日至次年 6 月 30 日。
- 经批准的年度水量调度计划，是确定月、旬水量调度方案和年度黄河干、支流用水量控制指标的依据。
- 年度水量调度计划，应当依据经批准的黄河水量分配方案和年度预测来水量、水库蓄水量，按照同比例丰增枯减、多年调节水库蓄丰补枯的原则，在综合平衡申报的年度用水计划建议和水库运行计划建议的基础上制订。
- 黄河水利委员会应当根据经批准的年度水量调度计划和申报的月用水计划建议、水库运行计划建议，制订并下达月水量调度方案；用水高峰时，应当根据需要制订并下达旬水量调度方案。
- 黄河水利委员会根据实时水情、雨情、旱情、墒情、水库蓄水量及用水情况，可以对已下达的月、旬水量调度方案作出调整，下达实时调度指令。

• 出现严重干旱、省际或者重要控制断面流量降至预警流量、水库运行故障、重大水污染事故等情况，可能造成供水危机、黄河断流时，黄河水利委员会应当组织实施应急调度。

• 出现旱情紧急情况时，经国务院水行政主管部门同意，由黄河水利委员会组织实施旱情紧急情况下的水量调度预案，并及时调整取水及水库出库流量控制指标；必要时，可以对黄河流域有关省（自治区）主要取水口实行直接调度。

以上的内容反映，《黄河水量调度管理条例》不仅在法律上规定了年度水量调度计划的编制过程、修订要求，以及具体的调度落实，而且更加全面规定了黄河流域的水量调度程序。《黄河水量调度条例》规定了除防汛调度以外的所有的水量调度的内容，包括正常调度、应急调度（包括旱情和水污染事故）。《黄河水量调度条例》的颁布表明，通过近20年的探索和实践，无论是在法律上，还是在具体的水量分配方案的制定和年度水量调度计划的制定和落实上，黄河流域已经建立了一个比较完整的水量分配和调度框架。

第五节 澳大利亚昆士兰州水资源配置

昆士兰州位于澳大利亚东北部，面积173万km^2，人口近400万，其中半数以上人口居住在东南部很小的区域。昆士兰州经济发展主要依赖于矿产品（尤其是煤）、农产品出口和旅游业。

昆士兰州气候因地区而异。西部内陆地区干旱少雨，夏季气候炎热；北部地区季风多雨；沿海地带气候温暖；内陆和南部山脉地区温度较低。受厄尔尼诺-南方涛动的影响，澳大利亚最显著的特点是年际降水量和径流量变化较大。全州年平均径流量为1610亿m^3，地下水可持续开采量约25亿m^3。大部分径流直接流入海洋；仅有很少部分跨过州界，流入其他州。

昆士兰州年平均用水量为46亿m^3，其中30亿m^3来自地表水、16亿m^3来自地下水。在昆士兰州的107个地表水管理区中，23个区为高度开发利用区；在99个地下水管理区中，53个为高度或过度开发利用区。但许多河流和地下含水层仍然有水资源开发利用潜力。昆士兰州的供水大部分用于灌溉，占用水总量的78%；城镇用水占14%，工业占7%，其他占1%。昆士兰州有180多个水库，总库容约140亿m^3；私人所有的河道外雨水利用库容约为3.7亿m^3。

昆士兰州的水资源配置以规划为基础。2000年《水法》建立了一个两阶段的规划过程。首先是制定水资源规划（water resources plan），等同于我国的水量分配方案；水资源规划规定了流域的战略目标、可利用水资源量和相互竞争用水之间的水量配置原则。水资源规划的执行通过第二个规划——资源运行规划（resources operation plan）来实施，类似于我国的年度水量调度计划/年度取水计划的制定和实施；资源运行规划包括水量交易规则和供水工程调度运行原则、水量分享规则。规划得到批准后，有效期为10年。在此期间内，新的水资源规划和资源运行规划必须完成。

水资源规划在宏观上确定流域消耗性/非消耗性水量。根据2000年《水法》，水资源规划目标为：①确定流域可利用水量；②建立水资源可持续管理和取水框架；③确定未来需水的优先性和管理机制；④建立水交易框架；⑤建立退化的自然生态系统恢复框架，如对于开发利用程度较高的河流。

一般情况下，水资源规划包括以下内容：①用水用途分析，如城镇、农业和工业用水分析；②环境目标分析，包括如特定物种和河流生态目标；③实现规划目标的战略；④环境流量目标分析：确定维持健康生态环境的必要流量；⑤水量分配的安全目标：确定用水户能期望得到的配置水量；⑥监测和报告规定：制定确保规划执行和落实的监测和报告制度。

资源运行规划要实现水资源规划设定的各种不同目标。根据 2000 年《水法》规定，资源运行规划必须包括：①确定规划适用的水利工程以及水利工程调度规则；②明确（水利工程运行者）首席执行官如何可持续管理区域的水资源；③明确区域建立的水资源和生态系统监测措施；④明确资源运行规划如何实现水资源规划的目标。

资源运行规划通常还包括：①环境管理规则；②临时水权交易规则：用水户间进行临时水权交易的规则；③水量分享规则：确定每年用水量的规则；④管理未配置水量的过程；⑤规划区域满足未来水需求的过程；⑥长期水权交易规则；⑦执行程序。

此外，资源运行规划也可以包括干旱时的水量调度准则。另外，也可以单独准备和批准干旱时的水量调度方案。

思　考　题

1. 阐述水资源配置内容和机制。
2. 对比以供定需和以需定供的水资源配置模式的区别。
3. 描述我国水量分配和调度的框架。

参 考 文 献

［1］ 沈大军. 水资源配置理论、方法与实践［M］. 北京：中国水利水电出版社，2007.

［2］ 沈大军，孙雪涛. 水量分配和调度：中国的实践和澳大利亚的经验［M］. 北京：中国水利水电出版社，2010.

［3］ Dajun Shen. Water resources management of People's Republic of China［M］. Berlin: Springer，2020.

第六章　水　　权

第一节　理　论　基　础

一、水资源产权：法律的物权

水资源产权，就是水资源的财产权利，在法律上属于物权的范畴。所谓物权，即权利人直接支配物并排斥他人干涉的权利。法律上的物，是指存在于一定空间、能为民事权利主体所支配的有体物。《中华人民共和国物权法》第2条规定："本法所称物，包括不动产和动产。法律规定权利作为物权客体的，依照其规定。"

物权人能够享有的权利，称为物权的权能。物权的基本权能是对物的支配和控制，具体有以下四项：①占有，即物权人对物的实际控制；②使用，即物权人直接利用物，获得物的实际利用好处；③收益，即取得物的产出物；④处分，即将消费物消费掉，或者将物品出卖或者出租等。

物权具有以下特征：①物权的客体只能是特定的物，也就是物权的标的必须是确定的、有一定体积的、占有一定空间的并且人能够控制的物；②物权为支配权，即对物的控制权；③物权为绝对权，即权利人行使权利时只是按照自己的意思就可以实现其目的的权利；④物权具有排他性，就是物权人在实现自己的权利时排斥他人的意思介入，而且物权人只有在排斥他人的意思介入时，才能彻底实现自己的权利。

物权有各种分类方法，如按照物权主体、内容和客体的界定等，可以分为单一主体物权和共同主体物权，不动产物权和动产物权、准不动产物权，完全物权和限制物权、自物权和他物权、无期物权和有期物权、实质物权和形式物权，法定物权和意定物权，独立物权和附属物权等。

单一主体的物权就是一个主体拥有的物权；多数主体的物权就是两个及以上的主体共同对一标的物拥有的物权，称为共同物权，共同物权的共同关系，即多数权利人之间的内部关系可以分为：①按份共有，共有人按照各自的份额，对共有物权分享权利和承担义务的共有形式，是多个独立权利的聚合；②共同共有，共有人不分份额地享受权利和承担义务，因此实质上是一个权利；③总有，成员资格不固定的团体，以团体的名义享有的所有权；④合有，两个以上的主体对财产虽然按照确定的份额享受权利，但因共同目的的束缚，权利人对自己的份额不得随意处分和请求分割的共有；⑤公有，即一个相对固定的社会中，全体民众对全部社会财产不分份额的拥有所有权的形式。

不动产是指"不可动之物"，包括土地、建筑物和添附于土地和建筑物的物。汽车、船舶、航空器等价值远较一般动产为大的动产，称为准不动产，立法将这些动产视为不动产，在物权变动方面实行不动产的规则。动产即依其自然性质可以自由移动的物，包括可动之物、货币、准动产。动产和不动产在法律上有明显的区别：动产物权变动以交付为生效要件；不动产的各种物权的取得，包括设立、转移，依不动产的登记。准不动产的物权变动，也以登记为生效要件，或者实行不经登记不得对抗第三人的规则。水资源一般视为不动产，其产权按照不动产的登记制度。

独立物权是指可以独立进入交易机制的物权，像所有权、地上权、我国的土地使用权和水资源所有权等；附属物权，指在法律上没有独立性，不能独立进入交易机制的物权，如依附于土地的水权、早期的滨岸权。对于水资源产权，如果要求水权能够独立交易，则水权必须设置为独立物权。

物权包括所有权和他物权（用益物权和担保物权）。他物权是在他人所有的物上设定或享有的权利。所有权是指所有人依法对自己财产所享有的占有、使用、收益和处分的权利。所有权是物权中最重要也最完全的一种权利，具有绝对性、排他性、永续性三个特征，具体内容包括占有、使用、收益和处置等四项权能。产权和所有权的区别是：产权是一个较大的概念，产权包括所有权。同时，所有权具有如下特征：①所有权是绝对权，所有权并不需要他人的支持和协助便能实现；②所有权有独立自主性，所有权从根本上是一种不依赖，也不从属于其他权利而独立存在的自主权利；③所有权具有排他性，某人对某物享有所有权，就意味着其他任何人都无权干涉所有人对某物行使所有权；④所有权具有利益性，所有权是一种对物具有直接利益并排除他人干涉的权利；⑤所有权具有分离性，是指所有权的四个权能中的某一个或几个权能能从所有权中分离出来，由所有权之外的其他人享有；⑥所有权是完整的物权。所有权包括对物的占有、使用，直到最终处分的权利，所以它是一种最全面、最充分的物权，与它相比，其他物权都只能享有所有权中的部分权利。

用益物权是指用益物权人对他人所有的不动产或者动产，依法享有占有、使用和收益的权利，水权通常属于用益物权。因此，用益物权是非所有权人以利用、收益为目的，在他人所有物上享有的使用、收益甚至有限处分的物权。享有权利的人称为用益权人，有使用、收益甚至有限度处分他人所有物的权利。概括起来，用益物权具有如下特点：①用益物权是一种物权，用益物权人有独占和排他性支配标的物的权利；②用益物权是一种他物权、限制物权，用益物权必须存在他人所有的物上；③用益物权的目的是对于标的物的使用、收益，收益是指收取或获得物的孳息，包括自然孳息（如水域中的鱼所自然繁殖的小鱼等自然产生之物）、人工孳息（如在水域中人工养殖而取得的孳息）和法定孳息（如养鱼场的租金）；④用益物权的标的物须为他人所有物，一般为不消费物，一般以不动产为主；⑤用益物权以物的使用价值为实现的基础，是在使用价值方面对物的支配，用益物权的标的物的灭失将导致用益物权的消灭。

在以上物权的基本理论和概念下，《中华人民共和国民法典》第 247 条规定，水流属于国家所有；第 324 条规定，国家所有或者国家所有由集体使用以及法律规定属于集体所有的自然资源，组织、个人依法可以占有、使用和收益。由于水的流动性以及水文随机性所带来的年度和季节变化，设立水资源产权还存在一些基本问题：

（1）水资源产权的物：水资源产权的物就是水资源，但如第一章所述，对水资源有广义和狭义两种认识，而且物权对物还要基本要求。因此，按照物的性质和要求，水资源产权的标的物以狭义定义范围的水资源比较合适。

（2）水资源产权的客体是物还是权利：若规定是物，则这个物不是特定的，是流动和变化的，不严格符合物权法的原则；若规定是权利，从物权的客体的角度比较容易说明问题，但与物权法的其他原则，如动产和不动产的界定等，存在不一致。

（3）公法和私法中的水资源产权：尽管《中华人民共和国宪法》和《中华人民共和国民法典》对水流有产权的规定，但有关水权的法律内容更多在《中华人民共和国水法》中。《中华人民共和国水法》属于公法中的行政法，其出发点是对公共权力的应用和制约；而私法的物权规范是协调围绕着这种民事权利而形成的社会关系。因此，水资源产权的规定在公法和私法中可能不一致。

（4）水资源的动产和不动产属性：按照动产和不动产的定义，水资源应属于动产，但若将水资源规定为动产，动产只有所有权和质押权，动产的占有交付原则都不能实施。因此，通常认为，水资源属于不动产，具有用益权和抵押权。另外，目前我国对水资源产权管理的体系，如取水权获得，采用类似不动产的登记交付制度（见第三章）。

二、水资源产权：经济学的产权

产权是经济运行的基础和交易的先决条件。经济学对产权的关注与法律不同，经济学关心产权设置是否能够保证资源在经济中的运行，并取得资源配置效率。因此，经济学关注产权设置效率。

产权理论的主要内容之一是科斯定理。科斯定理认为，如果交易费用为零，则资源的最优配置同资源产权的初始界定无关，而产权界定由法律规定，也就是说，若交易费用为零，关于财产权利的法律就没必要存在或根本不可能存在。但在现实中，交易费用都为正，因此，产权界定对资源配置有决定性影响，产权制度决定组织、技术和效率。

从产权经济学的角度，高效的产权结构应具有三个主要特性：①排他性；②可转让性；③可行使性。只有具备这些特性，资源所有者或产权持有人才有激励去高效利用资源，因为资源价值的减少其实就是他财产的损失。

产权制度从以下几个方面影响或决定着资源配置效率和经济制度效率：①如果产权界定清晰，交易的受益效应和受损效应在更大程度上只影响交易当事人，即交易当事人完全对其自身行为的结果负责，从而减少交易外部性，提高社会总福利水平；②界定清晰和受法律保护的产权减少了经济活动中的不确定性，使经济当事人的利益预期和法律责任清晰化；③产权清晰保证了交易的受益效应和受损效应都由交易当事人直接承担，这就决定了交易当事人拥有自由交易的权利。当大量的交易都在这些条件下进行时，整个社会的资源配置就会优化，并导致社会福利的增长。

对于水资源等公共地资源的产权安排通常有以下四种类型：①自由进入，即没有实施产权，是一种没有特定的用户和所有者团体拥有资源、所有的人都能获得利益的安排；②集团财产，由能排斥他人的一个用户团体拥有资源产权，集团的个人成员同时有权利和责任使用、保护和管理资源；③私人财产，由能排斥他人的私人（公司）拥有资源产权，私人拥有资源，具有排他和转让权利，但有责任限制社会不能接受的利用；其他人（非所有者）有责任尊重所有者的决定，同时预期只有社会认可的使用将发生；④国家财产，由能够管理或补助使用的政府拥有产权，由国家管理，为公众服务；个人有责任监督使用和遵守由国家管理机构制定的规则。

如果允许对水资源的自由进入，“公地悲剧”就可能发生，资源将退化。集体财产和私人财产的安排，将赋予私人进入和使用资源的各种权利。集体财产和私人财产的区别是个人买卖一部分资源的权利。政府财产包括国家、地区或当地的公共机构的所有，这些机构能够禁止或允许个人的使用。

由于交易成本是社会资源和财富的损失，而产权制度和结构的变化能够改变系统的交易成本。所以，从经济学角度研究水资源产权，就是通过界定、变更和安排水资源的产权结构，降低或消除市场机制运行的交易成本，提高运行效率，改善资源配置。

三、水权类型

以上从法律和经济学的角度讨论了水资源产权问题，从水资源管理角度来讲，水权是与水资源开发、利用、保护和管理相关的权利总称。水权制度是与水资源相关的一系列公权和财产权界定和管理的制度总称，也就是管理水权的相关制度总称。建立水权制度的目的是，如何从法律上建立一套水资源产权体系，能够在经济中运行，实现社会公正、资源配置效率和可持续的目标。

基于以上目标，水资源产权包括水资源所有权和水资源使用权或用益权。

1. 水资源所有权

水资源所有权是指国家、单位（包括法人和非法人组织）和个人对水资源依法享有的占有、使用、收益和处分的权利，是一种绝对物权。作为民事权利的水资源所有权的内容，包括水资源所有人依法对自己水资源享有占有、使用、收益和处分的四种权能。如果从法律上将水资源所有权、使用权与水资源地（包括水资源的底土、岸帮及与水资源相邻土地）的所有权、使用权分割，则应该考虑、确定水资源相关土地的所有权、地上权、地役权和岸边权。

随着水资源开发利用规模的扩大和水资源问题的日益严重，普通法的有关规定已经很难适应水资源利用和管理，一些国家的法律开始将江河湖海等水源赋予所有权概念。目前许多国家都规定水资源为国家所有，包括我国。

2. 水资源使用权或用益权

理论上，开发、利用和消耗水资源，原则上应该取得水资源的所有权。由于水资源所有权包括使用权能，水资源所有权人有权使用其所有的水资源，因此对水资源所有权人，没有必要设立水资源使用权。但绝大部分水资源往往为个人拥有或国家所有，拥有水资源的个人往往不必或不能直接利用水资源，真正直接利用水资源的是非水资源所有权人。这就产生了非水资源所有权人必须直接利用水资源所有权人拥有的水资源的问题。解决这一问题的可行方案是，在不改变水资源所有权的前提下，由非所有权人向所有权人支付一定费用后取得利用并收益所有权人拥有的水资源的权利。这种权利，在大陆法系国家称为用益物权，在我国多称为水资源使用权，也就是通常所称的水权。因此，水资源使用权是指单位和个人对非自己所有的水资源依法享有的占有、使用、取得经济收益和甚至处分的权利，是派生于水资源所有权但又区别于水资源所有权的一种独立物权。

根据不同的分类方式，水权可以有各种类型，按空间划分，水权包括流域水权、区域水权、行业水权和取用水户水权；按照时间划分，从水量分配和调度的角度，水权包括长期水权和临时水权，长期水权是多年平均情况下的较长时期的水权；临时水权是年度或季节的水权；按照水量界定，水权包括取水量水权、用水量水权和耗水量水权，如我国的取水权属于取水量水权，用户水权一般是用水量水权，而黄河流域的水量分配方案规定的是耗水量水权；按照用途划分，水权可以分为生态环境水权、工业水权、农业水权和生活用水水权。另外，按照水权的物的规定，水权可以分为时间水权和水量水权，我国古代河西走廊地区多实行时间水权，按照灌溉季节（也就是时间）界定水权。

四、水权范围和授予

从水资源使用的角度出发，水权范围十分广泛，不仅包括正式的或法律授予的权利，如取水许可授予的取水权、各类水量分配方案和协议或合同规定的权利，以及批准的各类规划、水资源配置规划的权利；还包括非正式的水权，如传统的取用水权、不需要法律授予或批准的权利等。同时，水权不仅是指法律规定的或命名为“权利”的权利，如《中华人民共和国水法》规定的所有权、取水权等，也包括法律规定的、不命名为“权利”的权利，甚至法律没有规定、也没有命名为“权利”的权利，如农村少量的人畜用水等。

按照水权的授予方式，可以分为三种类型：①天赋水权或自然拥有的水权：如少量的（农村）居民生活用水和牲畜饮用水的权利，是不需要任何规定，而且是生存所必须的；②习惯水权：即习惯上拥有的水权（也包括后来被法律认可的），典型的是滨岸权；一些民俗和传统规定的水权，也属于这个范畴；③法定水权：即由具体的法律规定的权利，这是目前我们研究和管理的重点，现代的水权制度规定的水权大多属于这个范畴。同时，由于水问题的变化，三个类型的水权也会转变，较多的是将习惯水权转变为法定水权，以立法的形式加以规定。

五、世界上主要水权类型

1. 滨岸权（riparian rights）

滨岸权又称河岸权和河岸原则，滨岸权规定所有财产毗邻水体的土地所有人均有权在水流过或流过其财产时合理利用水。

滨岸权来自法国的民法。19 世纪初，英格兰法庭将滨岸权纳入其普通法。受英国法律影响的美国司法制度也接受了滨岸权原则，密西西比河以东的州通常采用滨岸权，即只有有水源流经的土地所有人才有权要求获得水权。河流由水及滨岸（包括河床）组成，滨岸权与滨岸即土地有密切关系。滨岸权是指滨岸土地的所有人拥有该河流一定数量和质量的天然径流，滨岸权禁止河流上游地区大幅度增减河流水量（如大规模泄洪和取水）以致下游地区受到不利影响。

滨岸权具有如下特点：①只有靠近滨岸的土地所有人才拥有滨岸权，滨岸权依土地所有权的变动而自动变动，如果滨岸土地被分割出售或转让，则不靠近滨岸的那块土地将失去滨岸权；②滨岸权与流域外的土地没有联系，即使流域内外的土地连成一片，流域外的土地也没有滨岸权，即滨岸权所有人无权利用其拥有的流域内的水资源去灌溉其流域外的土地；③滨岸权只适用于天然河流等天然水体，人工河道（水库、水渠等）周边的土地没有滨岸权；④所有滨岸权所有人拥有同等的权利，即同一河流的上下游、左右岸的滨岸权所有人具有同等的权利，在滨岸权所有人之间不存在优先问题（但事实上上游滨岸权所有人却总是优先享尽河流之便）；⑤滨岸权所有人的用水量受到其他滨岸权所有人的限制，任何滨岸权所有人无权损害其他滨岸权所有人的利益；⑥在河流水资源丰富时滨岸权所有人可以无限利用水量，在水资源短缺时则按比例在滨岸权所有人之间合理分配水量，判断合理分配水量的依据是滨岸土地面积的大小、土地特性、用水的重要性以及用水对下游地区的影响或损害大小；⑦除非有特别规定，滨岸权与水量无关。

在一个相当长的时期内，江河湖海等水源作为人类无法控制、独占的共有物，没有形成水资源所有权的概念，一般用河岸（滨岸）权、地役权等物权调整水资源权益。例如，20 世纪 60 年代前，英格兰和威尔士的法律没有直接确立溪流、河流及天然渠道中流水的所有权，而主要依土地所有权或以土地所有权为基础的地上权和河岸权确定水资源的私人所有权，即将水作为土地的附属物：在私人土地上的地表水和地下水属于土地所有人，而流出私人土地的水流则成为公共水流，将流水的所有权授予毗邻河岸的土地所有者。在澳大利亚，传统上，普通法从如下几个方面调整水权关系：①土地所有人有权利用流动于其土地之下的地下水和从其土地中喷出的泉水；②土地所有人有权利用流经其土地地表未加控制的水流；③水道或湿地的岸帮的所有人（即河岸权人）拥有对水的水流权和使用权；④河岸权从属于土地，因为河岸权仅可为相邻于水道或湿地的土地而行使。

2. 占用权（appropriate rights）

占用权由西班牙人根据罗马民法形成，后来又由西班牙人将其带到美洲新大陆，对美国的犹他、亚利桑那、新墨西哥和科罗拉多等西部各州产生重要影响。早在 19 世纪 40 年代在美国犹他州进行大面积灌溉的盎格鲁—撒克逊人订立了一个原则：最先有效利用水资源的人，有资格继续享有优先于后来者的使用权。这就是后来广为人知的优先占用原则，该原则意味着拥有最早的优先权注册日期、并从那时起一直使用水资源的人，拥有先于其他后来者从该水流引水灌溉的权利。科罗拉多州的水占用权可追溯到 19 世纪 50 年代，对占用权的简单解释是“谁先占，谁有优先权”。美国俄勒冈州于 1909 年制定了第一部统一的水法，引进优先占用制度为水权的管理方法，即在一个水源上第一个取得水权的人将是在枯水期最后一个被剥夺用水权利的人，开始获准允许用水的日期就成为该水权的优先日期。

占用权具有如下特点：占用权的核心是“先来者优先原则”（first in time，first in rights），又称为先占权、“时先权先”，即先占者有优先用水权，先期获得占用权的人用水权利高于或优于后来者的权利，后来者是否可以获得占用权取决于是否有多余的水量。在水资源缺乏的情况下，不按平均原则向占用者分配水量，而是按占用时间先后顺序依次满足用水需求，先期获得占用权的人可优先获得规定数量和质量的水，从这个意义上可以认为占用权人具有排他性优先权。强调水的可利用性，占用权人可以将其拥有的水资源用于远离河道甚至流域外的土地，也可以将其所占用的水去换取经济收益。占用权强调用水的合理性，即水的使用不能损害他人利益，可以通过立法对占用权加以限制。

第二节　我国水权制度

一、所有权

《中华人民共和国宪法》第 9 条规定，水流等自然资源，都属于国家所有，即全民所有。《中华人民共和国民法典》第 246 条规定，法律规定属于国家所有的财产，属于国家所有即全民所有，国有财产由国务院代表国家行使所有权；第 247 条规定，水流属于国家所有。《水权交易管理暂行办法》第 2 条规定，水权包括水资源的所有权和使用权。

水流等自然资源，是国家最重要的生产资料，涉及国家的经济命脉，是保障国民经济持续、稳定和健康发展的物质基础，必须属于国家所有，即全民所有。国家所有，是指国家对这些自然资源享有占有、使用、收益和处分的权利。同时，与所有权相联系的一个重要问题是“水流”的含义。根据现代汉语词典的解释，水流是指江河等的统称。根据这个解释，水流是指达到一定规模或者面积的自然资源，属于国家所有，而不是一口水塘属于国家所有。

根据《中华人民共和国宪法》的规定，全国人大常委会于 1988 年制定了《中华人民共和国水法》、并与 2002 年和 2016 年分别作出了修订，但对水资源所有权规定并没有改变。《中华人民共和国水法》第 3 条规定，水资源属于国家所有；水资源的所有权由国务院代表国家行使。这是关于水资源所有权属法律制度的规定，明确了水资源所有权及其所有权人。

水资源是我国最宝贵的自然资源之一，是实现可持续发展的重要物质基础。坚持水资源属于国家所有，即全民所有，才能保障我国水资源的合理开发、利用、节约、保护和满足各方面对水资源日益增长的需求，适应国民经济和社会发展的需要。同时，《中华人民共和国水法》第 2 条还明确规定，“本法所称水资源，包括地表水和地下水。”因此，水资源属于国家所有的含义是地表水、地下水和其他形态的水资源都属于国家所有。水资源属于国家所有是我国水资源权属法律制度的基础和核心，一切水事立法都必须遵循和维护这一制度。

水资源的所有权由国务院代表国家行使。水资源的所有权由国务院代表国家行使，是指国务院代表国家（即全民）依法行使对国有水资源的占有、使用、收益和处分的权利。在法律上规定国务院是国有水资源所有权的代表，一是明确地方各级人民政府不是国有水资源的所有权代表，无权擅自调配、处置水资源，只能依法或者根据国务院的授权调配、处置水资源；二是赋予国务院行使国有水资源资产管理的职能，水资源有偿使用的收益权归中央人民政府，国务院有权决定国有水资源有偿使用收益的分配办法。

二、集体使用权

《中华人民共和国水法》第 3 条同时规定了水资源的集体使用权。1988 年《中华人民共和国水法》规定，农业集体经济组织所有的水塘、水库中的水，属于集体所有。2002 年和 2016 年的《中华人民共和国水法》规定，农村集体经济组织的水塘和由农村集体经济组织修建管理的水库中的水，归各该农村集体组织使用。《中华人民共和国民法典》第 260 条规定，集体所有的不动产和动产包括集体所有的农田水利设施；第 324 条规定，国家所有或者国家所有由集体使用以及法律规定属于集体所有的自然资源，组织、个人依法可以占有、使用和收益。农村集体经济组织的水塘和由农村集体经济组织修建管理的水库中的水，归各该农村集体经济组织使用的规定，建立了水资源集体使用权。

水资源集体使用权的规定符合《中华人民共和国宪法》和我国的实际，体现了尊重历史习惯，充分保护农村集体经济组织和农民兴办农田水利设施、合理开发利用水资源的积极性及其相关合法权益，有利于国家加强对水资源的统一管理和优化配置。

在水资源集体使用权的行使上，《中华人民共和国水法》明确规定：①农村集体经济组织及其成员使用本集体经济组织的水塘、水库中的水不实行取水许可和有偿使用制度；②农村集体经济组织或者其成员依法在本集体经济组织所有的集体土地或者承包土地上投资兴建水工程设施的，按照“谁投资建设、谁管理和谁受益”的原则，对水工程设施及其蓄水进行管理和合理使用；③农村集体经济组织修建水库应当经县级以上地方人民政府水行政主管部门批准。这些规定既维护了国家水资源所有权的完整性和统一性，加强了国家对水资源的宏观管理，也充分保护了农村集体经济组织和农民现有的用水权益，保持了我国水资源权属法律制度的延续性和稳定性。

三、流域和区域水权

1. 长期水权

《中华人民共和国水法》第 45 条和第 46 条规定了我国的流域和区域水权。《中华人民共和国水法》第 45 条规定，“调蓄径流和分配水量，应当依据流域规划和水中长期供求规划，以流域为单元制定水量分配方案。”水量分配方案是对水资源可利用总量或者可分配的水量向行政区域进行逐级分配，确定行政区域可消耗的水量份额或者取用水的份额。根据《中华人民共和国水法》规定，水量分配方案具有法律效力和权威性，经批准后，有关地方人民政府必须执行。因此，水量分配方案确定的行政区水量份额就是区域水权，属于长期水权。

《水权交易管理暂行办法》从交易角度建立和提出了区域水权。区域水权交易是以县级以上地方人民政府或者其授权的部门、单位为主体，以用水总量控制指标和江河水量分配指标范围内结余水量为标的，在位于同一流域或者位于不同流域但具备调水条件的行政区域之间开展的水权交易。

2. 临时水权

《中华人民共和国水法》第 46 条根据水量调度工作的规定所制定和实施的年度水量调度计划建立了区域临时水权，规定，“县级以上地方人民政府水行政主管部门或者流域管理机构应当根据批准的水量分配方案和年度预测来水量，制定年度水量分配方案和调度计划，实施水量统一调度；有关地方人民政府必须服从。”因此，年度水量分配方案和年度水量调度计划的区域年度水量指标就是区域临时水权。

四、取水权

《中华人民共和国水法》第 48 条规定，“直接从江河、湖泊或者地下取用水资源的单位和个人，应当按照国家取水许可制度和水资源有偿使用制度的规定，向水行政主管部门或者流域管理机构申请领取取水许可证，并缴纳水资源费，取得取水权。”以上规定说明，取水户获得取水权的两个要件是：①领取取水许可证；②缴纳水资源费。两者缺一不可。

《取水许可和水资源费征收管理条例》第 27 条建立了取水权交易制度。依法取得取水权的单位或者个人，通过调整产品和产业结构、改革工艺、节水等措施节约水资源的，在取水许可的有效期和取水限额内，经原审批机关批准，可以依法有偿转让其节约的水资源，并到原审批机关办理取水权变更手续。同时，《水权交易管理暂行办法》也明确了取水权交易，取水权交易是获得取水权的单位或者个人（包括除城镇公共供水企业外的工业、农业、服务业取水权人），通过调整产品和产业结构、改革工艺、节水等措施节约水资源的，在取水许可有效期和取水限额内向符合条件的其他单位或者个人有偿转让相应取水权的水权交易。

对于长期水权和临时水权，取水许可证上载明的水量是取水权人的长期水权；而取水户的年度取水计划是取水权人的临时水权。

五、水权证和水票

1. 水权证

水权证是灌区内部农民用水户协会或农民拥有的水权凭证，是一种有限权属的产权证，其主体拥有对应水量的使用、收益和处分等权利。水权证记录权利主体所有的长期水权属性，可同时登记年度购水限额、每轮次水票的购买数额以及进行水票交易、水权交易的情况。

在灌区初始水权分配完成之后，灌区管理单位根据灌区取水许可水量把分配的水权额度以水权证的形式授予用水户协会或用水户。在明确用水权益后，灌溉用水户或者用水组织之间可以开展灌溉用水户水权交易。

2. 水票

水票是农民用水户临时水权的体现，规定了用水户当（灌溉）季、当（灌溉）轮次的可以购买的水量，因此，又是灌溉水费的体现。一般，用水户协会或用户在购水限额内向灌区管理单位申购水票。灌区管理单位按来水情况和购水限额售水，并按购水票额度供水。

六、水权交易制度

《水权交易管理暂行办法》建立了我国的水权交易制度框架体系。水权交易，是指在合理界定和分配水资源使用权基础上，通过市场机制实现水资源使用权在地区间、流域间、流域上下游、行业间、用水户间流转的行为。按照确权类型、交易主体和范围划分，水权交易主要包括区域水权交易、取水权交易和灌溉用水户水权交易等形式。

国务院水行政主管部门负责全国水权交易的监督管理，其所属流域管理机构依照法律法规和国务院水行政主管部门授权，负责所管辖范围内水权交易的监督管理；县级以上地方人民政府水行政主管部门负责本行政区域内水权交易的监督管理。

交易的水权应当已经通过水量分配方案、取水许可、县级以上地方人民政府或者其授权的水行政主管部门确认，并具备相应的工程条件和计量监测能力。水权交易一般应当通过水权交易平台进行，也可以在转让方与受让方之间直接进行。

区域水权交易价格当以水权交易平台或者其他具备相应能力的机构评估价为基准价格，进行协商定价或者竞价，也可以直接协商定价。取水权交易根据补偿节约水资源成本、合理收益的原则，综合考虑节水投资、计量监测设施费用等因素确定。

第三节　美国加利福尼亚州水权体系

加利福尼亚州的水资源管理是由罗马、西班牙、英国和土著治理系统衍生和发展而来的高度复杂的融合体。加利福尼亚州的现代水权制度在 19 世纪中叶和 20 世纪初开始形成。1914 年，州成立了水委员会（Water Commission），后来成为州水资源控制委员会（State Water Resources Control Board）管理水权，但由于政治压力，包括地下水和1914年前的滨岸权等几种水权不在委员会的管理范围内。委员会主要管理1914年以后的占用水权。同时，委员会在执行州的合理和有益利用原则、公共信托原则方面拥有广泛的权力。

加利福尼亚州水资源利用的最重要的两个原则是：一是公共信托原则（public trust doctrine），规定为了维护公共利益，某些资源不能归私人所有，而必须由政府代表人民所有，政府有义务对这些资源进行管理以实现公共利益的最大化。起初，公共信托原则只适用保护渔业、航运和水运贸易，随后权力扩展到公共娱乐和环境保护等方面。加利福尼亚州的公共信托原则在其州《宪法》《濒危物种保护法》《渔猎法》和《水法》中都有规定。二是合理和有益利用原则（doctrine of reasonable and beneficial use），加利福尼亚州《水法》规定，出于加利福尼亚州全体利益的要求，州水资源需要最大限度的有益利用，任何对水资源的浪费、不合理利用都应该阻止。对州水资源的利用权利应限于该水资源合理利用，不包括对水资源的浪费和不合理利用。水资源开发中公共利益的保护对州人民十分重要，州应该决定州的水资源，包括地表水和地下水，以何种方式获得最大的公共利益。

1. 所有权

加利福尼亚州《水法》规定，州所有水资源是州人民的财产，但用水权利可以通过法律规定的占有方式获得。水权是为有益利用一个合理水量的法律许可。

2. 滨岸权（riparian rights）

1850年，加利福尼亚州成为州之后，沿用了美国东部州的惯例，采用了滨岸权。基于滨岸原则建立的滨岸权只能应用于滨岸土地，并受合理和有益利用原则限制。滨岸权优先于优先占用权，并且和其他滨岸权拥有者的权利相联系。同样，滨岸权如果得不到使用，就会被撤销。

3. 优先占用权（appropriative rights）（优先占用原则，doctrine of prior appropriation）

优先占用权是从19世纪50年代矿工在公共用地上使用水资源的先例发展而来的，是对具有特定优先顺序的特定数量的水的权利，可以出售或转让。1914年以后，必须向州水资源控制委员会申请许可才能够获得这一权利。基于合理和有益利用原则，这一许可拥有对水资源的占用权以及优先占用地位。这一权利如果不使用，也会被撤销。

4. 普韦布洛权（pueblo rights）

在西班牙和墨西哥的法律中，一些慈善机构享有与市政当局同等的使用毗邻的水源的权利，其最早来自1848年墨西哥向美国割让加利福尼亚，因此，这些权利优先于其他所有权利。目前仅在加利福尼亚州南方少数城市拥有这些权利，如洛杉矶。

5. 联邦保留权（federal reserved rights）

当美国为国家公园和森林保留一部分公共用地时，也意味着同时保留了土地上的水资源，以供这部分用地所需。这些权利优先于州政府所有的要求。

6. 侵占权（prescriptive rights）（相互侵占或者公平分配原则，doctrine of mutual prescription or equitable apportionment）

侵占权利是指非法获得的用水权，并演变为权利。通常，这是通过侵占或未经授权使用而获得的长期过度开发地下水的权利。1949年，加利福尼亚州最高法院建立了侵占权，判决，包括侵占者在内的各种使用者已获得侵占权，即通过侵占或未经授权的使用而侵犯既定水权的权利。因此，这些用户被称为侵占者，被授予流域地下水供应的比例份额。因此，这一权利允许较晚的权利拥有者不受较早的权利拥有者的限制。这通常意味着如果你是一个较晚的权利拥有者，并且对抗较早的权利拥有者的利益，公开和明示地使用水资源达几年之久，你就同他一样享有同等的优先权。侵占权在南加利福尼亚地下水诉讼的法律判决中经常应用。

7. 地下水权

土地所有者对其所有土地之下的地下水享有地上权（overlying rights），权利与其他土地所有者的地上权相联系，而且地上使用优先于不在土地上的使用。同样，权利受到合理和有益利用原则的制约。在有法院判决的区域或流域，如洛杉矶及附近地区的流域，通常建立基于水量的地下水优先占用权。

思 考 题

1. 阐述法律和经济学对水资源产权界定的不同。
2. 对比占有权与滨岸权，并应用于我国的水权体系。
3. 阐述我国水权体系。
4. 描述美国加利福尼亚水权体系并与我国对比。

参 考 文 献

[1] 孙宪忠. 中国物权法总论［M］. 北京：法律出版社，2003.
[2] 沈大军. 水管理学概论［M］. 北京：科学出版社，2004.
[3] Tom Tietenberg. Environmental and natural resources economics［M］. New York：Harper Collins Publishers Inc.，1992.
[4] Dajun Shen. Water resources management of People's Republic of China［M］. Berlin：Springer，2020.

第七章　区　域　管　理

水资源的区域管理就是从区域角度对水资源进行管理，它一般与流域管理相对。区域的概念，在绝大多数情况下指行政区域，但有时候也可能与行政区域不一致。世界上大多数国家和地区都实行区域管理或以区域管理为主结合流域管理的水资源管理模式。由于水资源管理是国家公共事务管理的一部分，因此，区域管理的实施方式通常与国家结构和政体密切相关。

第一节　国　家　结　构

国家结构是指国内政府间关系，基本分为联邦制和单一制。联邦是指由两个以上共和国或邦、州联合组成的统一国家，国家由各个联邦成员组成，联邦成员国是成员单位，先于联邦国家存在。在联邦国家成立之前，联邦成员是享有单独主权的政治实体；在加入联邦后，虽然不再拥有完全独立的主权，但在联邦宪法规定的范围内，联邦成员的主权仍受到法律的保护，具体受到保护的权利包括：①每个联邦成员有权制定和修改本成员单位的宪法，规定自己的内部制度而无须联邦政府批准；②联邦国家成员在加入联邦之前有自己的区域范围，在加入联邦后，其区域未经同意不能改动；③各联邦成员有加入联邦的权利，也有退出联邦的权利。联邦成员国在组成联邦制国家时，各自把权力交予联邦政府，同时又保留一部分管理该成员国内部事务的权力。但在对外关系中，大多数联邦成员不是单独的主体。美国、印度、俄罗斯、瑞士和巴西等国都实行联邦制。

单一制国家是指由若干不享有独立主权的一般行政区域单位组成的统一主权国家，国家是一个统一的整体，根据统治需要按一定原则划分为各个地方行政区划，据此建立地方政权。在单一制国家中，国家主权先于各个行政区划存在，地方行政区不是一个政治实体，不具有任何主权特征。所以，各地方行使的权力来源于中央授权，并不是地方所固有。在单一制国家，国家设立统一的立法机关和中央政府，全国只有一部宪法，按行政区域划分行政单位和自治单位，各行政单位和自治单位都受中央的统一领导，没有脱离中央而独立的权力。地方自主权或自治权由国家通过宪法授予，单一制地方行政单位虽然也设有相应的权力机关或立法机关、行政机关和司法机关，但它们的权限有些是宪法授予的，有的是由中央政府直接授予或委托的，地方权力的大小完全取决于宪法的规定或中央的授予。在对外关系中，它是单一的主体，在其领土上没有其他任何类似国家的组织存在。我国、英国、法国和日本等都是单一制国家。

单一制国家又可分为分权性和集权性两种。从公共行政关系来看，在分权性体制下（最典型的是英国），地方在法律上是独立的，拥有宪法或专门法律所赋予的权力；上级政府对下级政府主要是行政指导关系，而非行政领导关系；地方政府职权的取得和扩大，都必须经过国会的批准，中央政府不得直接干预。在集权性体制下（最典型的是法国），地方政府的权力主要以行政授权获得，即地方政府的实际权力不是通过国会和法律，而是通过权力在行政系统内的流动和分配形成的。因此，上级政府对下级政府是一种直接的领导关系。

我国属于单一制国家，但究竟是分权性还是集权性则很难确定。一方面，《中华人民共和国宪法》规定，地方政府对地方最高权力机关人民代表大会负责，并对政府的行政权力进行了明确的划分，似乎具有英国式的地方自治特点；另一方面，《中华人民共和国宪法》又规定，我国的国家机关实行民主集中制，并授予最高行政机关国务院统一领导全国地方各级国家行政机关的工作，规定中央和省（自治区、直辖市）的国家行政机关的职权划分，这与法国式的中央集权又更为相似。但虽然省级地方政府有这些法定职权，但不等于就有了权力实现它们。因此，在这种模棱两可的法律规定下，地方政府的实际权力就需要通过上级政府授权的形式获得，由此决定了地方政府实际上是中央政府的派出机构，必须服从中央政府的领导；中央政府随时可以委托地方政府各种行政事务，地方政府则必须接受中央的调遣和指挥，充分履行中央政府的政策。

了解国家结构及其特点对理解各国的水资源管理方式具有十分重要的意义。事实上，国家结构的形式决定了水资源管理体制和模式，决定了各国水资源管理的立法程序、行政授权及管理程序等。

第二节　我国水资源区域管理体制

一、我国水资源区域管理体制发展历史

我国历史上各朝代的中央政府，为了组织治水事业，设置水官或设立主管水利的机构。对于主要江河的治理和管理，设有专门的官员和机构；同时，指定沿河地方官员兼管河务，明确地方对河道管理和防洪方面的责任。

我国历史上设有专门的水行政管理机构，如隋唐设水部、明清设都水司主管水利。民国初期，水利事业分属内务和工商两部。1927 年，政府内水利建设属建设委员会，农田水利由实业部管理，河道整治由交通部主持。1931 年，中国水利工程协会成立，提出统一水政的建议。1934 年，全国经济委员会设水利处，主持全国水利，各流域的水利机构也先后归属。1941 年，行政院下设水利委员会；1946 年，行政院水利委员会改组为水利委员会；1947 年，成立水利部。

中华人民共和国成立后，中央人民政府设立水利部，农田水利、水力发电、内河航运和城市供水分别由农业部、燃料工业部、交通部和建设部负责管理。1952 年，农业部农田水利局划归水利部，农村水利和水土保持工作由水利部主持。1958 年，水利部与电力工业部合并成立水利电力部，同时，水利部农田水利局重新划归农业部领导。1965 年，农业部农田水利局再次划回水利电力部。1979 年，水利电力部撤销，重新分设水利部和电力工业部。1982 年，水利、电力工业两部再次合并，恢复水利电力部。1984 年，决定水利电力部为全国水资源的综合管理部门。1988 年 3 月，决定撤销水利电力部，重新组建水利部，作为国务院的水行政主管部门，负责全国水资源的统一管理工作；国务院对有

关部门在水管理方面的职责也做了相应规定。1998 年，地质矿产部承担的地下水行政管理职能和建设部承担的指导城市防洪职能、城市规划区地下水资源管理职能，交给水利部承担；水利部将在宜林地区以植树、种草等生物措施防治水土流失的职能，交给林业总局；从此，基本形成了水利部统一管理水资源的基本体制。2018 年，国务院机构改革组建自然资源部整合水利部的水资源调查和确权登记管理职责的职责；组建生态环境部整合国土资源部的监督防止地下水污染职责，水利部的编制水功能区划、排污口设置管理、流域水环境保护职责，农业部的监督指导农业面源污染治理职责，国务院南水北调工程建设委员会办公室的南水北调工程项目区环境保护职责；组建农业农村部整合水利部的农田水利建设项目等管理职责；组建应急管理部，整合水利部的水旱灾害防治和国家防汛抗旱总指挥部的职责；同时，优化水利部职责，将国务院三峡工程建设委员会及其办公室、国务院南水北调工程建设委员会及其办公室并入水利部。

在地方各级水利行政机构建设中，从民国时期开始，各省逐步建立水利局（处），多数隶属于省政府的建设厅。中华人民共和国成立后，地方各级水利行政机构逐渐健全并得到加强，分为省（自治区、直辖市）、地市（自治州、盟）和县（市、旗、区）三级。一般省级设厅（局）、地级设局（处）、县级设局（科）。1986 年开始，县以下的区乡级政府设水利管理站或专职或兼职的水利员，其隶属关系，有的是县级水利行政机构派出的事业单位，有的则为区乡政府的事业单位。由此，形成了我国水资源区域管理体制的基本格局。

从行政体制来看，我国中央政府和地方政府是一种隶属关系，也就是说我国的地方政府隶属中央政府。这样的行政体制决定了国家公共事务的决策权集中在中央，而地方政府只有按宪法和法律规定的部分执行权。因此，在行政关系上，地方各级水行政主管部门是各级政府组成部门，在行政上接受当地政府的领导，在业务上接受上级水行政主管部门的指导。

二、我国区域管理的法律规定

1988 年《中华人民共和国水法》第 9 条规定，“国家对水资源实行统一管理与分级、分部门管理相结合的制度。国务院水行政主管部门负责全国水资源的统一管理工作，国务院其他有关部门按照国务院规定的职责分工，协同国务院水行政主管部门，负责有关的水资源管理工作；县级以上地方人民政府水行政主管部门和其他有关部门，按照同级人民政府规定的职责分工，负责有关的水资源管理工作。”2002 年《中华人民共和国水法》仍然延续了区域管理的安排，在国家对水资源实行流域管理与行政区域管理相结合的管理体制下，国务院水行政主管部门负责全国水资源的统一管理和监督工作，县级以上地方人民政府水行政主管部门按照规定的权限，负责本行政区域内水资源的统一管理和监督工作；国务院有关部门按照职责分工，负责水资源开发、利用、节约和保护的有关工作，县级以上地方人民政府有关部门按照职责分工，负责本行政区域内水资源开发、利用、节约和保护的有关工作。

三、2018 年后我国区域管理体制、机构和职能

2018 年机构改革以后，我国水资源区域管理的体制安排在中央层面主要包括水利部、自然资源部和应急管理部等，其中水资源管理由水利部承担、水资源权属管理由自然资源

部承担，日常管理和应急管理分别由水利部和应急管理部承担（见第九章）。需要明确的是，笼统的水量和水质分别由水利部和生态环境部（见第十八章）承担。

目前，水利部主要职责是：

（1）负责保障水资源的合理开发利用。拟订水利战略规划和政策，起草有关法律法规草案，制定部门规章，组织编制全国水资源战略规划、国家确定的重要江河湖泊流域综合规划、防洪规划等重大水利规划。

（2）负责生活、生产经营和生态环境用水的统筹和保障。组织实施最严格水资源管理制度，实施水资源的统一监督管理，拟订全国和跨区域水中长期供求规划、水量分配方案并监督实施。负责重要流域、区域以及重大调水工程的水资源调度。组织实施取水许可、水资源论证和防洪论证制度，指导开展水资源有偿使用工作。指导水利行业供水和乡镇供水工作。

（3）按规定制定水利工程建设有关制度并组织实施，负责提出中央水利固定资产投资规模、方向、具体安排建议并组织指导实施，按国务院规定权限审批、核准国家规划内和年度计划规模内固定资产投资项目，提出中央水利资金安排建议并负责项目实施的监督管理。

（4）指导水资源保护工作。组织编制并实施水资源保护规划。指导饮用水水源保护有关工作，指导地下水开发利用和地下水资源管理保护。组织指导地下水超采区综合治理。

（5）负责节约用水工作。拟订节约用水政策，组织编制节约用水规划并监督实施，组织制定有关标准。组织实施用水总量控制等管理制度，指导和推动节水型社会建设工作。

（6）指导水文工作。负责水文水资源监测、国家水文站网建设和管理。对江河湖库和地下水实施监测，发布水文水资源信息、情报预报和国家水资源公报。按规定组织开展水资源、水能资源调查评价和水资源承载能力监测预警工作。

（7）指导水利设施、水域及其岸线的管理、保护与综合利用。组织指导水利基础设施网络建设。指导重要江河湖泊及河口的治理、开发和保护。指导河湖水生态保护与修复、河湖生态流量水量管理以及河湖水系连通工作。

（8）指导监督水利工程建设与运行管理。组织实施具有控制性的和跨区域跨流域的重要水利工程建设与运行管理。组织提出并协调落实三峡工程运行、南水北调工程运行和后续工程建设的有关政策措施，指导监督工程安全运行，组织工程验收有关工作，督促指导地方配套工程建设。

（9）负责水土保持工作。拟订水土保持规划并监督实施，组织实施水土流失的综合防治、监测预报并定期公告。负责建设项目水土保持监督管理工作，指导国家重点水土保持建设项目的实施。

（10）指导农村水利工作。组织开展大中型灌排工程建设与改造。指导农村饮水安全工程建设管理工作，指导节水灌溉有关工作。协调牧区水利工作。指导农村水利改革创新和社会化服务体系建设。指导农村水能资源开发、小水电改造和水电农村电气化工作。

（11）指导水利工程移民管理工作。拟订水利工程移民有关政策并监督实施，组织实施水利工程移民安置验收、监督评估等制度。指导监督水库移民后期扶持政策的实施，协调监督三峡工程、南水北调工程移民后期扶持工作，协调推动对口支援等工作。

（12）负责重大涉水违法事件的查处，协调和仲裁跨省、自治区、直辖市水事纠纷，指导水政监察和水行政执法。依法负责水利行业安全生产工作，组织指导水库、水电站大坝、农村水电站的安全监管。指导水利建设市场的监督管理，组织实施水利工程建设的监督。

（13）开展水利科技和外事工作。组织开展水利行业质量监督工作，拟订水利行业的技术标准、规程规范并监督实施。办理国际河流有关涉外事务。

（14）负责落实综合防灾减灾规划相关要求，组织编制洪水干旱灾害防治规划和防护标准并指导实施。承担水情旱情监测预警工作。组织编制重要江河湖泊和重要水工程的防御洪水抗御旱灾调度及应急水量调度方案，按程序报批并组织实施。承担防御洪水应急抢险的技术支撑工作。承担台风防御期间重要水工程调度工作。

自然资源部涉及水资源管理的职责主要包括：

（1）履行全民所有水资源资产所有者职责。

（2）负责水资源调查监测评价。制定水资源调查监测评价的指标体系和统计标准，建立统一规范的自然资源调查监测评价制度，实施水资源基础调查、专项调查和监测，负责水资源调查监测评价成果的监督管理和信息发布，指导地方水资源调查监测评价工作。

（3）负责水资源统一确权登记工作。制定水资源统一确权登记、权籍调查、争议调处、成果应用的制度、标准、规范，建立健全全国自然资源和不动产登记信息管理基础平台，负责水资源登记资料收集、整理、共享、汇交管理等，指导监督全国水资源确权登记工作。

（4）负责水资源资产有偿使用工作。建立全民所有水资源资产统计制度，负责全民所有水资源资产核算。编制全民所有水资源资产负债表，拟订考核标准。制定全民所有资源资产划拨、出让、租赁和作价出资，合理配置全民所有水资源资产。负责水资源资产价值评估管理，依法收缴相关资产收益。

（5）负责水资源的合理开发利用。组织拟订水资源发展规划和战略，制定水资源开发利用标准并组织实施，开展水资源利用评价考核，指导节约集约利用。组织研究水资源管理涉及宏观调控、区域协调和城乡统筹的政策措施。

第三节 世界上不同国家和地区的水资源区域管理

一、美国

1. 联邦水资源管理机构

美国联邦水资源管理机构主要包括美国地质调查局、美国垦务局和陆军工程兵师团等。

美国地质调查局成立于1879年，是美国内政部所属的科学研究机构，负责对自然灾害、地质、矿产资源、地理与环境、野生动植物信息等方面的科研、监测、收集、分析；对自然资源进行全国范围的长期监测和评估，为决策部门和公众提供广泛、高质量、及时的科学信息。在水资源方面，其水处与合作伙伴共同监测、评估，并进行有针对性的研究，提供有关各种水资源信息，包括河川径流、地下水、水质、用水和可利用水资源量等。

美国垦务局（Bureau of Reclamation）创建于1902年，下属于美国内政部，负责美国西部地区17个州的水利工程建设和管理，为当地提供供水和发电等服务。垦务局已经建设了600多座大坝和水库，包括著名的科罗拉多河上的胡佛坝和哥伦比亚河上的大古力坝。目前，垦务局已经成为美国最大的水批发商，为美国西部3100万人口和14万农场主的1000万英亩的农田供水。它还是美国西部第二大的水力发电生产商。目前，垦务局已经演变成为一个水管理机构，为满足美国西部各州、土著部落和各用户对水的需求制定政策和管理措施。

美国陆军工程兵师团（United States Army Corps of Engineers，USACE）是隶属于美国联邦政府和美国陆军的工兵单位，主要任务是提供美国重要的公共和军事工程服务。在水利工程建设方面，负责港口、航道、大坝、供水、水力发电和防洪工程建设和管理等。目前，其拥有和运营600多个大坝、运营和维护超过12000英里的内陆航道、年疏浚1.5亿多m^3、拥有库容超过400亿m^3的供水能力，并提供全国24%的水力发电容量。

2. 加利福尼亚州水资源管理体制

根据州《水法》，加利福尼亚州水资源管理部门主要由州水资源局（Department of Water Resources）和州水资源控制委员会组成。

州水资源局的使命是，与其他机构的合作，可持续管理加利福尼亚州水资源，以造福于州人民和保护、恢复与提高自然和人类环境。为了实现这个目标，其主要职责包括：监督制订和更新《加利福尼亚水规划》（*California water plan*）；规划、设计、建设、运行和维护州水工程（state water project，SWP）；保护和恢复萨克拉门多—圣华金三角洲（Sacramento－San Joaquin Delta）；开展水库调度、防洪和协助应急管理；保护自然环境和野生动植物；向公众教育水、节约用水和水安全的重要性；为满足地方的水需求提供资金和技术；收集、分析和报告州水资源保护和管理的数据。

州水资源控制委员会是加利福尼亚的水环境保护局。在水资源管理方面，委员会管理水权。1967年州《水法》认为，为了水资源的有序和高效管理，需要成立控制委员会行使州水资源的监管职能；同时认为，需要将水权、水质和饮用水功能统一管理，以协调水权、水质和可靠和安全的饮用水管理。委员会的五个委员中的一个指定管理水权和供水。

二、英国

英格兰和威尔士的水资源区域管理体制有很悠久的历史。向排水和防洪征收财产税的地方土地排水委员会（local land drainage board）可追溯到中世纪，说明了土地排水和防洪对农业和居住的重要性。1930年《土地排水法》（*Land drainage act*）正式承认当时成立的214个内部排水委员会（internal drainage board）和49个集水区委员会（catchment board），并由此建立了一个类似流域管理的办法。在工业革命初期，通航运河已经出现了很多水问题。随着城市化和工业化的发展，市政供水和卫生事业快速发展，环境问题日益重要；而与此相对应的是，灌溉和水力发电的重要性下降。

英格兰和威尔士水资源管理体制有较长的发展演变历史，从上述的排水委员会开始，已发展到成为世界上将供水和卫生服务全面私有化的唯一例子。第二次世界大战以来，其重大的发展过程包括：

- 1945 年，按照《水法》(*Water act*) 重组了供水和卫生机构（主要是市政），但还有少数根据议会的特殊法成立的法定水公司（statutory water company）。

- 1948 年，根据《河流委员会法》(*River boards act*)，建立了 32 个河流委员会。这些河流委员会随后成为 1951 年引入的污染许可证制度的行政管理者，在变更为河流管理局（River Authority）后，又成为 1963 年建立的取水许可制度的行政管理者。

- 1963 年，根据《水资源法》(*Water resources act*)，成立了一个协调水资源政策的全国性咨询机构——水资源理事会（water resources council）；并将 29 个河流委员会改组成河流管理局，河流管理局有来自所辖区域的代表；建立了取水许可制度。

- 1974 年，根据《水法》(*Water act*)，10 个地区水务局（regional water authority）取代 29 个河流管理局。地区水务局从地方政府手中接管了供水和卫生职能，成为权力很大的综合机构。

- 1983 年，根据《水法》(*Water act*)，废除国家水理事会，其理由是地区水务局可以独自管理这些事务。

- 1989 年，根据《水法》(*Water act*)，将地区水务局的供水和卫生部分私有化为供水和污水公司；将前述的法定水公司私有化为唯水公司（water - only company）；将地区水务局的资源管理部分改组为一个新的国家河流管理局；成立水服务办公室（office of water services，OFWAT）作为私有化公司的经济管制机构。1991 年，该法随后分别被指导资源管制的《水资源法》(*Water resources act*) 和经济管制的《水工业法》(*Water industry act*) 所替代。

- 1995 年，根据《环境法》(*Environment act*)，将国家河流管理局并入了新成立的环境署，将所有的水资源规划和管制职责并入环境署。

目前，英国的水资源管理由环境、粮食和农村事务部（department for environment，food and rural affairs，DEFRA）的环境署管理。环境、食品和乡村事务部是英国政府部门，负责自然环境保护并支持世界级领先食品和农业相关事宜，维护乡村经济持续稳定发展，广泛参与并管理公民日常生活中食品、空气、水等资源。在水资源和水环境管理方面，环境、食品和乡村事务部不仅负责制定和实施相关法律法规并监督其执行，还负责制定英格兰地区相关水标准、起草法案、授予特别许可包括洪水紧急命令等。威尔士政府负责威尔士地区的水标准和法律法规，并与环境、食品和乡村事务部在宏观层面合作，制定水资源管理及水污染防治的法律条款及管理框架。

英国环境署于 1996 年由国家河流管理局改革而来，是非部级公共机构（non-departmental public body），由环境、食品及乡村事务部支持，负责英格兰地区环境相关事宜（对威尔士地区环境负责至 2013 年）。其职能由 1995 年《环境法》第 4 部分中规定，以实现可持续发展为目标保护环境，包括水资源、洪水及污染等。其在英格兰的职责包括主要工业和废弃物管制，污染土地处理，水质和资源，渔业，内河、河口和港口航运，保护与生态，还包括主要河流、水库，河口和海洋的洪水风险管理。在水资源管理方面，环境署负责水量、水质和防洪。

思 考 题

1. 分析单一制国家和联邦制国家在水资源区域管理体制设置和职能的差别。
2. 对比我国、美国（包括联邦和州）和英格兰现行水资源区域管理体制。

参 考 文 献

[1] 沈大军. 水管理学概论 [M]. 北京：科学出版社，2004.

第八章 流 域 管 理

流域管理与区域管理相对。由于水资源的流域特点，流域管理被认为是对水资源进行管理的重要和有效方式，世界各国和各地从不同方面对流域内的水资源、水环境、水电和航运甚至其他经济和社会活动进行流域管理。在进行流域管理的同时，各国和各地采用不同管理方式，包括制定流域规划、签订流域协议和成立管理机构等。在我国，流域管理也由来已久，从我国古代督办江河管理的专职官员，到元、明、清时期的河道总督，到 20 世纪 30 年代的各流域水利委员会和水利工程局，乃至于现在各流域水利委员会和管理局，都是流域管理的具体体现。

第一节 流域及流域管理

流域是一个从源头到河口的天然集水单元，是一个水系的干流和支流所流过的整个地区，因此，流域是一个自然地理单元。由于流域的划分是按照地表水流和地下水流的汇集和流动范围进行区分，所以流域是一个与水或水流相关的自然地理单元。在流域这个自然地理单元上，存在各种各样的其他自然地理因素，如土地、土壤、植被、地貌和岩石等，也存在人类和人类经济和社会活动，如水资源和其他自然资源开发利用、其他各种经济和社会活动。

管理是对人类的经济和社会活动的负责、监督和处理。管理对象的地区其实是一个经济和社会活动分区，是出于某种管理目的和管理手段而划分的社会经济单元。因此，流域管理是对在流域这个单元上的经济和社会活动进行管理；从另一个角度讲，流域管理是按照流域为单位对人类经济和社会的部分和全部活动进行管理。由此产生的问题是：在流域这个地理单元上，到底哪些经济和社会活动需要管理？哪些经济和社会活动需要以流域为单元进行管理？然后，更深入的问题便是，如果需要实施流域管理，以何种方式实施流域管理最有效？

由于流域是因为水的存在而形成的，因此，如若需要在流域这个单元上进行管理，水、水资源问题或与水有关的问题必然是首先需要实施流域管理的，这样流域水资源管理就自然成为流域管理需要考虑的第一个问题。当然，在不同的经济社会发展阶段，在不同的国家和地区，由于流域层次上水问题的不同，流域水资源管理也呈现不同的特点和形式。

但在流域这个地理单元上，不仅仅是水的活动，还有其他各类经济和社会活动，如土地等自然资源的开发利用等；同时流域单元上的各种资源、要素以及与其相关的活动又可能相互影响，如水资源的开发利用和土地资源的开发利用就密切相关，同样森林、草原以及其他经济活动，甚至流域内的地区之间也相互影响。这样，在流域水平上，也可能存在需要实施流域管理的其他经济和社会活动，如由于流域上下游之间的水资源开发利用相互影响，在用水内容和方式上，需要综合考虑流域因素，如流域上下游的土地资源、水电资源、森林资源的开发，甚至发展布局和城镇发展规划等。如此，流域管理就成为一个广义的概念，成为一个是由于水的关系形成的地理单元上的各种经济和社会活动的管理，这些活动可能仅仅是水的管理，也可能是由于水而导致的相关活动的管理，也可能是与水无关的纯粹的其他活动的管理。

在绝大多数情况下，流域界线不是行政管理或区域管理的界线。行政边界存在行政管理，而且行政管理几乎涵盖了所有的经济和社会活动的管理，也包括自然资源和水资源管理。这样存在的疑问是，在已经存在行政管理的情况下，为何还需要从流域的角度进行管理？

需要对某一事务进行管理必然出于某种原因。因此，需要从流域的角度进行管理，必然是按照其他方式所进行的管理，不能解决所面临或需要解决的问题，或解决问题的成本太高，以至于需要改变管理方式。

按照制度经济学的组织理论，任何组织本质上都是一种层级结构，由承担相互关联活动的各不相同的任务单元组成。上级和下属之间的关系形同“树状结构”，不同组织以垂直和水平两种方式实现信息流动。

管理是一种组织设计，通过一定的机构安排，组织的参与人（或子组织）之间可以实现任务分工，处理不断变化的各种信息，实现组织的预期目标。对于不同和变化的外部环境和内部条件，不同的设计模式和组织机构，可以以不同的途径实现不同的目标。同时，各种组织体系的模式，也反映了处理不同问题的能力和效率。

根据组织处理信息的方式，组织之间的基本关系表现为层级分解（体现为一种垂直的关系，一个单元根据另一单元对问题作出的结果做决策）、信息同化（两个单元共同处理问题，形成对问题的共同认识）和信息包裹（两个单元独立地处理问题的特定部分）三种模式。在实际的组织体系中，可以根据这三个基本模式以垂直或水平的方式构造这些模式的复合体，形成不同的组织机构。在变动的外部环境和内部问题下，为了保持组织的竞争力和适应性，组织必须及时调整各任务单元的活动，使之适应环境和问题的变化。同时，信息不能简单地分解到各任务单元。有些信息适合在不同任务单元之间共享，以实现良好的组织协调。

区域管理是一种制度安排。一般情况下，涉及区域管理的各级管理机构和公共管理部门按照纵向的信息处理方式，管理流域内的经济和社会活动。在水资源管理上，典型的例子是《中华人民共和国水法》规定的“县级以上地方人民政府水行政主管部门按照规定的权限，负责本行政区域内水资源的统一管理和监督工作”。

流域管理也是一种制度设计，是统一和协调跨行政和水文边界的管理的一种制度安排。相对于区域管理而言，流域管理的制度设计，改变了区域管理的信息处理方式，在区域以上的流域层次增加了一层信息处理和交流的机制。

在没有实行流域管理或只实行区域管理的模式下，信息处理的方式属于层级分解-信息包裹模式。在这种模式下，在一个区域（假定包含多个流域）内，管理任务单元根据其对问题的认识和了解，决定其相应的政策和战略，然后将政策和战略决定发布给各子区域的下属部门。各子区域的下属管理任务单元相互独立地处理其问题和实施其战略。在下属各子区域之间，管理任务单元对问题的认识和决策均各自完全包裹，而区域层级的决策发挥着唯一的协调功能。由于在子区域层次上不存在直接或有效的水平信息联结，系统只有在子区域任务的互补性不强和问题不十分相关的情况下才能有效运行。

但当部分子区域层次存在强的互补性和相关性时，如在一个流域内强的水力联系以及随之而来的问题联系，子区域之间在该层次上的水平交流对于协调其行动决策就不可缺少。这样，就需要在相关子区域的上级层次设计一个正式的组织专用性的交流网络，让相关子区域共享局部公共环境和问题的信息。在流域层次上，这就是流域管理。因此，流域管理是根据流域层次的问题及信息处理方式的需要而建立的，流域管理也成为用于处理那些需要协调和同化的信息的管理机制。如上所述，水资源问题无疑是最需要实施流域管理的。

第二节 流域管理制度

一、流域管理机制

在实施流域管理时，由于需要实施流域管理的问题不同，流域管理的机制和模式，以及可能建立的流域管理机构就不同。同样，不同的外部制度环境（如国家结构和政治体制）和内部问题，也可能导致流域管理机制和模式的不同。

在决定实施流域管理时，如果需要在规划上进行协调，而现行（区域）管理模式在具体的实施和管理上比较有效，这样可能只需要建立规划的协调机制或制定流域规划；如果已经存在规划的协调机制，但区域层次上的具体执行和实施的管理机构需要改革，这样就可能需要成立流域管理机构，推进政策的实施和监督执行。同样，在水资源管理中，如果在水资源配置上需要进行流域管理，就可能只要建立水量协调的管理机制；如果水量和水质同时需要进行流域管理，就需要成立水量和水质协调的管理机制。如果，问题的本身超出了水的范畴，就需要建立超出水的流域管理机制和模式。

二、流域（水资源）管理机构

目前，世界上有几百个流域管理机构在运行。按照职能，世界上的流域（水资源）管理机构大致可分为三类，按照权力和范围的逐步增加，它们分别如下。

1. 水资源理事会（water resources council）

水资源理事会通常由自然资源管理、用水部门（如农业）和计划规划机构的领导组成。理事会不定期会面，制定政策和战略，但不干预现行机构的正常运行。其主要目的是协调、政策建议、数据处理和审计等，而不拥有任何实际的管理和控制职能。在大多数项目已开发实施、数据收集和处理较完善、现行机构（也可能包括流域委员会）能较好地行使职能的情况下，如果只需要改善交流、协调和合作以调解冲突和弥补不足，理事会能很好地运作。事实上，这样的流域只需要改善管理战略和过程，而不是水资源开发和利用。理事会在世界各地广泛分布，如斯里兰卡和马来西亚部分地区。

2. 流域委员会（river basin commission）

流域委员会比理事会具有更大的权力、更多的人员（根据流域大小和复杂性）。流域委员会的职能可能包括建立数据收集和处理系统、制定流域用水和环境保护措施、制定水资源规划和开发利用政策与战略、建立系统的监督和报告系统、监测流域环境和流域用水等。流域委员会具有明确的法律地位，法律明确界定委员会的权力、责任和义务。流域委员会同时可能负责和运行重要的监测站点，管理和运行重要的水利工程。但更显著的是，流域委员会拥有监督、管理或管制权力，通过与有关机构签订运行协议和合同监督、管理或管制重要工程和其他工程。这样的委员会包括美国和墨西哥国际边界和水委员会（International Boundary and Water Commission）、墨累达令河流域委员会（Murray－Darling Basin Commission）等。

3. 流域管理局（river basin authority）

相对于理事会和委员会，流域管理局拥有更大的机构、更多的权力和更复杂的职能。它通常是一个覆盖自然资源规划和管理，具有管制权力的多部门、全职能机构，其权力范围是流域水文边界，但通常涉及区域、流域外或流域间的活动。当建立时，流域管理局可能接管现行机构的运行和管理职能、人员和设施。流域管理局的成立和权力通常依据法律授权。法律清晰界定其权力、责任和义务，授予其对水和相关自然资源监测、规划、配置、管理、监督、管制和实施其决定和活动的权力，以及执行其他涉及水、土地、污染防治、环境保护等法律和政策的条款。在制定和规划大量开发利用项目，实施大规模的多部门战略，而现行机构分散、薄弱或不能实施，以及现有的数据收集和处理系统能力不足时，可考虑设立流域管理局。美国田纳西河流域管理局（Tennessee Valley Authority）、西班牙水文联盟（Hydrographic Confederation，英文为 River Basin Authority）、印度（The Damodar Valley Corporation）、斯里兰卡（The Gal Oya Development Board 和马哈韦利管理局）、巴西（The Comissao do Vale do Sao Francisco）、哥伦比亚（The Corporacion Autonoma Regional del Cauca）、加纳（Volta River Authority）、约旦（Jordan Valley Authority）和澳大利亚墨累达令河流域管理局（Murray－Darling Basin Authority）都是流域管理局的代表。

同时，需要明确的是，尽管前面讨论了流域管理机构模式，但实际上世界上绝大多数流域并没有成立流域管理机构，也就是选择无流域机构模式。无机构是不建立专门的流域管理机构，而依靠现有的行政管理体制开展流域管理并解决问题。

不建立机构并不是说没有流域管理问题，而是可能由于以下三个方面的原因：①现有的行政管理系统比较有效，能有效处理和解决流域管理中存在的各种问题，因此，不需要成立新机构；②现有的流域管理运行机制比较有效，如规划征询、制定和执行落实有效，各部门之间协调一致、区域间冲突不突出；③现有流域开发利用和保护中的问题不严重，并不需要建立专门的机构去专职处理流域管理中出现的问题。因此，无机构模式通常应用于流域管理问题不严重、水资源开发利用程度相对较低的流域。

当无机构模式不能有效解决流域管理中出现的问题时，就需要某种形式的制度或机制安排。一般来讲，在问题的初期，会建立某种松散形式的协商机制，如流域联席会议制度。流域联席会议是一种非体制形式的制度安排。联席会议是没有隶属关系但有工作联系的相关机构，为了解决法律没有规定或规定不够明确的问题，由一方或多方牵头，以召开会议的形式，在充分发扬民主的基础上，达成共识，形成具有约束力的规范性意见，用以指导工作，解决问题。根据流域管理的需求，流域联席会议可以是全流域或部分区域（如上游、下游或几个地区）的联席会议，也可以是专门性的（如水质、水量等）或综合性的联席会议。联席会议的主要职能包括：研究解决流域管理中的重大问题，统筹协调相关部门和地区职责分工，加强联合执法和监督管理。具体的可能包括：研究落实流域管理政策和措施，审定流域管理规划和工作计划；研究审议流域管理工作中的重点和难点问题，提出解决方案；协调解决涉及部门和地区的管理问题，促进部门和地区间协作配合，组织联合专项执法等。根据流域联席会议职能，联席会议可以由流域所在行政区域共同的上一级政府及其相关管理部门召集和参加，也可以由流域所在行政区域同级政府及其相关管理部门召集和参加。联席会议可以定期召开，也可以不定期召开。联席会议可以设立办公室，一般设立在牵头单位或主要行政主管部门。

但如果无机构和联席会议制度等机制模式还是不能有效解决湖泊管理和保护中存在的问题，就需要考虑选择理事会、委员会、管理局等机构模式。

三、流域（水资源）管理及其机构发展

社会文化背景、政治体制、经济发展水平以及水资源开发利用水平、水资源问题等因素都影响流域管理机构选择和设置。流域管理机构可以是正式的流域管理机构，或是松散的协调组织，但从制度经济学的角度，有效的机构应是解决问题的最简单手段。从这点出发，世界上可能就不会有一个通用的模型，但在选择建立合适的机构时，一般会考虑流域内的三个问题：①当水资源共享和管理政策成为问题时；②当跨界流域需要协调和调解冲突时；③当流域内存在效率和有效性问题时。若这些问题越严重，流域管理局的机构形式可能越合适；如果这些问题都不严重，可能只需要成立协调委员会或理事会。同时，流域管理机构应随着所面对环境和问题的变化而演变。发达国家流域管理机构的演变，一般从单一目标或功能开始，如水力发电或灌溉，向更多环境和社会问题以及社区参与和可持续发展等方向发展（表 8-1）。

表 8-1　　流域管理机构职能的演变

序号	职　　能	新成立的流域管理机构	发展中的流域管理机构	成熟的流域管理机构
1	数据收集与处理、模拟、水资源规划	•	•	•
2	项目可行性评估、设计、实施、运行和维护、筹资	•	•	
3	水资源配置和监督（水质和水量）		•	•
4	经济、社会和环境政策与战略制定，社区参与			•
5	用水、污染和环境监督，项目监督和审查			•

通常，职能 1 是任何一个成功的流域管理的基础。这不难说明，若没有良好的数据收集与处理，任何流域管理都不能有效实施，且随着流域管理机构的发展，数据系统会日益复杂，范围也扩大。职能 4 和 5 是一个成熟的流域管理机构所拥有的职能，同时它还可能拥有职能 2 的一些职能。职能 2 是目前发展中国家流域管理机构所拥有的传统职能。在成熟的流域管理机构中，职能 2 中的“运行和维护”一般通过运行协议和许可等手段，交由公司形式的组织承担。流域管理机构发展过程的职能演变反映了其职能随着流域水问题变

化而调整的过程，同时也反映了发展中国家和发达国家在流域水资源开发和利用中所面临的不同问题，需要不同的体制安排解决。

以上不同流域（水资源）管理机构和职能的演变，反映了流域管理从一个单纯的水量管理，到流域水量、水质管理，再到流域水土资源管理，乃至流域统一管理的发展过程；反映了在流域层次问题的日益复杂和关联性；也反映了流域管理从单纯的水的管理演变到流域水土及其他资源，以及经济和社会活动管理的过程，说明了流域水资源问题以及与水有关的问题的复杂变化过程。

第三节　我国的流域管理

一、我国主要流域水资源管理制度

我国具有悠久的流域管理历史。在古代，出于防洪和漕运的需要，成立了各种形式的流域管理机构，如明清时期的河道总督，以流域或跨区域的形式进行管理。当前，以《中华人民共和国水法》（简称《水法》）为核心的水法律法规体系构建了我国流域水资源管理的基本框架，其主要的水资源管理制度如下。

1. 流域水资源规划制度

《水法》第 14 条规定，开发、利用、节约、保护水资源和防治水害，应当按照流域、区域统一制定规划。规划分为流域规划和区域规划。流域规划包括流域综合规划和流域专业规划。第 15 条规定，流域范围内的区域规划应当服从流域规划。以上条款规定了以流域为单位制定规划和确定了流域规划在我国水资源规划体系中的地位，流域综合规划在所有规划中具有最重要和优先的地位。

《水法》第 17 条规定，国家确定的重要江河、湖泊的流域综合规划，由国务院水行政主管部门会同国务院有关部门和有关省（自治区、直辖市）人民政府编制，报国务院批准。跨省（自治区、直辖市）的其他江河、湖泊的流域综合规划，由有关流域管理机构会同江河、湖泊所在地的省（自治区、直辖市）人民政府水行政主管部门和有关部门编制，分别经有关省（自治区、直辖市）人民政府审查提出意见后，报国务院水行政主管部门审核；国务院水行政主管部门征求国务院有关部门意见后，报国务院或者其授权的部门批准。以上条款规定我国流域规划的制定和审批机构以及程序。

《水法》第 19 条规定，建设水工程，必须符合流域综合规划。在国家确定的重要江河、湖泊和跨省（自治区、直辖市）的江河、湖泊上建设水工程，未取得有关流域管理机构签署的符合流域综合规划要求的规划同意书的，建设单位不得开工建设；在其他江河、湖泊上建设水工程，未取得县级以上地方人民政府水行政主管部门按照管理权限签署的符合流域综合规划要求的规划同意书的，建设单位不得开工建设。以上条款规定了流域规划和水利工程建设的关系，水利工程建设必须从属于流域规划。

《中华人民共和国防洪法》（简称《防洪法》）第 10 条规定，国家确定的重要江河、湖泊的防洪规划，由国务院水行政主管部门依据该江河、湖泊的流域综合规划，会同有关部门和有关省（自治区、直辖市）人民政府编制，报国务院批准。以上条款规定了防洪规划也必须以流域为单位制定。

《中华人民共和国水污染防治法》(简称《水污染防治法》) 第16条规定，防治水污染应当按流域或者按区域进行统一规划。国家确定的重要江河、湖泊的流域水污染防治规划，由国务院环境保护主管部门会同国务院经济综合宏观调控、水行政等部门和有关省（自治区、直辖市）人民政府编制，报国务院批准。以上条款规定了水污染防治规划也应该以流域为单元制定。

2. 流域防汛制度

《防洪法》第39条规定，在国家确定的重要江河、湖泊可以设立由有关省（自治区、直辖市）人民政府和该江河、湖泊的流域管理机构负责人等组成的防汛指挥机构，指挥所管辖范围内的防汛抗洪工作，其办事机构设在流域管理机构。

此条规定了流域防汛制度和防汛机构。重要江河、湖泊防汛指挥机构，负责本流域所管辖范围内的防汛抗洪工作，其主要职责包括：执行有关法律、法规和上级命令，制定和审批所辖范围内江河、湖泊防御洪水方案和防汛工作计划，督促检查防汛准备和防洪工程的修复，会同有关部门安排防洪经费，储备和管理防汛物资，掌握本地区的水情、汛情、灾情，向上级提出报告和建议，发布洪水预报、警报，下达和执行防汛调度命令，组织防汛队伍，指挥防汛抢险及灾区人员安全转移，开展防汛工作的宣传教育和培训工作等。

3. 流域水资源开发利用制度

《水法》第20条规定，开发、利用水资源，应当坚持兴利与除害相结合，兼顾上下游、左右岸和有关地区之间的利益，充分发挥水资源的综合效益，并服从防洪的总体安排。第26条规定，在水能丰富的河流，应当有计划地进行多目标梯级开发。以上条款规定了水资源开发利用应该兼顾流域上下游的利益和水力发电开发应当在流域统一规划下，与水资源综合利用相协调。

4. 流域水量分配和调度制度（见第五章）

《水法》第45条规定，调蓄径流和分配水量，应当依据流域规划和水中长期供求规划，以流域为单元制定水量分配方案。跨省（自治区、直辖市）的水量分配方案和旱情紧急情况下的水量调度预案，由流域管理机构商有关省（自治区、直辖市）人民政府制订，报国务院或者其授权的部门批准后执行。其他跨行政区域的水量分配方案和旱情紧急情况下的水量调度预案，由共同的上一级人民政府水行政主管部门商有关地方人民政府制订，报本级人民政府批准后执行。以上条款规定了省际和省内流域的水量分配方案都应该以流域为单元制定。

《水法》第46条规定，县级以上地方人民政府水行政主管部门或者流域管理机构应当根据批准的水量分配方案和年度预测来水量，制定年度水量分配方案和调度计划，实施水量统一调度；有关地方人民政府必须服从。以上条款规定，水量调度工作应该根据水量分配方案实施，也就是以流域为单元实施。

5. 流域水资源保护和水污染防治制度

《水法》第32条规定，跨省（自治区、直辖市）的其他江河、湖泊的水功能区划，由有关流域管理机构会同江河、湖泊所在地的省（自治区、直辖市）人民政府水行政主管部门、环境保护行政主管部门和其他有关部门拟定，分别经有关省（自治区、直辖市）人民政府审查提出意见后，由国务院水行政主管部门会同国务院环境保护行政主管部门审核，报国务院或者其授权的部门批准。以上条款规定了水功能区划的拟定，必须以流域为单元，以流域综合规划、水资源保护规划和经济社会发展要求为依据；同时，对水功能区实行分级划分和管理，包括流域管理机构。

《水法》第34条规定，在江河、湖泊新建、改建或者扩大排污口，应当经过有管辖权的水行政主管部门或者流域管理机构同意。以上条款规定了流域水污染防治中的排污口设置管理问题。

《水污染防治法》第26条规定，国家确定的重要江河、湖泊流域的水资源保护工作机构负责监测其所在流域的省界水体的水环境质量状况，并将监测结果及时报国务院环境保护主管部门和国务院水行政主管部门；有经国务院批准成立的流域水资源保护领导机构的，应当将监测结果及时报告流域水资源保护领导机构。以上条款规定了流域管理机构在省界断面水环境监测中的作用。

二、我国流域管理体制

在建立流域水资源管理制度的同时，我国法律还规定建立流域管理机构。《水法》第12条明确规定，国家对水资源实行流域管理与行政区域管理相结合的管理体制。国务院水行政主管部门在国家确定的重要江河、湖泊设立的流域管理机构，在所管辖的范围内行使法律、行政法规规定的和国务院水行政主管部门授予的水资源管理和监督职责。

由于我国国家的政治和行政制度与世界上其他国家不同，我国流域管理机构的定位也不同，我国的流域水利委员会是水利部的派驻机构，在所管辖的范围内行使法律、行政法规规定的和国务院水行政主管部门授予的水资源管理和监督职责。因此，我国的流域水利委员会是根据国家的法律法规和水利部的授权行使流域水资源管理的机构，而不是一个流域综合管理机构，其职能和职责的实施受到水利部职能和权限的制约。

这与国外的绝大多数流域管理机构具有明显的区别，特别是联邦制国家的流域管理机构（联邦制国家由于联邦和州在管理权力上的分享，其流域管理机构设立和职责的行使一般需要联邦法律的授权以及联邦和州的协商）。同样，与其他的单一制国家的流域管理机构也不同，一些欧洲国家，实行以流域管理为主的管理体制（或一个区域，但与行政区域不同），而没有类似于我国的流域与行政区域相结合的水资源管理体制。

我国现行的水资源管理体制，是我国多年来水资源管理的经验总结，是我国国情决定的，也是我国社会经济发展、水资源紧缺、水污染严重形势下的必然选择。实行这一体制为实现我国水资源的可持续利用提供了有力的组织保障，具有十分重要而深远的影响。

根据我国的流域水利委员会的“三定”方案和《水法》规定的流域机构的职能，我国的流域管理侧重于宏观管理。《水法》赋予流域管理机构的职能中2/3属于宏观管理的内容。流域机构的职能主要是规划、监督、协调、控制，具体包括以下三方面：①流域水资源规划、配置、调度等流域管理工作中带全局性的工作；②省界水量、水质控制，省界水工程建设的许可和监督管理等省际水事活动的管理，省际水事纠纷调解；③建设、管理流域水资源配置的控制性工程。

三、我国流域管理机构历史演变

自秦始皇起，中央政府即有派驻地方或临时派出的机构或官员专职督办江河治理。元、明、清三朝为了确保漕运，维护京城粮食和财政给养，防治黄淮海平原的洪水灾害，建立了常设的跨行政区域、按水系管理的河道总督机构。河道总督是主管黄河、运河以及海河、淮河水系水利事务的行政长官，与主管数省地方政务的总督级别相当。这是我国最早的流域管理机构。

尽管治理江河历史悠久，但直至19世纪末我国才开始运用近代技术进行江河流域基本资料的观测、勘察和调查。20世纪30年代前后，民国政府在主要江河设置了具有现代意义的流域管理机构：扬子江水利委员会（1935）、黄河水利委员会（1933）、导淮委员会（1929）、华北水利委员会（1928）、珠江水利局（1937），并着手编制流域综合规划。由于长期战乱等历史条件所限，当时有的流域规划没有最后完成，有的虽然已提出成果但未得到实施。1947年，上述各江河水利委员会均撤换为各江河的"水利工程总局"。

民国时期建立的流域机构一般直隶中央政府，均依据立法产生，并由中央政府颁布各流域机构的组织法。如1932年颁布的《导淮委员会组织法》规定："导淮委员会直隶国民政府，掌理导治淮河的一切事务""本会对于与本会主管事务有关系之地方长官所发布之命令或处分认为妨碍本会职务者，可呈请国民政府停止或撤销""淮河流域行政机关及驻扎军队，对本会执行主管事务有协助保护之责""本会由国民政府委派委员长、副委员长各一人，派委员若干人"。当时除流域各省政府长官充任当然委员外，还委任一些社会知名人士和技术专家任委员，委员长多由中央政府要员担任，如导淮委员会委员长由蒋介石担任直至该会撤销。另外在当时的流域机构的组织法中，还分别制定有财务委员会、土地委员会以及顾问和技术委员聘任等40多种章程。1947年各江河水利委员会撤换时，民国政府也颁布了各局的组织条例。

1949年10月中华人民共和国成立，我国的江河流域管理伴随着新中国大规模的水利建设开始了新的历史，流域机构对我国的江河综合开发发挥了重大作用。这70多年来，我国的流域机构历经变化，其主要过程可分为5个时期。

1. 20世纪50年代

20世纪50年代，政府对流域水管理十分重视。水利部在1949年11月决定"为了统筹规划各重要水道的水利事业，使每个重要水系的上下游、本（干）支流对于防患兴利能够互相照顾，先设立黄河水利委员会、长江水利委员会、淮河水利工程总局，由水利部直接领导"。1950年10月，政务院发布《关于治理淮河的决定》撤销淮河水利工程总局，成立治淮委员会。

20世纪50年代我国主要在长江、黄河和淮河设置了流域机构。同时水利部在全国各大区建立了直属的水利勘测设计院。由国家直属的水利勘测设计院在未设置流域机构的江河承担部分流域管理任务这一特点一直延续到20世纪80年代初。这些负责指定江河流域规划工作的直属水利勘测设计院不仅编制流域规划，而且审查地方和其他部门水工程的设计方案和预算，协调省际水事纠纷。

这一时期，长江、黄河、淮河设置的流域机构以及各直属水利勘测设计院对我国七大江河进行了广泛深入的调查、研究和充分论证，终于完成了全部七大江河的流域规划，在我国历史上第一次有了真正用以指导水资源开发利用的江河流域综合规划。20世纪50年代的流域规划初步确定了各大江河治理开发的任务、主次关系和相应的措施方向，以及主要综合利用工程的布局、规模、主要参数和基本运行方式。直至20世纪80年代这些规划仍作为国家和各地区各部门制定水利建设规划的依据、骨干水工程的可行性研究和设计的基础，以及作为进行流域水管理，如洪水调度、水量分配、处理省际水事纠纷的依据。

20 世纪 50 年代我国开始大规模水利建设，各地方技术力量不足，水利机构尚未普遍建立。在这一历史背景下，技术力量集中的流域机构拥有较为广泛的职责，不仅负责流域综合规划的编制和水文气象观测工作，而且直接管理江河堤防、河道和沿河的灌溉排水，负责流域防汛调度；不仅进行水工程的规划、勘测和设计，而且拥有直属的建筑施工队伍，承担水工程的施工建设直至竣工后的管理运行。

当然，这种广泛的职责与流域机构拥有的较大行政管理权相联系。当时各流域委员会的主任都由国务院任命，副主任由各省的党政首长担任，流域机构由国家计划单列，不仅有工程项目审查权，而且有资金分配权。如当时的淮河水利委员会直接隶属国务院，主任由副总理担任，副主任为流域各省的省委书记，流域内各省、地、县甚至区乡层层建有治淮机构，均由地方各级党政首长任负责人，治淮的规划、计划、经费乃至各基层机构的人员编制都由淮河水利委员会直接领导，统一安排。这种高度集中的行政治水管理模式在省际水事利害关系敏感复杂的淮河流域的实行，对推动治淮发挥了重大作用。

2. 20 世纪 50 年代末至 20 世纪 70 年代末

这一阶段历经“大跃进”“三年严重困难”和“文化大革命”，是流域管理受到严重影响并重新引起重视的时期。1958 年撤销治淮河水利委员会，治淮工作由流域各省分别负责，原流域内各地的治淮机构成为当地政府的水利局。并将原淮河水利委员会直属的技术力量支援全国各地水利部门。同年还撤销了于 1956 年成立的珠江流域规划办公室。

1956 年调整长江水利委员会的职责范围，撤销原长江水利委员会的上、中、下游局，并将长江水利委员会管理的堤防和工程移交各省管理，在原长江水利委员会的基础上成立长江流域规划办公室，专门从事长江治理开发的研究、流域规划的编制和综合利用枢纽工程的设计。1960 年将隶属黄河水利委员会的管理下游黄河河道的山东、河南河务局，划归地方管理，1961 年撤销隶属黄河水利委员会的负责黄河上中游水土保持和治理的西北黄河工程局。

伴随着流域机构的撤销和管理职能的削弱，出现了流域规划难以保证实施和省际矛盾突出的问题，尤其是 20 世纪 60 年代黄淮海平原地区频繁发生省际排水和用水纠纷，而由直属勘测设计院从事流域管理又难以发挥作用，使决策层又重新审视流域管理问题。1962 年黄河下游悬河河道又划归黄河水利委员会管理；并且针对省际水事矛盾热点地区，于 1963 年成立了金堤河工程管理局（隶属黄河水利委员会），1964 年成立了漳卫南运河管理局（初直属水电部，1979 年后隶属海河水利委员会）。针对淮河问题，1969 年国务院成立了由政治局委员任组长、水利部长和流域各省行政首长为副组长的国务院治淮规划小组，并于 1971 年成立了国务院治淮规划小组办公室，负责流域规划的重新编制、组织流域骨干工程的建设、负责流域防汛调度和处理省际矛盾。

3. 20 世纪 70 年代末至 2002 年

这一阶段是我国流域机构全面恢复和管理内容不断加深的时期。在流域管理被重新重视后，1977 年在国务院治淮规划小组办公室的基础上恢复治淮委员会（1989 年更名为淮河水利委员会)，1979 年成立海河水利委员会、珠江水利委员会，1981 年成立松辽流域水利委员会，1983 年恢复长江水利委员会。至此，我国七大江河均建立了流域管理机构，全部隶属水利电力部。1984 年在长江下游太湖水系又建立了水电部太湖流域管理局。

与 20 世纪 50 年代不同，我国各级地方政府在 20 世纪 60 年代已普遍建立了水利机构，并拥有较为完整的技术力量。这一时期全面恢复或建立的流域机构没有实行 20 世纪 50 年代那种高度集中的流域管理模式，主要从事以下工作：①修订和补充流域综合规划；②编制和管理各江河治理开发的年度投资计划，组织和审批流域内骨干水工程的设计，负责跨省和流域性控制工程的建设管理；③负责流域防汛调度和省际水资源分配工作，监督各省管理的水工程运行；④调处省际间的水事纠纷。随着我国经济和社会的发展，环境生态问题日益严重。1975 年后，各流域机构相继设置了水土保持管理部门，并且先后成立了流域水资源保护局，把环境生态的保护列入流域管理的内容，流域管理进入了既管水量又管水质的阶段。

在上述七个流域机构中黄河水利委员会直接管理关系整个黄淮海平原防洪安危的黄河下游河道，淮河水利委员会直接管理着沂沭泗河河道和南四湖及其控制枢纽；海河水利委员会直接管理着漳河、卫河和南运河以及引滦调水工程，均是涉及省际排水和用水等利害关系的敏感性河道和工程。

在此期间，我国的水法律体系开始建设。1988 年我国第一部《水法》颁布，这部我国水的根本法律明确规定了我国水资源管理的原则："国家对水资源实行统一管理与分级、分部门管理相结合的制度"。1988 年《水法》对流域规划的规定是"开发利用水资源和防治水害，应当按流域或区域进行统一规划""经批准的规划是开发利用水资源和防治水害活动的基本依据"。此外，1996 年《水污染防治法》规定，重要江河流域的水源保护机构，结合各自的职责，协同环境保护部门对水污染防治实施监督管理。另外，1993 年国务院《取水许可制度实施办法》和水利部与国家计划委员会联合颁布的《河道管理范围内建设项目管理的有关规定》授权流域机构审查批准在大江大河主要河段、跨省河流的重要河段、省际边界河流、国境边界河流上的取水许可申请和在这些河段上新建、扩建、改建跨河、临河、穿河的水工程。

相对来讲，1998 年颁布的《防洪法》规定了较多的防洪方面的流域管理规定，法律对防洪制度、流域防洪规划地位、流域管理机构在河道管理和防汛中的地位和作用做了详细的规定。《防洪法》规定，"防洪工作按照流域或者区域实行统一规划、分级实施和流域管理与行政区域管理相结合的制度。""国务院水行政主管部门在国家确定的重要江河、湖泊设立的流域管理机构，在所管辖的范围内行使法律、行政法规规定和国务院水行政主管部门授权的防洪协调和监督管理职责。""跨省、自治区、直辖市的江河、河段、湖泊的防洪规划由有关流域管理机构会同江河、河段、湖泊所在地的省、自治区、直辖市人民政府水行政主管部门、有关主管部门拟定。""国家确定的重要江河、湖泊的主要河段，跨省、自治区、直辖市的重要河段、湖泊，省、自治区、直辖市之间的省界河道、湖泊以及国（边）界河道、湖泊，由流域管理机构和江河、湖泊所在地的省、自治区、直辖市人民政府水行政主管部门按照国务院水行政主管部门的划定依法实施管理。……流域管理机构直接管理的河道、湖泊管理范围，由流域管理机构会同有关县级以上地方人民政府依照前款规定界定。”“在国家确定的重要江河、湖泊可以设立由有关省、自治区、直辖市人民政府和该江河、湖泊的流域管理机构负责人等组成的防汛指挥机构，指挥所管辖范围内的防汛抗洪工作，其办事机构设在流域管理机构。”“跨省、自治区、直辖市的其他江河的防御洪水方案，由有关流域管理机构会同有关省、自治区、直辖市人民政府制定。”

但这一阶段中，尽管 1988 年《水法》没有明确流域管理及流域管理机构的法律地位，流域管理机构所拥有的具体职能则多于法律所规定的内容，特别是在 1998 年的政府机构改革以后，各流域水利委员会和流域管理局是水利部在各流域或区域的派出机构，代表水利部行使所在流域或区域内的水行政主管职责。

4. 2002—2019 年

2002 年修订的《水法》第 12 条规定，“国家对水资源实行流域管理与行政区域管理相结合的管理体制。国务院水行政主管部门在国家确定的重要江河、湖泊设立的流域管理机构，在所管辖的范围内行使法律、行政法规规定的和国务院水行政主管部门授予的水资源管理和监督职责。”

在此期间，流域水利委员会为水利部派出的流域管理机构，在辖区（如黄河水利委员会的管理范围包括黄河流域和新疆、青海、甘肃、内蒙古内陆河区域）内行使水行政管理职责，其职责主要包括：负责保障流域水资源的合理开发利用；负责流域水资源的管理和监督，统筹协调流域生活、生产和生态用水；负责流域水资源保护工作；负责防治流域内的水旱灾害，承担流域防汛抗旱总指挥部的具体工作；指导流域内水文工作；指导流域内河流、湖泊及河口、海岸滩涂的治理和开发；按照规定权限，负责流域内水利设施、水域及其岸线的管理与保护以及重要水利工程的建设与运行管理；指导、协调流域内水土流失防治工作；负责职权范围内水政监察和水行政执法工作，查处水事违法行为；负责省际水事纠纷的调处工作；按规定指导流域内农村水利及农村水能资源开发有关工作，负责开展水利科技、外事和质量技术监督工作；承担有关水利统计工作；按照规定或授权负责流域控制性水利工程、跨省（自治区、直辖市）水利工程等中央水利工程的国有资产的运营或监督管理；研究提出直管工程和流域内跨省（自治区、直辖市）水利工程供水价格及直管工程上网电价核定与调整的建议。

5. 2019 年至今

根据 2018 年国务院机构改革的安排，2019 年在流域水资源保护局的基础上组建七大流域（海域）生态环境监督管理局。流域生态环境监管局实行生态环境部和水利部双重领导，以生态环境部为主。

流域生态环境监督管理局为生态环境部正局级派出行政机构，在所辖区内，依据法律、行政法规的规定和生态环境部的授权或委托，负责水资源、水生态、水环境方面的生态环境监管工作，主要承担以下职责：负责编制流域生态环境规划、水功能区划，参与编制生态保护补偿方案，并监督实施；提出流域水功能区纳污能力和限制排污总量方案建议；建立有跨省影响的重大规划、标准、环评文件审批、排污许可证核发会商机制，并组织监督管理；参与流域涉水规划环评文件和重大建设项目环评文件审查，承担规划环评、重大建设项目环评事中事后监管；指导流域内入河排污口设置，承办授权范围内入河排污口设置的审批和监督管理；指导协调流域饮用水水源地生态环境保护、水生态保护、地下水污染防治有关工作；组织开展河湖与岸线开发的生态环境监管、河湖生态流量水量监管，参与指导协调河湖长制实施、河湖水生态保护与修复；组织协调重大工程项目区水质保障；组织开展流域生态环境监测、科学研究、信息化建设、信息发布等工作；组织拟订流域生态环境政策、法律、法规、标准、技术规范和突发生态环境事件应急预案等；承担流域生态环境执法、重要生态环境案件调查、重大水污染纠纷调处、重特大突发水污染事件应急处置的指导协调等工作；指导协调监督流域内生态环境保护工作，协助开展流域内中央生态环境保护督察工作。

第四节　国际上其他国家的流域管理

一、美国

1. 田纳西流域

美国田纳西流域管理局是 20 世纪 30 年代美国“罗斯福新政”的一个重要工作。1933 年，美国国会通过《田纳西流域管理局法》，成立管理局。根据此法，管理局是“一个拥有政府权力与私营公司灵活性和创造力的机构”，其最初的职能是田纳西流域的通航和防洪、植被恢复和土地开垦、支持工农业发展和发电，以改善环境和人民生活。为扩大权限，《田纳西流域管理局法》经过多次修订。

成立田纳西流域管理局的主要目标是，在经济萧条期大力发展地区经济以消除贫穷。事实上，7 个沿岸州将权力交给一个新的联邦机构的目的是获得它们无法承担的工作所需的联邦补助。田纳西流域管理局的运行范围按照流域确定，它不仅仅是一个与水有关的机构，还拥有规划和协助各州管理流域内的森林、土地和水资源的广泛权力。其主要工作包括田纳西河的航运、防洪、坝工建设；边远土地的造林和开垦；发电和输配电。而且其发电不限于水电，热电和核电发展使其成为美国最大的电力公用事业公司。

管理局由经总统任命、国会批准的 3 人董事会领导，在董事会中没有管界内 7 个沿岸州的代表。管理局在许多方面类似于一个私营公司，有上诉和被上诉、签订合同、拥有财产和举债的权力，比其他联邦机构拥有更大的自主权。目前，管理局已经从一个建设性机构转变为以运行维护和环境管理为主的机构；其战略是开展流域资源和环境统一管理，向客户提供可承受、可靠的电力，发展经济和改善环境，促进流域可持续发展，并加强与利害相关者的合作。

作为世界上第一个综合性流域开发的开创者，田纳西流域管理局取得了重大成就并在全世界具有很大影响，但在发展过程中也经历过不少挫折，特别是与各类机构和政府发生过冲突。但总体上，其法律结构基本保持不变，目标则随需求变化而不断调整。

2. 特拉华流域

特拉华流域委员会的成立设想于 1955 年洪水后提出，并于 1961 年创建。委员会董事会由 5 个地位同等的合作伙伴组成，包括 4 个流域州（纽约、新泽西、宾夕法尼亚和特拉华）的州长和联邦政府的内务部长。除了年度预算和宣布干旱需要获得一致通过外，委员会的其他决策都以多数票的方式确定，联邦政府作为地位同等的伙伴参加投票。

特拉华流域委员会的职能是："促进和提供流域水资源规划、保护、利用、开发、管理和控制，按照公平和一致的原则对待所有用户和所有设施的用户，而不考虑政治边界。"因此，尽管委员会因危机而起，但其目的在于水资源统一管理。同时，尽管委员会可以成为流域内影响经济发展和地区权力平衡的重要因素，但其作用一直被限制在水管理方面。显然，有关州政府不希望出现第二个田纳西流域管理局。

特拉华流域委员会的工作包括框架规划、运行规划、防洪规划及应急调度、干旱管理、水质管理和保护。水权管理、设施运行和工程建设依然由流域内现有联邦、州、地方政府和私营机构负责。州依然拥有和分配州界内所有水的权力，联邦、州、市和其他地方政府机构按照协议的流域框架和运行计划行使其相应辖区的管理职能。根据董事会的决定，特拉华流域委员会可以在出现干旱和洪水的紧急情况下管理流域内的机构。

3. 科罗拉多河流域

科罗拉多河尽管为中等河流，但却是世界上立法最多、争议最多和诉讼最多的河流。1922 年，流域内 7 个州签订协议（其中亚利桑那州 1944 年才签），在流域年水量扣除 1.5 百万英亩英尺（18.5 亿 m^3）的墨西哥用水量后，将剩余水量在上、下游流域间平分，上游流域（科罗拉多州、新墨西哥州、犹他州、怀俄明州和亚利桑那州一小部分）和下游流域（亚利桑那州、加利福尼亚州、内华达州、新墨西哥州和犹他州一小部分）各分配水量 7.5 百万英亩英尺（92.5 亿 m^3）。但协议分配平均水量比实际水量高出 30%。此外，协议最初并没有考虑全面满足土著印第安人的用水需求和墨西哥对水质的关注。在随后对协议的修订中进行了弥补。

在机构设置上，1948 年创建了上科罗拉多河流域协议委员会，负责监督上游流域各州的水分配。委员会主席由总统任命，成员为 4 个州的州长。与此对比，下游各州则不能根据 1922 年协议达成如何分配水量的协议，各州在美国最高法院的诉讼一直从 20 世纪 30 年代初期持续到 20 世纪 60 年代末期，在此期间没有达成任何妥协。美国最高法院最终宣布了著名的"国会分配原则"（doctrine of congressional allocation），声明应当以 1928 年《博耳德峡谷项目法》（*Boulder Canyon project act*）的分配比例为基础，在下游 3 个州间分配水量，下游 3 个州的分配由作为"水监管者"的联邦内务部按照《博耳德峡谷项目法》的条款监督，而不是像上游州那样由州际间的州级机构进行监督。

值得注意的是，不同于特拉华流域，联邦政府在科罗拉多河的流域机构中不是平等伙伴，美国总统在上游流域委员会起重要作用。流域内唯一正式的全流域性机构是由 7 个州的州长和数名联邦机构的负责人组成的科罗拉多河流域盐分控制咨询理事会，理事会根据墨西哥—美国科罗拉多河国际条约中的水质和水量条款要求，就所需采取的行动向联邦政府提供咨询。

流域内有关州按照自己认为合适的方式在自己的边界内利用其分配水量，全面负责规划、管制和其他所有资源管理工作。7 个州都成立了相应机构向州长提供咨询，并应州长要求代表州参与流域事务。如加利福尼亚州成立了科罗拉多河委员会，成员包括加利福尼亚州 4 名科罗拉多河水权所有者（三个灌区和洛杉矶市政水区）的代表、水资源局局长和 1 名由州长任命的公众代表。

4. 萨克拉门多河流域

萨克拉门多河流域位于加利福尼亚州境内，是向南加利福尼亚跨流域调水的主要水源，也向加利福尼亚州中部灌区和城市供水。萨克拉门多河流域常遭受大洪水和持续干旱的影响，而且流域下游与圣华金河共同形成对环境敏感的三角洲地区，并与旧金山湾相连。

萨克拉门多河流域管理在州内流域管理中具有代表性。联邦、州和地方政府机构在流域管理中发挥其传统作用并行使其职能，不设任何形式的流域机构。其流域管理目标是，管理水量分配和水权，供水、水力发电、防洪、支持旅游业和渔业发展，并满足环境标准。流域水资源规划、管理等职能由加利福尼亚州的机构负责，州水资源局负责规划编制和水利工程运营，州水资源控制委员会负责水权和水质管理。

美国陆军工程师兵团根据调度规则负责其流域内工程的调度。美国垦务局负责设施的运行，根据服务合同供水。农村地区供水由灌区和村提供，城市地区绝大多数由市政机构提供，小部分由私营公司提供。

正常和紧急状态下的特别运行职责根据流域具体情况而定，并在联邦、州和地方政府间的协议中规定。州运行汛期收集实时信息的“洪水中心”。由于关键的防洪水库和流域干流骨干堤防由陆军工程师兵团兴建，因此，洪水紧急调度工作由美国陆军工程师兵团领导。流域调度运行规则由水库和引水工程的所有者达成协议。目前，流域内这样的体制安排运转正常，加利福尼亚州认为没有必要成立任何形式的流域管理机构。

二、西班牙

1926年，西班牙通过《水文联盟（流域机构）法案》，建立了四个基本概念：①水文联盟为水管理的职能部门；②流域作为水规划和管理的单元，以实现地区经济和社会的最佳发展；③通过水文联盟董事会代表的形式，使用户参与水规划、开发、管理、投资和行政；④按照流域和地方的能力将权力下放。水文联盟是具有法人地位的公共实体，拥有制定流域水规划、管理和控制公共水体（地表和地下水量、水质）和其利用、水利工程建设和管理的权力。因此，西班牙的水管理体制包括国家、流域和地方三个层次，这与我国修改后的水法所规定的流域管理和区域管理相结合的体制类似。

西班牙流域机构的职权限于流经一个以上自治区的流域。完全位于一个自治区境内的所有流域由所在自治区管理。流域机构的运行机制与职能包括：制订、审查并监督实施流域水资源规划；管理流域公共水体；管理公共利益或跨自治区的用水；负责流域机构投资及国家委托的工程设计、施工与运行；与自治区、地方委员会、其他公共和私营机构签订协议。同时，流域机构同时管理流域内的地下水。事实上，流域机构负责国有水利工程的建设、运行和维护，包括灌溉，尽管这是农业部的职责，通过流域机构组织结构中农业部的代表解决协调问题。因此，西班牙的流域机构是一个强大的机构，负责规划、管理、数据、施工及运行和维护。不过，按西班牙的长期传统，灌溉工程的运行与维护由用水户协会负责。

流域委员会的组织结构分两部分：①组织结构（即流域机构本身的机构设置）；②合作结构形式（其与自治区、一般公共机构及其他组织机构联系的纽带）。流域委员会的合作机构由一系列协会团体（或委员会）组成，这些团体由各级政府及用户参加。总体上，所有这些机构的目标是促进用户与政府官员间的联合行动。只有用户议会是纯用户机构，即使如此，政府官员可以以无表决权形式参加会议。

三、澳大利亚墨累达令河流域

澳大利亚的墨累达令河流域包括4个州和首都地区，面积超过100万km^2，是国家重要的经济区。流域基本为干旱区，年均天然径流量约为150亿m^3，但年际和年内变化大，资源压力很大，因此，流域管理长期面对各种严重的水问题，包括缺水、水量变化、水质、盐化及土地退化、藻类暴发等。

跨州墨累河皇家委员会（the Interstate Royal Commission on Murray Waters）早在1902年成立，调查和报告墨累河及其支流的灌溉、航运和供水的水及水域分配和保护。这是流域最早的流域管理机构。

澳大利亚联邦成立后，自1914年以来，签订了众多墨累达令河流域水资源的政府间协议。1914年，联邦政府、新南威尔士州、维多利亚州和南澳州签署《墨累河水协议》，以在墨累河修建一系列蓄水工程等。1917年，墨累河委员会（River Murray Commission）成立，以执行协议、有效管理墨累河水资源在三州的分配并协调各州的工程建设。委员会由各州的代表和联邦政府的主席组成。在20世纪60年代后期出现严重的盐分问题后，1982年《墨累河水协议》进行了大幅度修订，包括了水质、环境和娱乐问题；同年，达成了《墨累达令河流域协议》，将墨累河委员会的职能扩展到水质、环境和娱乐问题。1992年《墨累达令河流域协议》修订，昆士兰州加入协议，随后首都地区也加入。

1985年，决定分别成立墨累达令河流域部长理事会（Murray - Darling Basin Ministerial Council），并以墨累达令河流域委员会（Murray - Darling Basin Commission）代替墨累河委员会。目前，部长理事会由流域各州（包括首都）负责水资源的6位部长组成，理事会拥有州水分配、资助和实施自然资源管理项目、《水法》规定的与人类关键需求问题等方面的政策制定和决策权；同时，还可以建议流域官员委员会（Basin Officials Committee）的职能和权力和流域社区委员会（Basin Community Committee）的职能。理事会的职能和权力包括：分析和决定政策目标和成果；决定《墨累达令河流域协议》规定的事项；批准墨累达令河流域管理局的年度计划、预算和资产管理计划；同意修订《墨累达令河流域协议》。

墨累达令河流域委员会于1988年1月成立，旨在有效管理和公平分配墨累达令河水资源，同时保护和改善墨累河及其支流水质，并就流域的水、土地和环境管理向部长理事会提出建议。委员会为部长理事会的执行机构，其主要职能是对流域自然资源规划、开发利用和管理向部长理事会提出建议，协助部长理事会制定公平、高效和可持续利用流域自然资源的措施。1992年修订的《墨累达令河流域协议》扩大了范围至全流域所有自然资源和环境，保留部长理事会，流域委员会仍作为理事会的执行机构。

2008年，根据修订的《水法》和新《墨累达令河流域协议》，墨累达令河流域管理局（Murray - Darling Basin Authority）成立，取代墨累达令河流域委员会，并作为一个独立的、以专业为基础的流域管理机构，成为流域历史上第一次全流域范围负责流域水资源规划的机构。其职能包括：编制、实施和审查流域水资源可持续利用综合规划，代表合作伙伴政府运行墨累河系统并向用户高效供水；监测、计量和记录流域水量和水质；支持、资助和开展流域水资源及其生态系统调查和研究；向联邦政府水资源部长提出批准州水资源规划的建议；和开展流域水资源的教育。同时，成立流域官员委员会。

目前，在墨累达令河流域管理中，除了部长理事会和流域管理局外，流域内的管理机构还包括流域官员委员会，流域社区委员会和社会、经济和环境科学咨询委员会（Advisory Committee on Social，Economic and Environmental Sciences）（图 8-1）。流域官员委员会根据 2007 年的《水法》成立，其职责是推动联邦政府和州政府在资金和流域水资源与自然资源管理的合作和协调。委员会由每个流域州（包括首都）的 1 个官员和联邦政府的 1 个官员组成，并由联邦政府担任主席；管理局的主席和首席执行官允许参加委员会的会议，但不允许投票。委员会负责向部长理事会提供建议，并执行部长理事会的政策和决定。

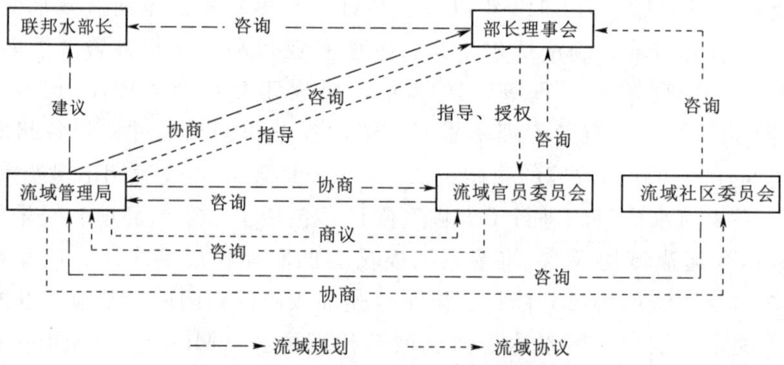

图 8-1 墨累达令河流域管理体制

流域社区委员会提出社区的水资源、环境、文化和经济社会发展的建议。委员会成员基于其对用水、水管理、土著和当地政府的兴趣和知识选择。成员是管理局的主要联系人，向管理局报告流域规划执行中的社区关切和问题，并向社区提供管理局活动的信息。同时，委员会对流域水资源的社区事项和管理局的委员会事项提出建议。

社会、经济和环境科学咨询委员会为管理局提供独立的、战略性建议，以保证流域规划以最好的方法、科学和知识实施。委员会为流域规划实施和管理局广泛的工作提供科学咨询，包括环境用水管理、适应性管理、气候变化、流域监测和评估等，并就科学问题在学术界、社区和产业部门之间交流。

澳大利亚墨累达令河流域的流域管理发展过程显示了其流域管理和体制如何随着流域问题的变化而发展。其经验在于其完善的法律、法规、法令及实施程序支持一个强有力、健全的流域管理体制框架，对流域自然资源及水资源问题科学认识，包括各级政府、区域和流域、行业在内的统一管理，以及社区参与。

思 考 题

1. 阐述流域与流域管理。
2. 阐述流域管理机构类型及职能。
3. 对比分析我国与美国、澳大利亚的流域管理及机构。

参 考 文 献

[1]　沈大军. 水管理学概论 [M]. 北京：科学出版社，2004.

[2]　沈大军. 论流域管理 [J]. 自然资源学报，2009，2 (10)：1718－1723.

[3]　沈大军，王浩，蒋云钟. 流域管理机构：国际比较分析及对我国的建议 [J]. 自然资源学报，2004，19 (1)：86－95.

[4]　Dajun Shen. Water resources management of People's Republic of China [M]. Berlin：Springer，2020.

第九章 水 危 机 管 理

水危机管理，即水管理中的非常规情况的管理，通常是指发生洪涝、干旱灾害或重大水环境灾害等。水危机管理是水管理中十分关键的组成部分，其成功与否直接影响经济发展和社会稳定。

第一节 公共危机管理理论

危机是一个危急和紧迫时刻。在这个时刻，一系列中止和平进程或瓦解社会正常关系、秩序的事件正在迅速展开，并不断增加危险，迫使相关系统必须在有限的时间内做出反应和抉择，采取更多的控制或管理行动，以维持系统生存。确切地说，危机就是导致社会偏离正常轨道的危急的、非均衡状态。危机可以在一个地域发生并造成有限影响，也可以在一国或全球范围内发生并造成全球性影响。

危机发生的原因主要有三种：①自然产生的，如洪涝灾害；②人为引起的，如恐怖事件；③人为导致的自然危机，这种危机占有的比例可能最大，如由于人为大量砍伐森林导致植被破坏形成的洪水或干旱等。但从直接原因区分，危机分为两类：一是天灾，即自然危机；二是人祸，即人为危机。自然危机具有不可抗拒性，人们对自然危机的认识、研究相对较早且深入，对自然危机的管理机制也比较成熟，人类基本能够比较准确的预测自然危机，提前采取措施，而且能够在自然危机发生后能够通过全球性合作采取积极、有效救治行动，比如地震、洪水、台风等天灾能够通过全球性预警、救治系统提前预警和积极救治，把自然危机造成的损失降到最低；而人为危机的发生机理与自然危机不同，更具有偶然性，危害也更大，政府对人为危机的预警、救治措施研究也相对要少。

公共危机是由社会和经济运行过程内部不确定性引发的危机。按危机性质划分，公共危机可分为经济危机、社会危机和政治危机。在现代社会，各种公共危机互为因果、相互叠加、传染和扩展，单一性公共危机常常演变成复合性危机。经济危机包括财政危机、金融危机、资源危机和全面的经济危机。社会危机包括自然灾害和人为原因引发的危机，包括自然灾害引发的危机，如地震、气候反常引起的大涝、大旱引发的危机；生态环境恶化引发的生态危机，如美国黑风暴；社会公共领域发生的危机，如城市市政设施供求矛盾引起的缺水、缺电事件引发的城市公共危机；不知名的传染病引发的公共卫生危机，如新冠病毒引发的危机；恐怖主义活动引发的公共安全危机，如美国“9·11事件”等。政治危机包括由于战争、政变以及其他政治原因引发的政府信誉危机、外交危机、国家安全危机以及社会骚乱、国际恐怖主义等。政治危机会直接危及到社会的安定和国家政权的稳定，影响巨大。

一般公共危机具有如下特点：①普遍存在性。现代社会普遍存在公共风险，因此公共危机不可避免，如由水导致的自然灾害几乎每天都在世界上发生。②强突发性。危机由一系列细小事件逐步发展而来，存在发现征兆和预警的可能，但由于实际发生的时间和地点具有不可预见性，而且通常超出社会秩序或人们的心理惯性。由于公共风险的这种隐蔽性和不确定性，公共危机的爆发突发性强，其发生时间难以预测，过程难以控制，结果难以估量。③高频发性。如随着经济社会发展和生态环境恶化，大型和特大型城市由于污染、缺水等产生的公共危机时有发生。④强扩散性。风险会通过系统内外的联系，扩散辐射到社会和经济运行的各个方面。⑤波及面广。现代社会的公共危机越来越突破地域限制。如以对农业影响最大的旱灾为例，一个地区旱灾的发生经常影响世界农产品市场，对全球经济都可能产生重大影响。⑥影响力大。现代社会公共危机的时间和空间影响日益扩大，极易威胁社会公共安全和影响社会稳定，因此，危机爆发初期如果没有及时控制，就有可能意味着更大危机的爆发。⑦决策的非程序性。决策行为划为两类：①程序化决策，即结构良好的决策；②非程序化决策，即结构不良的决策，非程序化决策包括大量的人工判断。由于危机事件突然发生、无章可循且演变迅速，其决策极为复杂而困难，但决策后果往往关系到组织安危。危机事件从本质上说是非程序化决策，要求在有限信息、有限资源、有限时间的条件下寻求“满意”的处理方案。因此，迅速从常态到非常态的能力是危机管理的核心内容。

由于公共危机的这些特点，公共危机管理具有公共产品的特点，主要由政府提供，即政府应成为公共危机管理的主体。这是因为：一方面，公共风险管理的责任边界不清晰，市场机制难以有效承担防范和化解公共风险的使命，企业和个人等微观经济主体很难积极防范和化解公共风险。当公共风险超过其临界点变成危机时，公共危机爆发，公共危机的快速蔓延和严重破坏性，决定了市场机制不可能在干预和消除危机的影响方面发挥主要作用，也决定了社会不可能在干预和消除危机的影响方面承担主要责任。因此，公共风险和公共危机属于市场失灵的领域，带有公共产品的特征。另一方面，不论出现何种性质的公共危机，都会影响到社会的各个方面，甚至触发长期形成的社会痼疾，形成危机的叠加效应，导致更大范围、更加复杂的公共危机，引发巨额的突发性支出。个人、家庭、企业等民间部门没有能力承担。因此，社会公共危机是个人、家庭、市场机制本身不能解决的社会问题，需要政府动员社会资源和公共力量加以解决。同时，在公共危机管理中，由于政府具有其他社会组织和团体所不具有的优势、权威和强制力，所以政府必须成为公共危机管理的主体。

政府危机管理是政府针对突发危机事件的管理，通过提高政府对危机发生的预见能力和危机发生后的救治能力，及时、有效处理危机，恢复社会稳定，恢复公众对政府的信任。政府危机管理，主要是指政府在危机产生、发展过程中，为减少、消除危机危害，根据危机管理计划和程序而对危机直接采取的对策。由于危机发生会引发成本和长远影响，为了有效地应对危机，提高对危机事态的控制能力，政府进行危机管理时应遵循一定的原则：①居安思危、未雨绸缪原则。这是政府危机管理的最优化原则，成功的危机管理要求政府采取超前行动，及早发现引发危机的线索和原因，预测将要遇到的问题以及事情发生后的基本发展方向和程度，从而制定多种可供选择的应变计划，将危机扼制在萌芽状态。

②公共利益至上原则。公共利益至上是现代政府管理的普遍原则。危机的不可抗性和一般公众在危机面前的脆弱性，迫切需要政府在危机管理中将公共利益作为一切决策和措施的出发点。尤其是危机事件给公众和社会造成的损失，政府必须对受害者表示同情和慰问，及时解决危机所带来的困难。这种公共利益至上原则，也有助于政府赢得公众信任、支持和合作，共同致力于危机的解决。③透明度原则。在危机处理过程中，政府要充分利用一切有效渠道与公众保持良好沟通和不断接触。当社会危机发生时，往往会伴随出现一定程度的社会恐慌，而这些恐慌很大一部分是由于公众获得的信息不全或歪曲，造成对危机的认识偏差。所以在发生社会危机时，政府要及时与媒体和社会公众沟通，发布权威的信息，让公众了解政府措施和危机状况。④快速反应原则。危机发生后，应以最快速度调查事故起因，安抚受害者，尽力缩小事态范围。⑤效率性原则。危机发生后，往往会波及比较大的社会范围，这就需要集中救助力量，实现有效救助目标。⑥协同性原则。要求政府不同职能管理部门之间实现协同运作，明晰政府职能部门与机构的相关职能，优化整合各种社会资源。目前我国水危机管理的防汛抗旱总指挥部就是这种协同性原则在体制上的安排。⑦安全性原则。在危机事件的应对中，抢救生命与保障人们的基本生存条件，是处理危机和开展救援工作的首要任务。因此，必须以确保受害和受灾人员的安全为基本前提。同时，应最大限度地保护参与处置突发事件的应急人员的生命安全。在此基础上，还应该尽力保障国家和人民群众的财产安全。⑧合法性原则。危机情景下，政府虽然拥有了许多特殊权力，但不能滥用和误用危机管理权。⑨科学性原则。科学性原则，主要是针对那些因工业技术而引起的灾害及由自然灾害而造成的危机事件。应对这些危机，一定要注意科学性和技术性。⑩程序性原则。危机管理行为的实施，必须依据一定的评估标准和优先次序，确定现场控制及处理的工作程序。

政府危机管理的关键是建立有效的危机管理机制。政府危机管理机制是指在政府危机管理基本原则的指导下，政府所建立的危机监测、预防和快速反应的制度和运行机制。危机发生演变过程分为危机前兆、危机发生和危机事后处理三个阶段。在危机前兆期，政府应具有敏感性，实施有效预警和监测，进行问题管理，及时识别各种突发性事件前兆信息，并对危机发生的概率作出科学的预测和判断，尽可能将危机消弭于萌芽之中；在危机发生阶段，应根据危机管理计划，启用紧急应对系统，在短时间内将事态控制住；在危机事后处理阶段，应妥善处理政治影响、经济损失等恢复性问题，更重要的是总结经验教训，以修正政府的日常决策和应急处理系统。

危机管理的动态机制可分为危机前的危机预防机制和危机发生后的危机救治机制。危机预防机制可分为危机预警机制和危机预控机制。危机预警机制包括危机迹象监测、识别、诊断和评价；危机预控机制包括思想准备、组织准备、物质准备、基础设施准备以及危机处理准备。除了对未发生的危机进行预警之外，政府危机预防还需要预测危机解决后的未来可能出现的情势，应及时收集相关信息、对信息做出科学的判断及预见事件的发展态势。

政府危机救治机制可采用的对策主要包括：①积极性的强制干预。危机的解决固然需要克制，需要妥协，但也需要积极的干预。因为，在危机状态下，决策者会处于一种非理性状态，使得任何决策都难以如常规情况容易达成妥协和统一，有时还会出现巨大的分歧。因此，需要依靠政治权威、推行强制性的决议。②探寻危机产生的根源。危机产生后，对社会和公众心理影响巨大的主要原因在于危机产生根源的不确定或不明确，探寻危机根源可以安抚公众心理情绪，保持社会稳定；同时是进一步采取措施的前提。③通过一系列政策稳定社会，进行心理救治。对社会来说，危机造成的最大危害在于社会正常秩序遭到破坏并由此带来公众心理的脆弱，所以保持稳定的社会秩序，保持原有的社会运行轨迹是首要的选择。④动员社会参与。社会力量的参与可以缓解危机在社会中产生的副作用，使公众了解真相，祛除恐惧，消除危机伴生的流言、恐慌等副产品，起到稳定社会、恢复秩序的作用；另一方面可以降低政府救治危机的成本：由于社会力量的参与，信息通道畅通，政府决策的可信度和可行度得到提高，这有助于降低政府政策的制定和执行成本。

第二节 国际上其他国家水灾害管理

一、美国水灾害管理体制

1. 洪水管理

早在1803年购买路易斯安那以前，公立和私营防洪机构开始设立，负责密西西比河下游农田防洪堤防建设，这也是当时减轻洪水灾害的唯一合理的途径。1927年，联邦政府陆军工程兵师团通过建设和运行密西西比河干支流工程，承担自伊利诺伊州的开罗（Cario）到墨西哥湾的密西西比河防洪责任。1936年《防洪法》通过遍布全国的水库建设扩展了联邦政府的责任。地方公共机构通过提供土地、道路通行权和提供管理维护与联邦政府在地方防洪工程中合作。

早在1934年，就有建议提出限制在洪泛区修建房屋和其他建筑。田纳西流域管理局第一个试点采用非工程措施管理洪水风险。但直到20世纪60年代，洪水风险管理的概念和手段才得以建立和应用。目前，美国洪水管理机构包括多种类型的机构：联邦、联邦—州、州、区域、地方、公立和私营等。

联邦机构负责制定防洪减灾规划，包括信息数据系统、工程和非工程措施规划与应急和灾害救助计划等。20世纪初，联邦防洪减灾规划的重点是利用河流上的建筑物，借助水库、堤坝和渠化治理洪水。20世纪70年代，洪水风险管理成为主流。1968年通过非工程减灾规划，包括洪泛区整治的非工程措施，即利用洪水保险作为限制洪水风险区发展或重建的手段。同样在20世纪70年代，在认识到多机构的低效后，1979年成立了联邦紧急事务管理署（Federal Emergency Management Agency，FEMA），负责包括洪水保险、应急准备和灾害救助等工作。目前，美国联邦紧急事务管理署是政府实施联邦应急计划（Federal Response Plan）的主要职能部门，由美国总统直接领导和指挥，包括总部、地方局和训练中心。管理署负责综合处理全国各种紧急灾害（其中包括洪水灾害），指挥行业主管部门救灾。它的主要作用在于实施灾害初期的应急措施、判断是否发布总统公告、收集信息以及与有关部局及州之间的联系协调等。除联邦紧急事务管理署外，还有涉及的多个联邦政府机构（包括内政部、农业部、国防部等）按联邦应急计划的规定承担紧急支援职责。

由于联邦防洪政策已由工程措施演变为非工程措施（洪泛区管理），分区是洪泛区综合整治或减少洪水损失规划的主要手段之一，由当地政府完成。州的另一个工作是应急服务和灾害救济。地方社区的防洪减灾措施包括洪泛区管理和发展控制、洪水发生前的预警计划和演习、灾后恢复措施等。许多私营团体制定了为受灾者提供紧急和长期救助的计划。当发布重大灾害或紧急宣布总统令时，志愿者组织可以由联邦官员协调。

美国国会于1905年通过一项修正案，确立了美国红十字会的特殊地位，要求红十字会负责处理灾害赈济并承担研究和执行防灾措施的义务。红十字会通过3000多个地方分支机构工作。另外，各地有许多以宗教组织为主的机构与政府合作参与灾时救援和救济，一些社会团体为紧急服务和灾害救济机构特别是红十字会提供较重要的支持。

美国汛期危机管理主要以联邦应急计划为依托。该规划是美国联邦政府应对灾害的主要措施。一般是在发生州一级难以应对的灾害时，由州长提出发布总统公告的请求，有关部门在接到请求后立即开展灾害评估。根据评估结果，如有必要，则发布总统公告，即宣布实施联邦应急计划。在联邦应急计划中，地方、州、联邦各级均有不同的分工和责任：①地方级：市镇长等负责建立地方紧急活动中心和与州长联系，设一名初期指挥官，负责初期的现场防汛指挥；②州级：州长负责建立州紧急活动中心，发布州紧急事态公告，建立与联邦紧急事务管理署地方局局长的联系，提出发布总统公告请求等，同时设州协调官，协调全州的救灾活动和与联邦的联系；③联邦级：联邦总统发布总统公告，任命联邦协调官，联邦紧急事务管理署署长负责起草总统公告，联邦紧急事务管理署地方局局长负责建立地区活动中心，派遣应急先遣队，并向联邦紧急事务管理署署长汇报，联邦协调官负责现场救灾办公室的工作及联邦救灾活动的指挥。

美国防洪主要依靠州政府和州以下的县、市政府组织完成，联邦政府只是负责协助并提供救灾物资与资金。对于一般洪水灾害，各州政府均有相应的应急处理减灾计划，由各州自行处理。当洪水灾害超过州政府的处理能力时，由州政府向联邦紧急事务管理署报告，联邦紧急事务管理署立即派人到达现场调查，在向总统报告灾害情况的同时，管理署协调部门做好进入灾区的准备，一旦总统宣布某个州发生洪水灾害后，联邦紧急事务管理署立即指挥部门救灾。

联邦紧急事务管理署所调用的防汛物资都预先与私营公司签订合同，救灾时由这些公司提供，救灾物资费用由管理署承担。救灾抢险人员也是事先联系，届时组织参与抢险，这些人员的抢险费用由政府承担。在美国历次抗御洪水灾害中，联邦军队并未直接参与抗洪，但曾经调动过州的国民警卫队。

20世纪60年代以来，美国一直致力于大规模的防洪减灾工作。1968年，美国国会建立了国家洪水保险计划，认为洪水保险是理想的救灾措施。为了实施国家洪水保险计划和防洪救灾，联邦紧急事务管理署组织绘制了洪水保险图。为了鼓励社区参加国家洪水保险计划以及个人投保，联邦政府对于在联邦紧急事务管理署的洪水保险图公布以前兴建的建筑物，给予保险费补贴，否则按照保险计算的保险费收费。

联邦紧急事务管理署在制定洪水保险图时将行洪河道划分为行洪区（flood way）和洪泛区（flood plain），规定在行洪区内不准修建任何建筑物，在洪泛区可以修建建筑物，但兴建新建筑必须购买洪水保险，具体控制措施是规定业主在修建建筑物向银行贷款时必须先购买洪水保险。一般规定在100年一遇洪水淹没区以内必须购买洪水保险，高于100年一遇洪水区域不要求必须购买，保险费相应降低。

美国将全国划分成13个流域，每个流域均建立了洪水预报系统，每天进行一次洪水预报（可实时预报），最长的洪水预报是3个月。短期洪水预报只能由美国国家海洋和大气管理局（National Oceanic and Atmospheric Administration，NOAA）向社会发布，中长期洪水预报一般不向社会发布，仅限于联邦政府内部公布。

2. 干旱管理

美国干旱管理策略包括增加供水、降低需水和努力降低干旱影响3类。由于水文条件、法律和机构设置等方面的差异，美国各州的水资源管理各有侧重，但联邦和州的机构在干旱管理中的作用相同，即有关机构必须作出干旱期用户分水决策。供水机构必须与地方、州政府甚至联邦政府机构协作，各方制定协作计划应对不同干旱情况下的措施。

通常，州和供水机构都制定干旱应急计划。州级的干旱应急计划包括综合评估水文和蓄水状况，并参照特定“临界值”分析某一类型的可利用水量。评估通常由联邦或州水资源部门开展。根据评估结果，决定是否开始或结束干旱期水管理。

美国干旱管理大都由各州负责。各州干旱管理计划不尽相同，但都把降低需求和评价干旱影响作为工作重点。由于供水系统主要由地方政府管理，所以州级干旱管理需要与地方政府、用水户组织和联邦水管理机构协作完成。为此可能需成立多机构委员会和特别工作组。

联邦机构因其服务对象不同，所采取的抗旱措施亦有差异，但其工作重点在扩大供水、共享信息和提供协作方面。这些工作特别依靠州和地方机构的积极参与和支持。

美国大型地表水利工程由有关联邦机构（如垦务局、陆军工程兵师团等）兴建和管理。因此，扩大供水与蓄水管理紧密相关。干旱期的蓄水管理就是要在保证下一年基本蓄水要求的条件下尽可能增加供水。大多数机构都采用某种水平衡模拟模型评估系统在各种水文条件下的供水能力，并据此制定蓄水标准或下泄标准。州的大型水库的管理工作与此类似。

垦务局以区域和工程组成的水利工程系统为基础进行水库调度，将水资源利用、节水计划和抗旱应急计划相结合。以加利福尼亚州的中央河谷工程（Central Valley Project，CVP）为例，垦务局与加利福尼亚州水资源局根据“协调调度协议”协同工作，按照协议规定从垦务局所属和加利福尼亚州所属的水库中下泄；还通过水交换等一系列互惠协议与加利福尼亚州水资源局进行合作。

通过建立水银行促进买水者和自愿卖水者之间的水交易也是垦务局在太平洋沿岸中部和西北部经常采用的解决水资源短缺问题的措施之一。垦务局在其他一些地区也鼓励通过水交易来节约用水。

垦务局的另外一个工作重点是为其用户特别是灌区、城区和水资源保护区提供重要水情信息。最具代表性的报告是《西部各州供水状况》，按月发给联邦、州、地方机构和用水户组织。

在干旱期，垦务局依靠其水文气象系统为垦务局的所有管理人员和其他水资源机构提供有关水库蓄水量、河流流量及其他供水数据的实时数据。通过与陆军工程师兵团的“哥伦比亚河水文气象管理系统”联网为机构间的水资源管理协作创造条件。

与垦务局类似，陆军工程师兵团也以水利工程系统为基础进行工程调度。

二、英国水灾害管理

1. 洪水管理

英格兰的洪水管理由环境、粮食和农村事务部及其环境署与当地政府共同执行。环境、粮食和农村事务部负责全面的洪水和海岸侵蚀风险的政策制定，同时向洪水和海岸防护的运行机构（环境署、当地政府和内部排水委员会）提供资金，以支持它们投资基础设施。但环境、粮食和农村事务部不建设防护工程，也不指导机构建设工程；工程项目由运行机构执行。环境、粮食和农村事务部认为，这样一种伙伴关系的安排是尽量保证由机构有效管理风险，同时向机构提供指导帮助它们（图 9－1）。

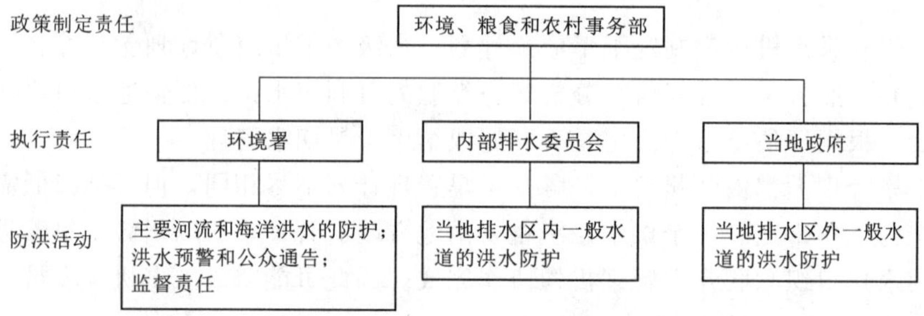

图 9－1　英格兰防洪责任图

环境、粮食和农村事务部的政策是，通过建设防护工程、洪水预报和预警系统，提高洪灾恢复能力，改善土地管理和阻止洪泛区进一步发展等，降低洪水和海岸侵蚀对人民、财产和环境的风险。环境、粮食和农村事务部的项目包括洪泛区区划、流域洪水规划和公众运动等。

2. 干旱管理

环境署与供水公司一起保证公共供水。在旱情最初，供水公司在向环境署申请干旱许可或命令（drought permits or orders）时需要制定干旱管理计划（drought management plan），包括节水措施，如公共运动、软管喷射禁令和渗漏控制等。当干旱严重时，法律允许采用三种措施应对：干旱许可、干旱命令和紧急干旱命令。干旱许可由环境署签发，授权供水公司从特定水源取水或中止供水公司拥有的取水许可限制条件。干旱命令由环境、粮食和农村事务部国务大臣颁布，可以是正常或紧急干旱命令。只有供水公司和环境署能申请干旱命令。正常干旱命令比干旱许可更进一步，可以限制工业和农业的直接取水，允许供水公司禁止或限制特定用水。紧急干旱命令更进一步：供水公司能完全决定可以禁止或限制的用水。

正常干旱命令和干旱许可最长为 6 个月，但可延长至 1 年。紧急干旱命令在 3 个月后中止，但能延长至 5 个月。

在授权干旱许可或命令时，两个必须满足的基本法律准则是：①现状水资源或供水的严重不足严重威胁有赖于这些水生存的动植物；②不足的原因是降水异常不足。

另外，环境署负责干旱监测，同时与供水公司合作，保证它们制定干旱计划，鼓励节水和提高用水效率。

第三节　我国水灾害管理体系

我国水旱灾害频繁。据历史资料记载，公元前206年至1949年的2155年间，我国发生较大洪水灾害1092次。历史上危害甚重的黄河，三年两决口、百年一改道。洪水灾害是我国出现几率最高、影响范围和造成损失最大的自然灾害，而且随着人口增加，社会经济发展，洪灾范围和经济损失均呈上升趋势。旱灾是我国另一个主要的自然灾害，每年的旱情都涉及20多个省（自治区、直辖市），且一年四季都有发生。

为防治水旱灾害，新中国成立以来我国投入大量人力、物力，加强防洪工程建设，整修加固堤防，修建水库，开辟蓄滞洪区，疏浚整治河道，基本建成了七大江河的防洪工程体系，大大增强了我国抗御水旱灾害的能力。

在防洪法制体系建设上，根据我国的国情和实际情况，先后制定颁布了《中华人民共和国水法》《中华人民共和国防洪法》《中华人民共和国防汛条例》《中华人民共和国抗旱条例》《中华人民共和国河道管理条例》和《水库大坝安全管理条例》等法律法规和黄河、长江、淮河、海河和永定河等流域防御特大洪水方案。各省（自治区、直辖市）根据国家防汛抗旱的法律法规，制定了本地区的配套法规，形成了国家和地方水旱灾害防控法律体系。

《防洪法》第39条规定，国务院设立国家防汛指挥机构，负责领导、组织全国的防汛抗洪工作，其办事机构设在国务院水行政主管部门。在国家确定的重要江河、湖泊可以设立由有关省、自治区、直辖市人民政府和该江河、湖泊的流域管理机构负责人等组成的防汛指挥机构，指挥所管辖范围内的防汛抗洪工作，其办事机构设在流域管理机构。有防汛抗洪任务的县级以上地方人民政府设立由有关部门、当地驻军、人民武装部负责人等组成的防汛指挥机构，在上级防汛指挥机构和本级人民政府的领导下，指挥本地区的防汛抗洪工作，其办事机构设在同级水行政主管部门。《抗旱条例》第6条规定，国家防汛抗旱总指挥部负责组织、领导全国的抗旱工作；国务院水行政主管部门负责全国抗旱的指导、监督、管理工作，承担国家防汛抗旱总指挥部的具体工作。国家防汛抗旱总指挥部的其他成员单位按照各自职责，负责有关抗旱工作。第7条规定，国家确定的重要江河、湖泊的防汛抗旱指挥机构，由有关省、自治区、直辖市人民政府和该江河、湖泊的流域管理机构组成，负责协调所辖范围内的抗旱工作；流域管理机构承担流域防汛抗旱指挥机构的具体工作。

因此，按照法律的规定，为有效组织和开展全国的防汛抗旱工作，各级政府都设立了防汛抗旱指挥机构，确立了行政首长负责制的防汛抗旱组织体系。中央设立国家防汛抗旱总指挥部；七大流域机构设立流域防汛抗旱指挥部办公室，负责流域内防洪管理和关键工程调度；各省（自治区、直辖市）、地（市）、县均设立防汛抗旱指挥部（图9-2）。

作为国务院议事协调机构之一，国务院设立了以国务院领导为总指挥的国家防汛抗旱总指挥部，其办公室2019年前设在水利部、2019年后设在应急管理部，承担总指挥部日

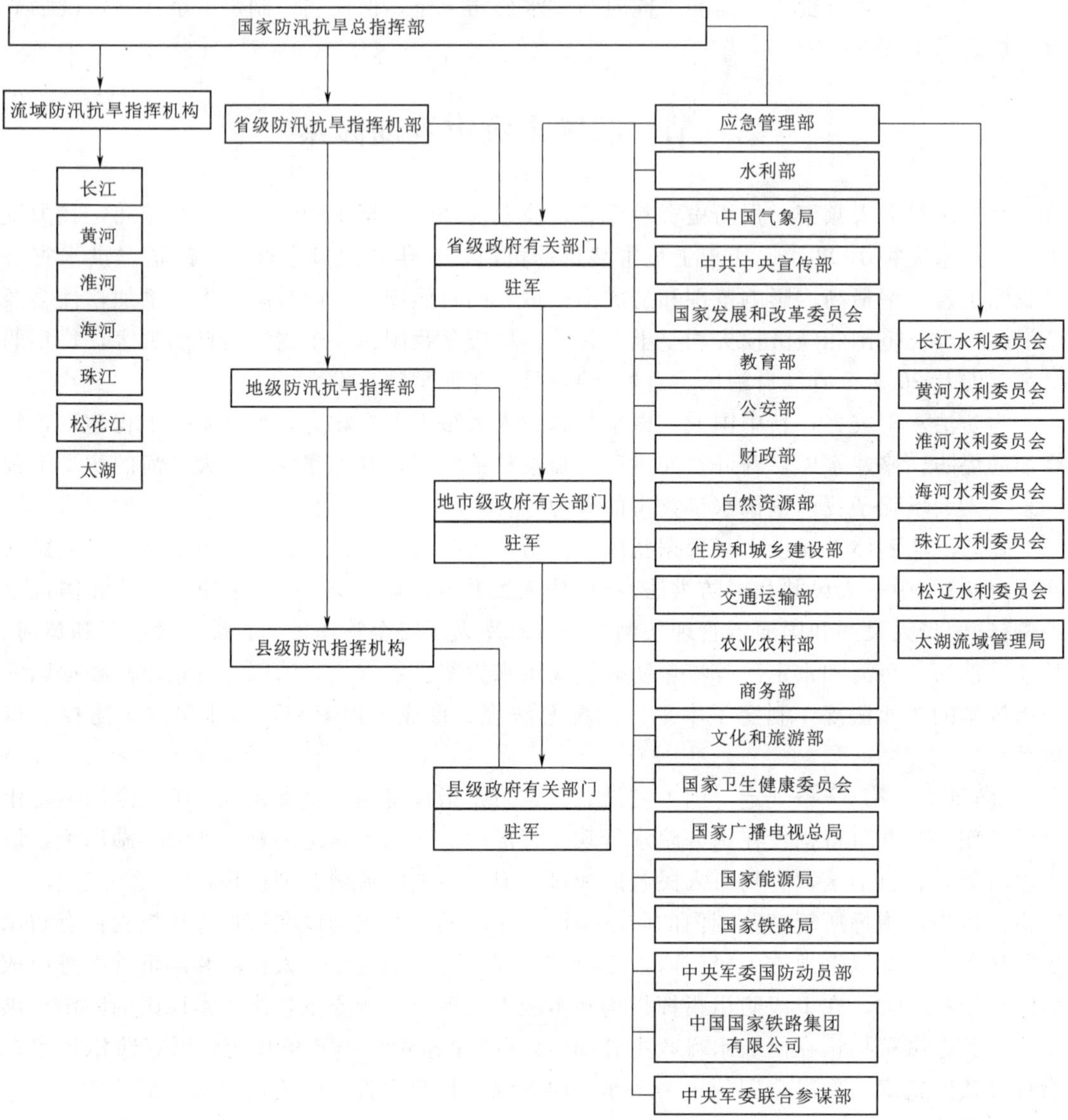

图 9-2　我国防汛抗旱组织机构图

常工作。省（自治区、直辖市）、地（市、自治州）、县（市）各级政府也设立了相应的防汛抗旱指挥部，负责辖区的防汛抗旱工作。为统一协调我国大江大河的防汛抗旱工作，成立了由流域所在省（自治区、直辖市）参加的 7 大江河流域防汛抗旱总指挥部，其办公室设在流域水利委员会。

国家防汛抗旱总指挥部办公室是国家防汛抗旱总指挥部的办事机构。其主要职责包括：组织、协调、指导、监督全国防汛抗旱工作；组织协调指导台风、山洪等灾害防御和城市防洪工作；负责对重要江河湖泊和重要水工程实施防汛抗旱调度和应急水量调度；编制国家防汛抗旱应急预案并组织实施，组织编制、实施全国大江大河大湖及重要水工程防御洪水方案、洪水调度方案、水量应急调度方案和全国重点干旱地区及重点缺水城市抗旱预案等防汛抗旱专项应急预案；负责全国洪泛区、蓄滞洪区和防洪保护区的洪水影响评价工作，组织协调指导蓄滞洪区安全管理和运用补偿工作；负责全国汛情、旱情和灾情掌握和发布，指导、监督重点江河防汛演练和抗洪抢险工作；负责国家防汛抗旱总指挥部各成员单位综合协调工作，组织各成员单位分析会商、研究部署和开展防汛抗旱工作，并向国家防汛抗旱总指挥部提出重要防汛抗旱指挥、调度、决策意见；负责中央防汛抗旱资金管理工作，指导全国防汛抗旱物资的储备与管理、防汛抗旱机动抢险队和抗旱服务组织的建设与管理；负责组织实施国家防汛抗旱指挥系统建设，组织开展全国防汛抗旱工作评估工作。

另外，我国还建立了严密的防汛抗洪组织体系。组织全社会力量抗御洪水灾害，是我国劳动人民在同洪水斗争的实践中总结出来的，既适合我国国情又行之有效的抗洪抢险措施。

思　考　题

1. 阐述公共危机的特点。
2. 阐述政府公共危机管理的原则。
3. 阐述我国水危机管理体制与美国、英国的差异。

参　考　文　献

[1] 薛澜，张强，钟开斌. 危机管理：转型期中国面临的挑战 [M]. 北京：清华大学出版社，2003.
[2] 沈大军. 水管理学概论 [M]. 北京：科学出版社，2004.

第三部分

水服务管制

第十章 国际上与我国的水服务管制

第一节 经济管制理论

经济管制通常是指政府通过价格、产量、进入与退出等方面对企业决策所实施的各种强制性制约。植草益认为，经济管制是指在自然垄断和存在信息偏差的领域，为了防止发生资源低效配置和确保利用者的公平利用，政府机构用法律权限，通过许可和认可等手段，对企业的进入和退出、价格、服务的数量和质量、投资、财务会计等有关行为加以管制。

经济管制的领域主要包括自然垄断领域和存在信息不对称的领域。水服务属于自然垄断产业。自然垄断的基本特征在于其成本的弱增性，具有显著的规模经济、范围经济和网络经济性和资源稀缺性。具有自然垄断特性的产业，其服务由一家或极少数企业提供产品和服务，通常比多家企业提供相同数量的产品和服务具有较高的生产效率。但由于这些产业的企业具有相当大的市场垄断力量，如果不对它们进行管制，这些企业就会利用垄断力量，通过制定高价而取得垄断利润，从而扭曲社会分配效益。在自然垄断产业也存在企业和消费者之间的信息不对称问题，如对于水服务的成本和服务质量问题等，企业往往是信息的发出者和操纵者，而消费者则是信息的被动接受者。而且，企业为了实现其利益最大化目标，完全有可能通过信息误导，欺诈消费者。因此，需要政府对这些产业实行经济管制。实施经济管制的目标是：

(1) 用户利益保护。用户需要某种形式的体制安排，监督水服务企业，以限制其滥用市场的垄断力量。在小的服务系统中，用户可以建立合作形式，“自己”运行和管理服务系统，平衡服务提供者和用户的合法利益。但在大型系统中，单个用户直接影响管理的手段将十分有限，只能依靠代表的形式，如通过政府或独立管制机构。管制机构可以监督非政府的水服务提供者、合作或私营提供者，这样的体制十分普遍，如法国、英格兰、威尔士、阿根廷、马来西亚和美国等。

(2) 投资者保护。一旦用户由管制者作为代表，权力的平衡将从水服务提供者转移到管制者。管制者可能同水服务提供者友好，而容忍高的价格。但反之，当水服务系统建成后，它也有可能倾向于剥削水服务提供者。如果管制者以这种方式滥用管制权力，投资者就不会投资。因此，管制需要保护投资者的利益。

同时，政府也可以自己拥有和运行水服务系统。在政府拥有水服务系统的情况下，管制职能通常由政府部门承担，但限制政府提供的水服务的垄断力量十分困难，垄断服务提供者可能收取高的价格，或向政府要求过多的补助，或提供低质量的服务，或是其中的组合。同时，如果政府拥有水服务，其运行可能不能弥补成本和按照商业模式运行。在这种情况下，管制机制的选择成为保护用户和服务提供者利益的关键。

经济管制的内容主要包括：①进入和退出市场管制。为了获得产业的规模经济性和成本弱增性，管制者需要限制新企业进入产业；同时，为保证供给的稳定性，还要限制企业任意退出产业。②投资管制。政府管制者既要鼓励企业投资，以满足不断增长的产品或服务需求，又要防止企业间过度竞争，重复投资；还要对投资的最优组合进行管制，以保证投资效率和效益。③市场结构管制。管制者要管制市场的结构和形式，以限制垄断力量，同时保证发挥规模经济。④价格管制。政府管制者要制定特定产业，在一定时期内的最高限价（有时也要制定最低限价），规定价格调整的周期。⑤质量管制（属于社会管制范畴，但在这里也一并讨论）。由于许多产品或服务的质量具有综合性，因此，在一些被管制产业中，往往不单独实行质量管制，而是把质量和价格相联系，在价格管制中包括质量管制，如果被管制企业没有达到质量标准，或者消费者对质量的投诉太多，管制者就要降低管制价格水平。

自然垄断产业具有显著的规模经济，但由一家或极少数企业垄断经营又会扼杀竞争。因此，规模经济与竞争成为自然垄断产业管制的两难选择。自然垄断产业需要巨大的投资，这些投资需要通过较长的时期才能逐步得到回报，其投资的专用性较强，一旦投资就难以挪作他用，沉淀成本很大。更为重要的是，自然垄断产业的投资项目一旦投入使用，单位产品的成本会随着产出量的增加而下降，即表现为巨大的规模经济性或显著的成本弱增性。这就是说，由一家或极少数几家企业提供特定自然垄断产品或服务能使成本效率极大化。这就要求政府制定限制进入的管制政策，以保证自然垄断产业的规模经济性。但这会导致这些垄断企业放松内部管理和技术创新，从而使实际的生产效率大大低于可能实现的最大生产效率，即导致生产效率降低。不仅如此，这些垄断企业还可能凭借其市场垄断力量，制定大大高于边际成本或平均成本的垄断价格以谋取垄断利润，从而导致分配效率低下。这意味着克服市场垄断所造成的生产低效率和分配低效率、提高自然垄断产业的经济效益，就应该允许较多的企业进入产业开展竞争性生产经营活动，发挥市场竞争机制作用，以刺激经济效益。这就要求政府制定放松进入产业的管制政策。对自然垄断产业的管制者来说，面临着规模经济与竞争的两难选择：①由一家或极少数几家企业垄断经营，以追求规模经济效益；②由多家企业竞争性经营，以较充分地发挥竞争机制的作用，提高经济效益。显然，规模经济与竞争性是对立的。明智的管制者不应该只追求规模经济或竞争性，但如何兼顾规模经济与竞争，并将两者协调，是一个普遍的难题。对此，一个重要的政策思路是，以规模经济与竞争相兼容的有效竞争作为自然垄断产业开展市场竞争的目标导向。

在经济管制中，最大的难题是确定自然垄断边界。因为只有存在自然垄断，才需要管制；在不存在垄断的情况下，市场可以很好地发挥作用。从静态角度，总体上，水服务产业属于自然垄断产业，但并不意味着这些产业的所有业务都具有自然垄断性质。对于水服务，通常认为，管网属于自然垄断性业务，但水生产和污水处理则是非垄断业务。因此，有观点主张将两大业务活动分割，管网由单独的公共企业或被管制的私营企业承担；而生产和处理则由多家企业竞争性经营。从动态发展角度看，自然垄断业务范围具有相当大的可变性，技术进步能改变自然垄断边界，如电信产业。同时，市场范围变化也会改变自然垄断边界。例如，在经济发展水平较低的地区，电力和供水等产业具有明显的地区性，尚未形成全国性或较大范围的市场，这些产业在较小的地区市场具有自然垄断性，通常由一家企业垄断经营；但随着经济发展水平的提高，这些产业的市场范围不断扩大，当市场需求超过成本弱增的范围后，这些产业的许多业务领域就不具有自然垄断性，应该由多家企业竞争性经营，从而使原来的垄断性市场或寡头垄断性市场结构演变为竞争性市场结构。

第二节　进入管制理论

进入管制即营业许可证管制，指政府对申请进入某自然垄断产业的厂商进行资格审查，发放许可证，以限制某些产业中的厂商数目。进入管制的目的在于限制行业内恶性竞争，保护社会生产力。

由于自然垄断产业具有规模经济的特点，自然垄断企业的平均成本随着产量增加而持续下降，因此，如果把某种产品的全部生产交给一家垄断企业生产，对社会来说，总成本最小。相反，如果将一个产业的产品分由竞争的多家厂商生产，将导致效率损失。这就需要政府赋予某家企业以垄断特权，限制其他企业进入。同时，自然垄断产业沉淀成本比重过大，当多家企业展开竞争时，会造成多败俱伤。因此，为避免“自杀性竞争”对生产力的破坏，政府必须对企业进入自然垄断产业进行管制，选择并赋予某家企业以垄断特权。

可竞争市场理论认为，只要政府放松进入管制，新企业进入市场的潜在竞争威胁自然会迫使产业内原有垄断企业提高效率。可竞争市场理论的假设条件是：①企业进入和退出市场完全自由，相对于现有企业，潜在进入者在生产技术、产品质量、成本等方面不存在劣势；②潜在进入者能够根据现有企业的价格水平进入市场赢利；③潜在进入者能够采取“打了就跑”的策略。可竞争市场理论认为：①可竞争市场不存在超额利润，因为任何超额利润都会吸引潜在进入者以同样成本与垄断企业分割市场份额与利润；②可竞争市场不存在任何形式的生产和管理低效率。但这一理论也受到了批评：①对新企业进入产业后所采取的行为及其结果的一些假定不符合实际；②沉淀成本为零的假设也不符合实际。

水服务产业具有显著的自然垄断性，其技术经济特征决定了水服务提供者具有地区性市场垄断地位，难以有效地发挥市场竞争机制的作用。在特定市场结构下，区域间的比较竞争成为水服务产业的主导性竞争方式。但这是一种间接性市场竞争，竞争机制作用范围有限。因此，如何通过放松进入管制，在不影响规模经济的前提下，有效发挥竞争机制的作用，是水服务产业进入管制的基本问题。

按照领域区分，水服务产业的进入管制可以区分为市场准入管制和网络进入管制。市场准入管制是管制者对新企业进入水服务业市场的管制；网络进入管制是指新企业或现有企业对进入别的企业经营的管网的管制。

第三节　英国水服务产业网络进入管制

1989 年，英国政府开始水管理体制改革，对水服务产业的进入管制进行了实践探索。英国政府在水服务产业运用区域间比较竞争管制方式；同时通过一系列降低进入壁垒的政策措施，积极引进与发展直接市场竞争。概括地说，通过允许区域外企业进入区域内经营、公共管道输送和促进水服务企业在毗邻地带竞争等三个方面的管制政策推动直接市场竞争。

在1989年实行水服务产业私有化时，英格兰和威尔士的供水和污水企业按照地区提供垂直一体化服务，包括取水、蓄水、处理、分配和输送、污水收集、处理和排放等供水和污水处理和收集的所有服务。企业服务地区是按照1974年《水法》基于流域划分的英格兰和威尔士的水务局管辖区域。原来的10个水务局改革为独立的水服务公司，并在以前相同的区域内提供服务。私有化后，水务企业间发生了一系列合并，但很少有新的进入者，其中一个指定向一个大型商业用户提供服务。

1991年《水产业法》(*Water industry act*) 建立了水服务业的经济管制框架，包括服务提供竞争。1998年的《竞争法》(*Competition act*) 禁止阻止、限制或扭曲竞争的协议，以及对垄断权力的滥用。2003年《水法》修改了水服务办公室总监的职责，要求促进水服务的有效竞争和保护用户权益。

目前，英格兰用于促进竞争的手段包括供水许可证、插入经营、跨界供给、私人供给和提供新主要服务管网竞争。

1. 供水许可证

从2005年12月1日起，新供水许可证持有人可以使用供水者的供水系统，向年平均用水量大于5000m^3的用户供水。水服务办公室估计，大约有2200位符合条件的客户，2003—2004年的年水费支出约为2.1亿英镑。潜在提供商需要从水服务办公室获得供水许可。公司可以申请“零售”许可证，从提供商批发并出售给合格的用户；或“合并”许可，将水注入现有提供商供水系统并出售给合格的用户。

这样的安排要求现有所有提供商建立访问代码，明确许可人可以进入供水的条款。访问代码包含所有用户的通用标准以及当地的具体条件。“进入条款”是提供商和许可人同意使用提供商供水系统的条款（包括价格）。

另外，私人下水道和排水道的所有者拥有类似的权利接入公共污水系统。

2. 插入经营

插入经营允许现有的受管制的供水或污水处理提供商在特定点被另一个替代，只有有限的公司或法定水公司可以成为自来水和污水处理经营者。插入经营必须满足以下三个条件之一：年用水量（或可能使用量）超过5000m^3的英格兰用户或超过2500m^3威尔士用户；该站点目前没有水服务公司提供服务；现有的水服务公司同意插入经营。

在满足条件的情况下，经过一系列咨询和申请，水服务办公室授予插入经营，以保护用户利益。成功的插入经营者可以用其水源或要求使用现有公司的资产供给新用户。从1989年私有化至2006年，总共授予了11个插入经营许可。

插入经营的一个直接结果是，促使水服务企业采取“大用户收费价格”。以往，大用户和小用户采取统一收费价格，但由于规模经济，对大用户供水成本较低，但不分用户大小的统一收费价格必然使大用户的收费价格高于成本。因此，在引入插入经营竞争机制后，企业为了留住大用户，就对大用户采取单独收费价格，这实际上使大用户能享受一定的批量折扣。

3. 跨界供给

在用户愿意支付连接提供商的管网成本的前提下，水服务提供商有义务为其区域外的家庭用户供水。从 2005 年 12 月 1 日起，此义务不适用于符合供水许可证条件的用户。

4. 私人供给

任何拥有自备水源的私人都有权向任何人协议供水（需要符合水质标准）。但是，英格兰和威尔士的几乎所有用户都由水服务公司提供供水和污水服务。

5. 提供新主要服务管网竞争

水服务企业对其管网完整性和质量负责，但如果新开发者能够直接或通过其承包商建设新主要服务管网。如果他们的设施满足水服务公司的标准，水服务公司必须承担其义务。

第四节　我国水服务产业市场准入管制

在计划经济时期，我国水服务产业由政府拥有、运行和管理。改革开放以后，我国在众多的领域比较全面地引入和应用了市场机制和手段；但对于水服务产业，特别是供水，由于其特殊性，其改革一直滞后于其他产业，甚至相对于其他自然垄断产业，如电信和电力等也滞后。因此，我国对水服务投资市场一直采取谨慎的态度，一直以来城市供水、排水基础设施建设的出资人大多是政府，不允许、控制或限制外资或私营资本进入。

参照我国历次《外商投资产业指导目录》（包括 1997 年、2002 年、2004 年、2007 年、2011 年、2015 年和 2017 年），按照厂网的角度，对于管网，1997 年规定“城市供排水、煤气、热力管网的建设、经营”属“禁止外商投资产业”，2002 年、2004 年和 2007 年调整为“大中城市供排水管网的建设、经营（中方控股）”为“限制外商投资产业”，2011 年以后不再规定；对于处理厂，2004 年和 2007 年规定“城市供水厂和污水处理厂的建设、经营”为“鼓励外商投资产业”，2011 年和 2015 年增加“污水处理厂建设、经营”为鼓励目录。

按照以上目录内容，我国的水处理厂完全开放，但对管网分为不开放（2002 年以前）、限制开放（2002—2011 年）和全面开放（2011 年至今）三个阶段。

在此框架下，2002 年，建设部《关于加快市政公用行业市场化进程的意见》提出，开放市政公用行业市场，鼓励社会资金、外国资本采取独资、合资、合作等多种形式，参与市政公用设施的建设，形成多元化的投资结构；并对城市供水、污水处理等直接关系社会公共利益和涉及有限公共资源配置的行业建立特许经营制度。

2004 年，建设部连续发布的《市政公用事业特许经营管理办法》《城市供水特许经营协议示范文件》等法规和文件，对水服务产业的市场化运营提供了法律支持和专业性指导。

2005 年，建设部印发《关于加强市政公用事业监管的意见》，要求推进供水、供气等市政公用事业市场化进程和对自然垄断业务要进行有效监管；提出市政公用事业监管主要包括市场进入与退出的监管、运行安全的监管、产品与服务质量的监管、价格与收费的监管、管线网络系统的监管、市场竞争秩序的监管等；当前要重点抓好规范市场准入、完善特许经营制度、落实安全防范措施和强化成本监管等主要工作。2012年，建设部印发《关于进一步鼓励和引导民间资本进入市政公用事业领域的实施意见》，要求进一步打破垄断，引入市场竞争机制，开放市政公用事业投资、建设和运营市场，鼓励民间资本参与市政公用设施的建设和运营；允许跨地区、跨行业参与市政公用设施的建设与运营。

思考题

1. 阐述经济管制的主要内容。
2. 阐述英格兰和威尔士水服务产业网络进入管制的主要手段。
3. 分析我国水服务产业市场准入管制的发展过程。

参考文献

[1] 王俊豪. 政府管制经济学导论 [M]. 北京：商务印书馆，2001.
[2] 沈大军. 水管理学概论 [M]. 北京：科学出版社，2004.

第十一章　水服务市场结构管制

第一节　水服务市场结构管制理论

水服务产业市场结构管制目标是，调整或重组市场结构，以形成有利于有效竞争和发挥规模经济的市场结构。水服务产业市场结构可以有多种组合形式，因此，水服务市场结构管制也十分复杂。

产业结构包括垂直和水平结构。水服务产业通常有两种基本的垂直结构：①对自来水供应和污水处理垂直一体化，由同一企业承担；②对上述两类业务实行分离，分别由不同企业承担。如果进一步细分，还可以分离自来水生产和管网，类似地，也可以把污水收集和处理分拆。不同的市场结构具有不同的优缺点，市场结构的选择是管制者管制目标选择的结果。

不同经济学流派对市场结构的垂直限制和效率有不同认识。芝加哥学派认为，如果垂直限制有效率，那就不应当禁止；上游和下游企业紧密联系的体制安排，有助于避免前者可能损害后者利益的“机会主义行为”，有助于降低交易成本，对提高整体效率有利。但哈佛学派认为，垂直限制造成了市场扭曲而非市场改进，成为建立或加强市场控制的工具，处于有利地位的企业将能排斥竞争对手，控制市场；同时，垂直限制也可能提高竞争对手成本。因此，垂直限制具有改进效率的作用，也具有扭曲资源配置的作用。

市场结构选择的基础是市场运行的交易成本。如果市场能够以较小的交易成本实现上游和下游产业之间的合同执行，选择分离的市场结构可能比较有效率；而如果市场执行成本比较高，选择一体化的市场结构可能比较合适。

水服务产业实行垂直一体化市场结构的优点是能降低企业成本和实现规模经济。诸如管理、收费和读表等成本都可以由自来水供应和污水处理企业共同分摊。同时，自来水供应和污水处理主要都是管网业务，在操作和维护自来水管道中积累的经验同样适用于操作和维护污水处理管道。因此，对两种业务实行一体化能取得规模经济效益。

水服务产业实行垂直分离也有优点。首先，它能扩大特许经营投标制的运用范围，有利于促进竞争。管制者可以对自来水供应、管网、污水处理等业务分别实行特许经营投标制。其次，管制者能获得更多、更准确的信息，从而缓解管制者与被管制者之间的信息不对称问题，提高管制效率。

因此，两种模式各有优点，而其缺点正是对方的优点。市场结构的选择取决于管制者对两者利弊权衡和对客观条件的分析。

在水平结构方面，同样存在不同的观点。哈佛学派认为，如果市场已经相当集中，或者合并大大增加了市场集中度，则竞争将会受到不利影响，即集中的市场很可能以非竞争（低效率）的方式运行；与此相反，芝加哥学派认为，隐藏在任何合并背后的动机更可能是为了提高效率。

在水服务产业的水平结构方面，也存在多种可能的水平竞争形式：①如果对水服务业的生产、管网和供应实行垂直分离，属于自然垄断的管网由一家企业垄断经营，而对于非自然垄断性的自来水生产和供应、污水处理可由几家企业竞争性经营，这需要管制者对每个水服务企业进入管网系统的水质进行严格、经常性的检查，对自来水供应和污水处理企业的服务质量进行监督。②对水服务生产、输送和供应实行垂直一体化的企业之间，在水服务边界地带为争夺新用户（如在两个企业的供应边界地带新建了一座商业区或居民住宅区等）而开展竞争。显然，水服务企业数量越多，竞争越有可能。但这也会产生一种两难选择：在增加水服务企业数量增加竞争可能性的同时缩小了各个企业的供应范围而牺牲规模经济；这同样需要管制者权衡和决定企业数量。③水服务企业为争夺大型用户而开展直接竞争。这种竞争形式虽然需要重复铺设管道，但有一定的经济合理性，特别是，如果竞争企业能提供不同质量的水服务以满足大型用户的不同需求时，这类竞争更为可行。因此，政策制定者需要把握直接竞争的程度。

第二节　发达国家或地区水服务产业市场结构管制

一、英格兰和威尔士

英格兰和威尔士的水服务产业市场结构管制具鲜明的特点。1973 年以前，英格兰和威尔士地区水服务产业自来水供应企业和污水处理企业两种类型占主导地位。自来水供应企业负责自来水的生产和分销，20 世纪 50 年代中期曾有 1000 多家自来水供应企业；后来在以规模经营效益为目标的合并过程中，自来水供应企业的数量大幅度减少，至 20 世纪 70 年代初只有 198 家企业，其中 64 家由地方政府经营、101 家为两个或两个以上地方政府所有的联合企业、33 家为官方批准的私营企业。污水处理企业主要由各地方政府所有，也有少数由多个地方政府所有的联合企业。20 世纪 70 年代初，共有 1300 多家污水处理企业。

1974 年，英国颁布《水法》。根据该法，在英格兰组建了 9 个地区水务局，在威尔士建立了 1 个地区水务局。地区水务局在其辖区内全面负责自来水供应、下水道系统、污水处理和水资源规划、污染控制、渔业、防洪、水上娱乐和环境保护等工作。由此，地区水务局不仅承担了自来水供应、污水处理等水服务活动，还承担了众多的资源与环境管理行政职能。作为国有制的补充，1974 年后，官方批准的私营自来水企业在重组后依然存在。1987 年，英格兰和威尔士共有 29 家私营自来水企业，对英格兰和威尔士地区约 25%的居民家庭提供自来水服务，但不从事污水处理业务。

英国水服务产业市场结构重组目标是为了追求规模经济和范围经济，但管制职能与商业功能集中于地区水务局，必然导致不同职能目标之间的冲突。

1989 年，按照修订的《水法》，英国水服务产业政府管制体制实行了重大改革，其中主要改革内容是英国水服务产业私有化；并设立水服务办公室，对水服务产业实行经济管制。2004 年，根据水服务办公室的许可发放登记，英格兰和威尔士总共有 10 家供水和污水处理联合企业（从 10 个地区水务局演变而来）、13 家供水企业和 1 家其他类型的企业。

因此，英格兰和威尔士的水服务市场结构基本为垂直一体化。

二、澳大利亚维多利亚州

澳大利亚维多利亚州 1958 年《水法》和 1969 年《地下水法》规定政府管理水资源和地下水，其目的是保护资源。20 世纪大部分时间中，墨尔本和都市工程委员会（the Melbourne and Metropolitan Board of Works）控制城市供水和污水系统；州河流和供水委员会（the State Rivers and Water Supply Commission）管理维多利亚州农村地区水资源管理，包括大型灌区和大约 400 个由当地管理的水、污水和改善河道的机构。

1980 年，州议会成立公共机构审查委员会（the Public Bodies Review Committee）调查水事。鉴于州内超过 370 个小机构（供水企业、污水企业和当地政府机构）过于分散，1982 年委员会建议，优化水行业，建立一个更集中的体系。因此，农村水委员会（the Rural Water Commission）以集中的方式接管州河流和供水委员会。

1984 年，州水资源局（The Department of Water Resources）成立，作为水行业规划和政策机构；1990 年 4 月，州水资源局纳入新的保护和环境局（Department of Conservation and Environment）。1992 年，随着权力从工党政府向联合政府过度，自然资源和环境局替代保护和环境局，成立州有企业办公室（the Office of State Owned Enterprises），并从财政局分离。成立由州财政局长领导的水改革处（the Water Reform Unit）。1993 年 10 月，发布《改革维多利亚的水工业：竞争的未来》，改革政府经营企业，其措施是：①结构改革，分离现行垄断机构的业务，促进与后续机构的竞争；②商业化，最基本措施是要求企业在竞争的基础上向市场上的潜在用户提供服务，并实现最基本的成本回收；③向机构外的人员合同外包业务，以降低成本，根据行业标准建立比较竞争的途径；④以完全商业化的模式建立公司，但作为州有企业，明晰政府的所有者和管制者角色、运行机构服务提供者的角色；⑤私有化，包括政府所有企业向私人和公司的全部和部分出售。

前四点首先实施，私有化作为下一步的考虑。政府企业改革的最终目标是公共利益，在此目标下增加效率、提供用户选择、通过私有化削减政府债务为下一级目标。但网络进入和支付能力问题不包含在目标中。

改革结果是，墨尔本和都市工程委员会被拆分为 5 个不同机构，分离了整个水系统。1995 年成立墨尔本水公司作为水批发商，控制水源和负责向三个都市水零售企业趸售水，三个零售企业［按地理区域划分为城市西部水公司（City West Water）、亚拉流域水公司（Yarra Valley Water）和东南水公司（South East Water）］成为竞争的垄断企业，相互间在确定的基准上竞争。墨尔本水公司保留都市地区排水和污水集中收集系统的职能。另外，都市地区公园和河道的管理职能由一个新的墨尔本公园和水道公司负责。

在新结构下，墨尔本水公司分为水生产公司（the Water Product Group）（向三个零售企业批发水）、污水生产公司（the Sewerage Product Group）（收集和处理污水并向海湾排水和回收再利用）、水道和排水生产公司（the Waterways and Drainage Product Group）（水道管理和地区排水）、澳大利亚水流（Streamline Australia）（水权交易机构）。各个分支机构在其本身活动范围内拥有商业责任，这样的结构十分有利于产权转让。

与英格兰和威尔士不同，澳大利亚维多利亚州采用了不同的市场结构：自来水的生产和污水收集与处理由一家公司负责；而自来水的销售则有 3 家公司承担，并开展比较竞争。同时，水服务产业的商业化改革将产业的环节分离，包括水净化和处理、水批发、水零售、下水道和污水收集、污水处理等。

第三节　我国城市水服务市场结构管制

我国水服务市场结构也经历了类似的改革过程，并建立了不同的市场结构模式。

一、深圳

2001年12月，深圳市自来水集团与深圳市排水管理处合并，成立深圳市水务（集团）有限公司（以下简称深圳水务集团），实现了供排水一体化经营的战略性重组。深圳市水务集团成为一个以城市供排水经营为主，集工业、安装、维修、设计、施工、科技开发为一体的大型水务企业集团。当时，公司年实际供水量超过4.5亿m^3，日污水处理量108万m^3，年污水处理量超过2亿m^3；建成梅林、东湖、笔架山、大涌、沙头角5座现代化水厂，原水分别取自深圳水库、西丽水库、铁岗水库、梅林水库和正坑水库。公司拥有东湖泵站、铁岗泵站、大涌转输泵站等6个原水泵站，向各水厂输送原水。供水面积达135km^2，占深圳特区总面积的95%，服务人口超过200万。2003年9月，深圳水务集团将45%的股权出售给法国的威立雅水务公司（Veolia Water），成为我国水务方面整个供水和污水处理的综合试点。

目前，深圳市水务集团是深圳市国资委、通用首创投资有限公司和法国威立雅水务公司共同持股经营的中外合资企业，主要经营供排水业务、水务投资业务、水务产业链业务、污泥及废水处理业务和河流生态修复业务。截至2019年年底，深圳水务集团下辖水厂88座、水质净化厂41座，日供水能力980.43万t，日污水处理能力397.04万t，承担着深圳市99.86%的供水业务和50.29%的污水处理业务，并在全国7省22个县市拥有39个环境水务项目，为超3000万人提供供排水服务。因此，深圳市基本采用了供水和污水处理垂直一体化的模式。

二、上海

21世纪初上海水服务产业的市场结构进行了重大改革，上海地区的自来水供应按照地区划分为四个公司，分别为上海市自来水市南有限公司、上海市自来水市北有限公司、上海市自来水闵行有限公司和上海浦东威望迪自来水有限公司（法国威立雅水务公司拥有50%的股权），同时成立上海市原水股份有限公司，负责黄浦江上游二期引水工程以及长江引水工程，组成上海自来水的两大原水供水系统。

在排水系统中，2000年年底组建水务资产经营公司，并将原来的排水公司裂变为三个运营公司（上海市城市排水市南运营有限公司、上海市城市排水市中运营有限公司、上海市城市排水市北运营有限公司）和一个水环境建设公司，以实现投资、建设、运营、管理“四分开”为目标，积极探索和建立排水运行新机制。通过水务资产经营公司，实现政资分开；通过水务资产经营公司与排水公司的资产纽带关系，实现政企分开；通过排水公司与水环境建设公司的剥离，实现投资与建设分开；通过建立和形成三个运营公司独立核算机制，实现投资与运营的分开。

2014年7月，认识到分专业、划区域管理和产业链分割不利于资源整合和成本控制，以及造成的局部供水不平衡，上海城投水务（集团）有限公司成立，推进一体化改革，按照原水、制水、售水、排水、污水 5 个专业对水务产业链进行重组，形成从原水到供水、从防汛排水再到污水污泥处理的“一条龙”格局。

上海水服务市场结构经历了“合—分—合”的过程，从水平和垂直分离再次改革为一体化，目前的结构模式与深圳相同。

另外，北京市于 1999 年在市自来水公司的基础上成立了北京市自来水（集团）公司，将高碑店污水处理厂与世行项目办、排水公司、筹建处合并重组北京排水（集团）公司，在随后的运行中一直保持供水和排水分离的结构，由此，不同于上海和深圳，北京一直以供水和排水分离模式运行。

思 考 题

1. 阐述水服务产业市场垂直和水平的结构。
2. 以框图对比英格兰和威尔士、墨尔本、深圳、上海和北京水服务市场结构改革。

参 考 文 献

[1] 王俊豪. 政府管制经济学导论 [M]. 北京：商务印书馆，2001.
[2] 小贾尔斯·伯吉斯. 管制和反垄断经济学 [M]. 上海：上海财经大学出版社，2003.
[3] 沈大军. 水管理学概论 [M]. 北京：科学出版社，2004.

第十二章 水服务价格管制

价格管制是经济管制的核心，也是最敏感的问题。在价格管制中，管制者就如同一个法官，平衡水服务提供者和用户的利益，确定“公平合理”的价格。按照内容划分，价格管制包括价格水平管制和价格结构管制。

第一节 价格水平管制理论和模型

一、价格水平管制理论

成本是价格管制的基础，因此，有效的价格管制要求管制者，首先，确定成本，选择使用边际成本还是平均成本；其次，在管制过程发现成本；最后，保证管制本身不会干预成本形成的过程，即不会扭曲成本。

由于水服务的自然垄断性，在不受管制的情况下，垄断者为了获得最大利润，将根据需求制定价格，其制定的垄断价格将高于边际成本和平均成本。因此，只要管制，无论是边际成本还是平均成本，都将改进市场效率。但如果按照帕累托最优原则，需要按照边际成本定价，即价格等于边际成本；但如果管制者要求自然垄断者接受边际成本定价原则，企业将无法生存，因为自然垄断产业具有显著的规模经济，其成本曲线总是向下倾斜，平均成本曲线总是位于边际成本曲线上方。在这种情况下，平均成本就成为一种次优选择，尽管当价格等于平均成本时，市场将损失效率。

目前，存在两种典型的、具有较大差别的价格水平管制模型，即投资回报率价格管制模型和价格帽管制模型。其中投资回报率模型在美国普遍应用，价格帽管制模型在英国普遍应用。

二、价格水平管制模型

（一）投资回报率价格管制模型

1. 模型结构

美国对自然垄断产业实行投资回报率价格管制具有较长的历史。在投资回报率价格管制模型中，管制者需要决定成本中的必需支出与多余支出。但是在服从于管制者监督的条件下，自然垄断者（也就是水服务企业）管理其支出，而管制者并不直接决定这些支出。因此，实际的管制过程比较复杂。

在管制过程中，自然垄断者根据前一时期制订并经批准的价格提供服务，当成本超过现行价格水平时，就向管制者申请提高价格。当提出申请时，自然垄断者需要说明价格调整的理由，并要求管制者对其历史成本进行审查。如果存在管制者不同意的支出，则该支出不被补偿。这样，企业需要自行承担这些成本。

在召开价格听证会以前，企业的收益如下：

$$R = C + D + (r \times B) \tag{12-1}$$

式中：R 为企业总收益；C 为企业的总运营成本；D 为折旧；r 为企业允许的资产收益率；B 为企业未折旧资产的净值或定价基础。

收益表示提供垄断服务的预期的、可接受的平均成本。由于收益和价格计算都以历史成本为基础，历史数据需要调整，以反映已知的或预期的经济变化和成本控制的变化。在核定历史成本后，管制者将调整收益公式右边的各项参数，确定价格水平。一旦批准，将执行新价格标准，至将来再次调整。

在实际市场中，假设企业收益根据平均成本制定。为了确定价格水平，还需要了解预期销售。因为一旦制定管制价格，无论市场需求如何变化，企业将按照固定价格供给。因此，以收益为基础的价格并不能保证企业实现其收益，它仅仅是向企业提供了一个获得所允许收益的机会：如果企业把成本控制在所允许收益的水平上，且销售如预期。但管制过程并不能保证市场不发生未预料的变化。所以，实际利润率可能高于也可能低于允许收益率。假定实际成本预期一致，但需求未被准确预测：当需求低于预测时，实际收益率将低于所允许水平；反之，将高于所允许水平。

2. A—J 效应

在管制过程中，管制目标是使价格等于所允许成本，并消除垄断者限制产量所导致的低效率；但投资回报率管制方式可能导致另一种低效率：降低了保持最低成本的动机，即 A—J 效应。由于管制限定其最高收益率，管制企业追逐利润的行为就可能导致其在一定的条件下为使总收益最大而扩大其定价基础，其扭曲（增加）成本的方式有两种类型：①在有机会决定产出的情况下，受管制企业要比成本最小化企业更喜好使用资本密集型的投入组合；因为如果允许受管制的利润最大化企业弥补其生产成本（包括所允许收益），而且所允许收益超过其资本成本，则企业就会预期其所拥有的每单位资本可以得到超额利润，而且其利润增加取决于增加资本使用，而不是降低成本。②在有机会决定为什么样的市场提供服务的情况下，企业喜欢超过其自然垄断核心业务而供给更多的产品；因为只要得到市场，就有可能弥补成本和获得收益。因此，A—J 效应说明低效率将直接地产生于管制过程，即管制导致了低效率。

经济效益应该奖励那些在市场中把效率推向极限的企业和个人。实际上，市场竞争是一个管制过程：每当一个企业不合格时，其竞争对手就得到了市场份额和利润。因此，市场竞争可能是对企业表现最严厉的考核，而管制一般则温和得多。企业经营和成本审查与确定收益是市场竞争的替代，但管制者存在信息不完全问题，从而导致管制在许多重要方面都不如竞争有效。由此产生的问题是，对自然垄断管理是否一定要采用管制这个不完善的工具？

哈罗德·登姆塞茨认为，如果契约成本为零，则市场消费者将组织起来与潜在供给者交易，可以拍卖供给权；而潜在供给者间的特许权竞争将能消除垄断利润。但也有可能契约成本太大而不可能订立契约。同时，政府也可以代替消费者，组织特许权拍卖。如果所有假定成立，就可以避免 A—J 效应。

但水服务需要不间断提供服务，其成本状况会随时变化，因此，一个契约可能无法一劳永逸地解决定价问题，这样就可能导致周期性拍卖。在第一次拍卖时，所有竞拍者都平等，但一旦订立契约，签约企业就处于有利地位。于是，管制者需要为签约企业所提供服务的财产确定“准确的价值”，以使其资产和特许权能转让至新的低成本中标者。因此，特许权拍卖还是不能解决管制所遇到的信息不完全问题。但特许权拍卖提出了一个管制问题，即明智的管制政策是维护利润刺激，而不是用管制权力去固定利润率。

在实际管制过程中，还存在管制滞后现象，即针对成本变化的调整只能在事后进行。管制滞后的一个重要影响是，即使当成本变化而调整价格时，也不存在完全补偿，因此，管制滞后是企业的一个制度约束，如企业发现了降低成本的新方法，滞后效应奖励高效率；同样，滞后效应惩罚低效率。但是如果管制者向被管制企业（或用户）让步，则可能失去管制滞后效应。

3. 成本控制

A—J效应和特许权拍卖说明了管制者和被管制者博弈的焦点是成本控制和资本成本（利润率）的制定，这也成为投资回报率价格管制模型的关键。成本控制包括对虚假成本和资本支出的控制。控制虚假成本是为了防止在管制者成功限制企业利润的条件下，申报从未支付的费用，或者对其实际支出的费用虚假高报。采用统一核算规则和体系等措施可以审查成本膨胀。

在资本支出控制上，企业年资本成本由其内部两个因素决定：折旧和持有资本而承担的费用。水服务企业投资工厂和设备的全部成本都被允许得到弥补。当其建立一个新厂时，当前建设成本包括债务和存留利润加新股东的投资。作为投资者，企业将来会由于这些新增加的资本而得到收益，这些未来收益就是持有资本而承担的费用。因此，资本支出或建设成本不计在企业当前收益，而是以折旧加盈利的方式出现在未来收益中。

通常，在完成建设和工厂运营前，新建设支出不会被加到企业未折旧资产的净值。因此，在支出发生和管制者确定包括在企业未折旧资产的净值中的新资本价值间，存在一个相当长的滞后。一般来讲，只要竞争的劳动、商品和服务市场为确定合理的建设成本提供了依据，管制者对企业申报支出是照单接收。但管制者也可以保留事后谨慎决定新增资本支出的权力，即新的资本支出必须为水服务的消费者服务。

成本控制中最困难的是撤销补偿。一方面，经济效益要求从定价基础中剔除浪费性投资。另一方面，效率并不是管制当局的唯一目标。公平竞争以及它与特许权拥有者之间的关系，很可能促使管制者保护水服务企业，免受其过去错误的损失。因此，与市场竞争相比，水服务管制有一个内在弱点：它缺少与“看不见的手”密切相关的不受个人感情支配的超然性。

4. 资本成本

管制资本成本是管制中最敏感的领域，即如何确定投资回报率。管制者可以决定受管制企业的资本价值及资本事先或预期收益，但资本管制实际是管制者协调用户与水服务提供者利益。

资本成本分为两部分：资本回报，即利润；资本回收，即投资本金的回收，也即折旧。折旧一般参照某些方法，如直线折旧、加速折旧等，但折旧期限和速率由管制者决定或批准。通常管制者倾向于长的折旧期，以降低折旧成本；但企业则不同。

在价格管制模型的收益公式中，定价基础（企业未折旧资产的净值）（B）与利润率同等重要。定价基础是水服务企业收益资产中未被折旧部分的价值。

公平的利润率应该是，对于投资者，利润必须比得上具有相似风险的相同投资的收益；对于企业，收益必须高到足以吸引资本；对于消费者，价格不应当超过弥补有效运营成本所必须支出的水平。

资本可以是实物资产，也可以是金融资产。金融资产在公开市场交易并确定其价格，从而可以决定企业的资本成本。因此，合乎逻辑地讲，“寻找”实物资产收益率的方法，就是使用由市场决定的资本成本，即其金融资产的收益。

在管制实践中，除了通过资本市场确定资本成本，还有一些其他方法。

（1）可比利润法。可比利润法假定，受管制企业的收益应当与它直接竞争的企业收益相等。可比利润的基础是一组可比企业的名义收益对名义价值的比率。但用企业内部记录表征边际投资者的收益，存在一些问题。

（2）贴现现金流量法。该理论假定，投资者贴现未来的预期收益，对股票作出估价。根据这一假定，股票价格 P 就是未来红利流量的现值：

$$P=\sum\frac{d_t}{(1+k)^t}=\frac{d}{k}\left(\text{或者 } P=\frac{d}{k-g}\right) \tag{12-2}$$

式中：t 为时间变量，一般为年；d 为红利；k 为资本成本；g 为红利年增长率。

如果红利不变，股票价格将等于红利 d 与资本成本 k 的比率，即 $k=d/P$。如果红利按年增长率 g 增长，则股票价格将为 $P=d/(k-g)$，而资本成本为 $k=(d/P)+g$。因此，资本成本可以直接用市场资料估计。但此方法的问题是，股票价格时刻波动，其隐含的资本成本也不断变化。这说明市场可能在不断地估计红利收益，或者模型中存在大量未说明的干扰因素。

（3）风险定位。风险定位方法基于如下事实，金融资产价格反映了资本资产的两重性质：一是投资者的等待成本（r_f），就是牺牲当前使用的不带风险的利息成本；二是风险溢价（PRE），就是得不到收入的风险。任何单项投资的资本成本都可以理解为这两个成本之和，即对所有投资者都一样的等待成本和依不同种类投资而不同的、但风险类似的风险溢价，见式（12-3）：

$$k=r_f+PRE \tag{12-3}$$

由于政府一定会用货币购回其债券，故通常的做法是用政府债券利率来代替没有风险的 r_f。又由于历史的资本成本已知，因此可以从历史总收益和政府债券利率推导风险溢价 PRE。这样就可以用风险定位公式和当前的无风险利率计算企业当前的资本成本。但风险溢价一般不是长期稳定的，对利率变化也并非不敏感。

（4）资本资产定价模型。资本资产定价模型的逻辑是，在一个包含广泛的市场证券组合的风险溢价（PRE_{mp}）和目标证券的风险溢价之间存在结构上的联系，这种联系用一个参数 β 定义，资本成本决定于：

$$k=r_f+\beta(PRE_{mp}) \tag{12-4}$$

有理由推断，在所研究企业的资本成本和它要与之竞争的所有其他企业的资本成本之间，存在某种关系。同样假定，这个关系比较简单。但在具有可操作性的情况下，必须根据历史数据估计现在的 β，这就不能保证历史 β 和由历史 β 所体现的投资者预期可以应用于将来的情景。

5. 市场价值与账面价值的比率

这个方法基于假定，市场价值与账面价值的比率直接反映了收益率与资本成本的比率。但如果用其来确定收益率也存在一些问题。如果市场价值与账面价值的比率为1，则一切都在平衡之中；但如果不为1，且投资者清楚可能会改变允许的收益率，则这些投资者的预期可能就已经反映在企业的市场价值。

因此，以上的方法都存在各自的缺点，并已在实践中反映。这样，针对不同的问题，管制者需要选择不同的方法或方法的组合。

（二）价格帽管制模型

价格帽管制是价格管制的创新。制定价格帽管制的目的是为管制约束提供一个允许变化的环境。价格帽管制具有如下特点：①管制者制定最高限价，但允许企业制定较低价格，以便吸引新用户；②最高限价根据受管制企业所提供的一揽子服务确定；③为了适应随时变化的外部成本，最高限价指数化；④管制者允许通过重新谈判制定价格帽的各项条件。尽管信息不对称和管制的通常结果是扭曲成本，但价格帽对市场无法控制的自然垄断实施必要约束的同时能够保持市场灵活性和激励性。

考虑成本变化，价格帽管制根据一个固定规则将现行价格指数化，也就是$RPI-X$，其中RPI（Retail Price Index）是零售价格指数，即通货膨胀率；X是说明生产率提高（并在企业和消费者之间分享其好处）的调整因子，由管制者确定。例如，如果某年通货膨胀率是5%（即$RPI=5\%$），X固定为3%，提价的最高幅度是2%。这个简单的价格管制模型意味着，企业任何一年中制定的名义价格取决于RPI和X的相对值。如果$RPI—X$是一个负数，则企业必须降价。

在价格帽管制模型中，为了避免A—J效应，价格和成本被分离。管制者不需要获得成本的完全信息，就可以保持对“超额”成本的控制。因此，价格帽在允许价格变化以鼓励竞争、允许生产技术变化以鼓励提高效率的同时，保持管制滞后所具有的约束。

价格帽管制的核心是从对垄断的直接控制转向市场控制。价格帽的目的之一是，一方面允许企业积极竞争，以有效地利用规模经济；另一方面通过价格帽约束而消除补贴。因为其消除了过度扩张的动机，避免了第二类A—J效应。价格帽的第二个目的是，鼓励被管制企业现代化，对减少成本和提高竞争力进行有效投资，而不用担心第一类A—J效应。

尽管价格帽是一种管制滞后过程制度化和动态化的手段，但管制者仍然必须决定价格调整参数和频率。如果管制行业技术变化速度不能与经济变化速度保持一致，则价格帽可能过低或者过高。

在价格帽管制模型中，管制者和被管制企业博弈的焦点是X值。X值一般由产业的技术经济特点决定，在产业和地区之间都有差别。

第二节　价格结构管制

通常，水服务企业都是生产多种产品或提供多重服务的企业，尽管这些产品不过是同类商品在用户或数量方面的区别，如对工业、农业和生活供水或处理生活污水和工业废水，或对不同水量的用户提供供水或污水处理服务。价格结构是水服务企业提供各种服务的价格集合，价格结构可能包括许多价格。价格结构管制是价格管制的一个内容，同样十分困难。

价格结构管制的难点部分来自水服务产业本身，不同的水服务企业的服务以及相应的成本不同。水服务企业受惠于公共特许权，必须随时准备为社会中的每一个用户服务并满足其要求：①水服务直接送到用户，并必须随时准备满足每一用户的需求；②水服务成本随着产品和服务时间变化；③水服务企业必须根据需要随时提供产品和服务，而这些产品和服务可能不可储存。因此，为了满足高峰期需求，一些生产能力在其他时候就闲置。

技术也导致价格结构管制难以实施。管制的一个主要前提是，“合理的价格”应当以成本为基础，每一项服务的价格应当反映为每一群用户提供此服务的成本。但要做到这一点却很困难：首先，这要求使用边际成本定价；其次，还存在识别水服务企业的边际成本问题。在自然垄断的递减成本中，某些服务涉及共同成本。在存在共同成本的情况下，同时提供两项服务的成本比分别提供这两项服务的成本更低。如供水系统同时向工业和生活供水并使用相同的管道系统。但没有一个容易的方法区分共同成本。

管制过程本身也成为价格结构管制难以实施的一个原因。管制者更关注价格水平而非价格结构，即使对价格结构感兴趣，通常也是关注其“公平”问题：某一用户是否支付了过高的价格？而不是效率，某一用户的价格是否反映了其服务成本？

一、价格结构管制理论

当自然垄断的边际成本定价不能弥补全部成本以维持公用事业企业的运营时，“最好的”价格结构可能是结合竞争的边际成本定价和垄断的价格歧视，从而可以制定一个既尽可能地接近理想状态（边际成本）、又能够带来充足收益以弥补全部成本的价格。

价格歧视只可能发生在垄断下而不是完全竞争。价格歧视是一种垄断行为：垄断者向一个以上市场提供服务，通过区别对待这些市场而增加利润。当对不同服务群体收取不同的价格，而这些价格区别又不能反映成本区别时，就可能形成某种形式的歧视性价格结构，如根据不同需求的支付意愿和支付能力定价。在这种情况下，垄断者采用价格歧视就能比非歧视价格获得更多的利润；当边际收益等于边际成本时，垄断者能够选择一套在不同市场带来相同收益的价格结构。在利润率管制的情况下，只要符合企业利益，垄断企业对某些用户收取高价并对另外一些用户补贴；企业通过增加投资而增加收益。一般，“好”的价格歧视政策是，对价格需求弹性较小的用户制定高价，但该价格绝不超过单独提供服务的平均成本，对价格需求弹性较大的用户制定低价，但价格绝不低于边际成本。因此，管制者需要管制企业的价格歧视行为，以改善效率。但在某些情况下，一定程度的价格歧视又是必需的，如对弱势群体和高收入群体制定不同的价格。

短期边际成本定价是一个选择。短期边际成本定价的简单应用条件是，当某些成本与某些服务具有明确关系时，这些成本是可分离成本。但自然垄断由技术状况决定、并与规模经济相关；如果将两项或多项服务的生产结合，就可以节省成本。因此，自然垄断的经济效益来源于分摊共同成本。由此，管制就需要识别市场的不同需求与提供这些需求相联系的分摊成本。但水服务产业的成本具有极为特殊的共同性：企业必须提供两种以上的产品和服务，而且在给定的技术条件下，还必须严格按照比例生产，这样就出现了共同成本。共同成本的存在给区分每一种产品和服务的边际成本带来了极大的困难。尽管理论上可以分离联合生产的边际成本；但实际上，企业知道其共同成本且可以进行价格测试，确定一对独特的价格，既能弥补全部共同成本又能使每一种产品的供给和需求相等；而管制者需要依靠市场，依据价格决定边际成本。实际的管制过程却是，为了确定合适的价格结构，必须先知道边际成本，由此陷入了"先有鸡还是先有蛋"的循环。

同时，当生产能力短缺时，可能导致资源配置失灵。在这种情况下就需要按照长期边际成本定价，以提供更多的生产能力，提高资源配置效率。

峰荷定价是长期边际成本定价的一个应用，但也涉及共同成本：为峰荷需求服务的生产能力可以服务于非峰荷，而不会增加额外成本。但如果每一时期的需求量取决于价格，对高峰用户收费过高而对非高峰用户收费过低，则非高峰就可能会成为高峰。因此，从效率而非公平的角度，非高峰用户分摊成本并不是为了减轻高峰用户的负担。

二、价格结构管制

水服务产业价格结构的特点是，它针对有限的用户群体，其中每一组价格可能包括对不同服务的收费。表面上，实际的水服务产业格结构似乎与前面所说的价格结构理论很相像，体现了对不同服务的不同收费，这是边际成本定价的根本特征；但在以边际成本为基础的价格结构理论和受管制行业的实际价格结构之间，仍然存在巨大区别。

实际的价格结构根据不同原则而不是价格结构理论建立。通常，实际的价格结构主要由弥补水服务企业运营成本推动，而且要求弥补全部水服务成本（包括合理收益率）。而价格结构理论的目标是高效使用服务。

同时，管制者对价格水平的关注远高于价格结构。管制者认为，其主要任务是控制自然垄断——把价格固定在等于服务平均成本的水平，以限制利润。尽管视角不同，水服务企业关注相同的目标：要求价格至少足以弥补全部成本，并把允许收益率看成是其权利，要求保证能够得到。由于管制者和被管制者都关注平均成本定价，于是产生了完全分配成本的原则。

完全分配成本原则的作用与边际成本定价原则正好相反，它是自上而下，而不是自下而上。完全分配成本定价将服务的总成本按比例分配于每一项服务，然后按分配成本确定由每一种服务所产生的收益。这实际上就是把总收益分解。完全分配成本建立了财务的成本回收原则。

水服务企业为分散的人口和单位服务，它们通常被划分为不同种类服务的集合，但划分的主要依据不是成本（尽管在某些情况下也存在着成本方面的考虑）、而是使用方面的特点，例如供水服务用户包括工业、农业、生活等。由于其分类是全覆盖和相互排斥的，用户都被分到唯一的一个类别。当水服务企业收益完全分配后，理论上，用户将为每一单位的成本付费，包括不随水量变化的不变成本。即使某些成本不存在显著的因果关系，也必须确定其财务科目。因此，相对于边际成本定价，除了配置效率外，完全成本分配存在以下问题：①没有明确区分当前成本和历史成本；②即使理论上某些成本与服务联系，完全成本分配不具有真正经济意义的分配，按照完全成本分配的分配成本，将忽略不同成本的区别，并把水当成一个同质商品；③即使某些成本可以通过因果关系来分配，但仍然有很大的一部分成本（尤其是共同成本）无法通过一个先验的成本分配方法分配；结合需求，共同成本可以应用因果关系在两个或多个联合生产的产品中分配；但完全成本分配中的共同成本分配与需求无关，如常用方法是按照其他成本分配的相同比例分配共同成本，这在政治上合理，但没有任何经济学基础；④完全成本分配可能用来交叉补贴，政府用管制实现社会政策目标，从目标用户转移到其他用户。

因此，实际的价格管制过程并不是按照价格结构管制理论实施，这样，价格结构管制的关键就成为，如何选择一个合适的价格结构，使实际的价格过程能够逼近经济学上有效率的价格结构。

三、价格结构类型

实际的水服务价格结构是以上各种因素的综合。它可能是经济、社会和环境因素或目标之间的平衡，也可能是定价理论和实际水服务管制水平之间的妥协，也可能是某一时期水服务管制政策和目标的体现等。目前，常用的水服务价格类型包括以下六类。

（1）固定收费（包月制或包年制）（flat rate）。固定收费是指不考虑用水量的变化，每月或每年用户按照用水规模（居民生活用水一般用家庭人口数、住房面积或类型等，农业用土地面积或作物种植类型等）支付一定的费用。由于价格结构单一，征收较方便，固定收费目前在我国农业用水中应用较普遍。但此类收费的最大问题是不鼓励节约用水，因此可能造成严重的用水浪费。固定收费对用水计量没有要求，在水资源比较丰富的国家或由于历史原因没有安装计量设施的区域，居民生活用水的固定收费还十分普遍，如英格兰和加拿大等。

（2）单一计量水价（volumetric charge）。单一计量水价就是按照用水量的多少计收水费，每一单位的用水量的价格都相同。单一计量水价是我国目前城市生活用水中普遍实施和应用最广泛的水费征收方式，比较简单和容易计算，收费易于管理和推行。但从供水成本考虑，由于单位水量间供水成本的差别，单一计量水价将存在不同用水量用户间的交叉补贴问题。同时，单一计量水价要求基本计量单位安装计量设施。

（3）两部制水价（two-part charge）。两部制水价是基本水价（或容量水价）和计量水价相结合的一种水费计收办法，在某一用水量以下，收费为一固定值，不随用水量的变化而变化；超过这一用水量，将采用按量计费。两部制水价可以保证水服务企业有一定固定收入，保证其正常运行。我国南水北调中线工程向各省（直辖市）的供水就实行两部制水价，向工业用水大户的供水也较常应用两部制水价。

（4）阶梯式水价（block tariff）。阶梯式水价包括递增式阶梯式水价和递减式阶梯式水价。当然，理论上还可以出现递增和递减的混合。同时，随着水资源的日益稀缺和水污染问题的日益严重，目前应用的主要是递增式阶梯式水价。

递减式阶梯式水价以不同用水量的级别制定水价，第一级的水价将比第二级的水价高，第二级的水价将比第三级的水价高。在这种收费制度下，当用户的用水量增加时，用户所付的单位水价将越来越少，反映了用水量逐步增加时单位供水成本减少。其中级数的选择和设置一般根据当地的具体情况而定。递减水价的计算一般基于成本，而且符合规模经济的成本变化规律。但通常认为，递减水价不鼓励节水。但在某些情况下不一定准确，如果小用户的用水量所占的比例较大，递减水价将对小用户征收较高的水价，有利于促进节水。

因此，节水并不在于选择实施何种水价种类，而是在具体的水价制定时所采用的措施。

在递增式阶梯式水价下，随着用户用水量的增加，单位水价将上升。在节约用水方面，由于其惩罚用户多用水，相对于其他价格结构，其对节约用水提供了更好的经济刺激，且增幅越大，越有利于水资源的高效利用。

当新增供水的边际成本上升时，公用事业部门经常采用递增水价，每一级的水被定价于生产这个级别水的长期边际成本，这样将加快回收全部成本。目前，在工业水价中实施的累进水价属于这种方式，“新水新价”也是其中的一个方式。由于最低级别用水量的水价较低，递增水价体现了公平性原则。一般可假定只有最低级别的水将被低收入者使用，最低级别的上限应反映典型的低收入者家庭的最大用水量。因此，最低级别经常是补助的。为了向低收入者提供补助的水，保证收回成本，政府也可以向高收入者或大用水户征收超过高级别供水的长期边际成本的水价。

（5）季节水价（seasonal charge）。季节水价即水价随季节变动。在美国和澳大利亚，夏季用水量比其他季节多，特别是绿地和户外的用水量增加。由于增加供水的边际成本将上升，水价随之上升，故夏季水价比其他季节高。智利干旱季节和正常季节也实行不同的水价，干旱季节水价高于正常季节。

由于季节水价能比较灵活地反映供求和成本的变化，促使企业及时调整生产和改善管理，我国部分地区也开始实施。如山西潇河灌区的做法是，当来水流量低于某一数时，特殊多供的水量，水价向上浮动，浮动幅度接近当季水价的一倍；丰水季节动员重点村多用水，水价下浮，下浮水价一般不低于当季水价的50%。山东省规定，各市、地可根据本地区水资源的丰缺情况，实行季节水价，但浮动幅度不得超过规定标准水价的15%。

（6）基本生活水价（lifeline tariff）。基本生活水价是为了保证低收入者的基本生活用水而设置的，一般第一级别的水价设置在低收入者的支付能力范围内，同时提供低收入者最低的生活用水量。此类水价不能在非生活用水中应用。目前，南非实行基本生活用水免费制度，但也对水资源供给带来严峻的挑战。

第三节　世界上其他国家和地区水服务价格管制

一、美国加利福尼亚州水服务价格管制

加利福尼亚州水服务企业分为私人所有和政府所有两种类型，在遵守州法律和法庭判决的前提下，都有权利用水资源为用户服务。政府所有的水服务公司可能归城市、县或水区（water district）所有，像投资者所有的水服务公司一样，它们可以服务于一个小镇或一个主要的大都市。作为地区水服务提供商，私人所有的水服务公司由一个或多个投资者所有，为多个社区提供服务，并受州政府部门监管。

1. 定价原则

无论是私人所有还是政府所有的水服务公司，州政府都规定水服务公司既不能盈利，也不让其亏损。因此，水价制定以不营利为原则，但要保证水服务公司全成本回收。

美国普遍采用投资回报率价格管制模型，应用服务成本定价法（也称“成本加成”定价方法），即按照水服务企业的成本费用确定价格。服务成本包括投资成本、管理成本以

及运行维护成本等。在全成本回收的总原则指导下，水服务企业在制定水价时还遵循用户公平负担原则和促进资源高效配置原则等，每个工程按照工程实施的主体单位不同制定相应的水价。政府通过限制资本投资收益率来监管私营水服务公司，使其获得合理的收益。

2. 费率制定

（1）私人所有水的服务公司。加利福尼亚州公用事业委员会管制私人所有的供水公司，其费率制定均以成本为基础。供水公司规模不一，从最少25个连接到最大约35万个连接。供水公司按照规模分成4类：A类有1万个连接以上、B类有2000～10000个连接、C类有500～2000个、D类少于500个。

加利福尼亚州水费按照传统的服务成本定价。投资者所有的水服务公司水费由州公用事业委员会制定。定价包括两个部分：第一个部分是开支，覆盖了所有公平合理的水服务成本，然后再加上定价基础的回报率约7.5%；第二部分是定价基础，是扣除累计折旧后水服务设施（管网、储水设施和处理厂）价值。成本包括不变成本和可变成本。不变成本由服务收费弥补，但是不一定全部弥补，不足部分由计量收费弥补；可变成本全部由计量收费弥补。

加利福尼亚州公用事业委员会授权一个回报率来确定水服务公司在其投资上应该获得的收益。加利福尼亚州公用事业委员会水处的审计和合规科（the Audit and Compliance Branch of the Water Division）将提供每一类水服务公司的股本回报率（rate of return on equity，ROE）的最新价值。对于C类和D类公司，这个值有50个基点的范围（一个基点是0.01%），通常根据水服务公司所提供的服务质量选择这个范围的值。如果该水服务公司在满足用户需求方面做得很好，那么它应该在该范围顶端附近获得回报。如果公用事业公司对用户的投诉反应不佳，并且没有履行其公用事业义务，它仅能得到最低允许的回报。对于B类公司，审计和执行部门（the Audit and Enforcement Branch）将确定一个合理的回报率（rate of return，ROR）。

如果公司通过长期债务融资，情况就会复杂。公司需要确定资本结构，也就是公司融资比例和债务百分比。大型公用事业公司的资本结构通常为40%～60%投资和40%～60%债务之间。在确定公司资本结构后，将债务百分比乘以实际平均债务成本，将资本百分比乘以合理的股本回报率，然后相加就得到定价基础的回报率。

（2）政府所有的水服务公司。政府所有的水服务公司一般不受州公用事业委员会管制。与投资者所有的水服务公司不同的是，政府所有的水服务公司提供水服务的真实成本通常是税收和水费的组合，这是城市工作人员、建筑和设备等市政资源共享造成的。其也采用成本定价，并且州《宪法》规定，收入不能超过提供相应服务所需的资金，也不能用于除提供服务以外的任何用途。水服务公司使用“收入需求模型”确定水费，从法律规定的水服务成本开始，减去其他收入来源，确定弥补其余部分费用的价格。

3. 水费征收方式

加利福尼亚州采用固定收费或计量收费。固定收费按照建筑大小和数量决定。计量收费由每个月的服务收费和计量收费组成。

加利福尼亚州公用事业委员会长期以来一直支持安装水表计量水服务，州法律也要求所有新建住宅安装水表，因此，现在不应该再有新的固定收费用户。正常情况下，如果实行固定收费，同样大小水表的用户将会被收取同样的费用。

水费结构采用两部制水价，第一部分为服务收费，第二部分是计量收费。服务收费（service charge）为即使没有用水也会收取的费用，加利福尼亚州各个水服务公司的标准大概为每月 30 美元，但每个供水公司的服务收费费率不完全相同。计量收费（quantity charge）按照用水量收费，美国用水计量单位为百立方英尺（hundred cubic feet，ccf）或者加仑，加利福尼亚州每个家庭用水量大概在每月 10～15ccf 之间（每天 250～375 加仑）。加利福尼亚州计量收费采用累进制收费的方式，用水越多时，所要付的计量收费的单价就越高，也就是递增式阶梯式水价。部分公司的服务地区较多，不同服务地区的收费也不相同。表 12－1 是州部分供水公司部分服务地区的居民生活用水水价。

表 12－1　　加利福尼亚州供水公司居民生活用水水价

<table>
<tr><th>公司类型</th><th>公司（年度）（服务地区）</th><th>服务收费/美元
（1 英寸水表）</th><th colspan="12">计量收费/（美元/ccf）
ccf：100 立方英尺（约等于 2.83t）</th></tr>
<tr><td rowspan="6">私人所有</td><td>Golden State Water Company（2018）
（Apple Valley）</td><td>37.65/月</td><td colspan="4">3.764
（0～13ccf]</td><td colspan="4">4.329
（13～21ccf]</td><td colspan="4">4.978
（> 21ccf）</td></tr>
<tr><td>Great Oaks Water Company（2017）</td><td>20.82/月</td><td colspan="4">2.687
（0～13ccf]</td><td colspan="4">2.910
（13～32ccf]</td><td colspan="4">3.355
（> 32ccf）</td></tr>
<tr><td>California Water Service（2018）
（Chico District）</td><td>33.90/月</td><td colspan="4">1.728
（0～11ccf]</td><td colspan="4">1.833
（11～31ccf]</td><td colspan="4">1.938
（> 31ccf）</td></tr>
<tr><td>East Pasadena Water Company</td><td>81.94/两月</td><td colspan="12">2.639</td></tr>
<tr><td>North Gualala Water Works（2016）</td><td>109.10/月</td><td colspan="12">9.15</td></tr>
<tr><td>Lake Alpine Water Company（2018）</td><td>2128.9/年</td><td colspan="12">6.36</td></tr>
<tr><td rowspan="6">政府所有</td><td>Rancho California Water District（2018）*</td><td>30.97/月</td><td colspan="3">0.67</td><td colspan="3">1.51</td><td colspan="3">2.57</td><td colspan="3">6.5</td></tr>
<tr><td>Alameda County Water District（2018）</td><td>80.70/两月</td><td colspan="12">4.25
（区内）</td></tr>
<tr><td>Contra Costa Water District（2018）</td><td>1.54/天</td><td colspan="12">4.30</td></tr>
<tr><td>Diablo Water District（2018）</td><td>28.71/月</td><td colspan="6">3.35
（0～8ccf]</td><td colspan="6">3.60
（>8ccf）</td></tr>
<tr><td>Dublin San Ramon Services District（2018）</td><td>91.15/两月</td><td colspan="4">3.56
（1～10ccf）</td><td colspan="4">4.19
（11～34ccf）</td><td colspan="4">4.59
（> 34ccf）</td></tr>
<tr><td>East Bay Municipal Utility District（2018）</td><td>37.20/月</td><td colspan="4">3.76
（每天小于
172 加仑）</td><td colspan="4">5.17
（每天在
172～393 加仑）</td><td colspan="4">6.83
（每天超过
393 加仑）</td></tr>
</table>

注　所有数据均从其公司官方网站获得。

*　Rancho California Water District 的计量收费中阶梯水价与用户的位置、水表及是否干旱等一系列变量有关，按照该公司设定的公式决定，故没有明确具体阶梯。

二、英国水服务价格管制

1. 价格帽制度

在水服务产业私有化和政府资本退出后，政府通过特许经营对水服务公司进行管制。该框架下的水价制度的核心是价格帽制度和定期审查制度，由水服务办公室管理和执行。

价格帽制度是水服务产业私有化以来英国政府宏观管制垄断服务和规制市场的方法。水服务办公室控制和监管向用户提供供水和污水处理垄断服务的水价，达到既保护用户利益又保证水服务企业正常运营的双重目的。制定价格帽是一项重要水服务管制工具，管制部门通过控制价格、履行管制职能和执行相关政府政策，实现可持续战略目标。

英格兰和威尔士的水服务产业没有采取 $RPI-X$ 价格管制模型，而是采取 $RPI+K$ 价格管制模型。K 因素是一个正数，反映了水价增长率，以使企业有财力能连续提供服务和按照环境管制的要求进行必要的投资。水服务产业之所以实行新的价格管制模型，是因为 $RPI-X$ 价格管制模型只是服从于经济管制，而水服务产业还要受环境管制的约束。$RPI+K$ 可以理解为 $RPI-X+Q$，其中，X 因素与经济管制相关，反映将来改进效率降低成本的潜力；Q 因素则与环境管制相关，反映为达到有关法律规定的环境质量标准而发生的成本。因此，可以把 K 看做是 Q 与 X 的差值（即 $K=Q-X>0$）。K 因素实际上起成本转移作用，其结果是用户通过价格承担额外的资本成本，而不是企业通过减少利润或投资者减少红利来承担这些资本成本。

由于英格兰和威尔士在水服务产业实行 $RPI+K$ 的价格管制模型，因此，制定价格的关键是决定 K 值。为了较全面地考虑影响最高限价的各种因素，可以把 K 分解为以下几个组成部分：

$$K=-P_0-X+Q+V+S \tag{12-5}$$

式中：P_0 为上一次价格调整以来到本次价格调整时企业所提高的生产效率幅度；X 为本次价格调整后到下次价格调整前企业应取得的生产效率增长率；Q 是企业为达到英国政府所规定的质量标准而进行投资所发生的转移成本；V 为提高自来水供应稳定性而发生的成本；S 为改进服务水平而发生的成本。

价格帽包括批发和零售两种类型。水服务办公室在价格帽制定时通常考虑以下因素：针对性的价格管制，有效的激励机制、所有者权益、定价灵活性和响应能力、透明度和预测准确性等，以为用户以公平价格提供优质高效的供水和污水处理服务。

价格帽制度自 1990 年开始实施，根据水服务公司运营情况，综合考虑各项宏观因素，以五年为一个周期制定下一个周期内年度水价调整的最高水平，目前正在执行第 6 个周期，即 2015—2020 计划。水服务办公室采取基于风险的方法（risk - based approach）来制定和调整水价，激励水服务公司提供优质服务，有效地为表现良好的水服务公司减轻实际运营负担。

2. 定期审查制度

建立价格审查制度是为了促使水服务公司在规定期限内提供所需的水服务，包括资产维护、可靠和安全供应、满足饮用水和环境质量要求等。英格兰和威尔士地区的供水和污水处理服务并不在完全竞争市场中，除了大型用户可选择其服务提供商外，供水和污水处理服务由特许的垄断公司提供。由于竞争的有限性，水服务公司可能不会提供用户所需的服务标准和水平，并在利益驱动下收取高额费用。为防止此类现象，水服务办公室设立和实施价格定期审查制度，在平衡用户利益的同时确保满足水服务公司提供供水和污水处理服务的正常运营的资金需求。目前，价格审查制度的周期为五年，已经执行五次，分别在 1994 年、1999 年、2004 年、2009 年和 2014 年。

水服务办公室按照财务评估评审程序负责和实施水价定期审查制度。水服务办公室以每五年为一个价格周期制定零售价格指数公式中价格帽的调整因子 K。水服务公司在每个周期内向水服务办公室提交下一周期的商业计划书以供评估。价格帽期通常称之为资产管理计划期（asset management plan period)。它一般从起始年的 4 月 1 日开始到第 5 年 3 月的最后一天。当前 2015—2020 年价格周期的价格帽制定于 2014 年末，于 2015 年 4 月 1 日生效。下一个价格审查计划 PR19 正在制定和审核中，将在 2021 年 4 月 1 日至 2025 年 3 月 31 日期间生效。

3. 水价制定过程

英格兰和威尔士地区价格帽制定的过程为两年，由水服务管制机构、水服务公司、政府、用户、利害相关者和监管机构共同参与完成。整个制定过程分为三个阶段。

第一阶段为方案拟定阶段。以最近一次在 2014 年完成的价格审查为例。在水服务公司和利害相关者的参与和支持下，价格方案的咨询和协商在 2013 年 3 月 26 日完成。在正式协商期间，召开了一系列专题研讨会多次与各方分析和讨论实施细节问题。

第二个阶段为商业计划制订阶段。商业计划于 2013 年 5 月完成，最终商业计划于 7 月完成。需要在用水户理事会（Consumer Council for Water，CCW）的监督下以充分证据证明商业计划的合理性，且全面综合反映了用户意见；8 月水服务公司提交 2011—2013 年成本评估数据。水服务办公室采用基于风险的审核方式评估水服务公司的商业计划：①评估公司的拟承诺结果和其相关服务激励措施；②评估公司拟承诺结果相关的建议成本；③评估公司的风险和成本回收方法，包括收费计划和服务激励机制；④评估其相关投资计划。

第三个阶段为最终价格方案决策。2014 年 1 月水服务公司综合咨询意见后提交商业计划和用水户理事会报告，4 月公布价格基线和价格决策草案，6 月水服务公司和用水户理事会提交申述，7 月底公布最终基线，10 月水服务公司和用水户理事会可以提交第二轮申述并在 11 月末公布最终价格方案。

4. 水费征收方式

水费征收方式分为计量收费（metered charge）和非计量收费（unmetered charge)。计量收费方式依据实际用水量征收，由固定收费（standing charge）和计量收费（volumetric charge）组成。其中固定收费包含了水服务公司的水表管理及维护成本，依据不同水服务公司运营成本而异。计量收费根据实际用水量征收，每个水服务公司向居民和非居民用户征收不同的单位水价，不同水服务公司间单位水价也不同。非计量收费由固定费用和不动产应课税值收费（ratable value charge）或评估收费（assessed charge）组成。其中评估收费是不动产课税价值收费的替代方案，具体以房产房间数目、房产类型、居住人数、所在区域的平均水费等其中一项作为评估依据。

第四节　我国水服务价格管制实践

一、我国水服务价格管制的法律框架

根据 1998 年《中华人民共和国价格法》规定，重要的公用事业价格，政府在必要时

可以实行政府指导价或者政府定价（第 18 条）；国务院价格主管部门和其他有关部门，按照中央定价目录规定的定价权限和具体适用范围制定政府指导价、政府定价（第 20 条）；制定政府指导价、政府定价，应当依据有关商品或者服务的社会平均成本和市场供求状况、国民经济与社会发展要求以及社会承受能力，实行合理的购销差价、批零差价、地区差价和季节差价（第 21 条）。政府价格主管部门和其他有关部门制定政府指导价、政府定价，应当开展价格、成本调查，听取消费者、经营者和有关方面的意见。政府价格主管部门开展对政府指导价、政府定价的价格、成本调查时，有关单位应当如实反映情况，提供必需的账簿、文件以及其他资料（第 22 条）。制定关系群众切身利益的公用事业价格等政府指导价、政府定价，应当建立听证会制度，由政府价格主管部门主持，征求消费者、经营者和有关方面的意见，论证其必要性、可行性（第 23 条）。政府指导价、政府定价的具体适用范围、价格水平，应当根据经济运行情况，按照规定的定价权限和程序适时调整。消费者、经营者可以对政府指导价、政府定价提出调整建议（第 25 条）。

按照我国的服务价格管制类别，我国的水服务价格包括水利工程供水价格、自来水供水价格（城市供水价格）、污水处理费。这些价格分别由《水利工程供水价格管理办法》《城镇供水条例》《城市供水价格管理办法》《城镇排水与污水处理条例》《污水处理费征收使用管理办法》管理。

1. 水利工程供水价格

《水利工程供水价格管理办法》规定，水利工程供水价格是指供水经营者通过拦、蓄、引、提等水利工程设施销售给用户的天然水价格，由供水生产成本、费用、利润和税金构成。供水生产成本是指正常供水生产过程中发生的直接工资、直接材料费、其他直接支出以及固定资产折旧费、修理费、水资源费等制造费用；供水生产费用是指为组织和管理供水生产经营而发生的合理销售费用、管理费用和财务费用；利润是指供水经营者从事正常供水生产经营获得的合理收益，按净资产利润率核定；税金是指供水经营者按国家税法规定应该缴纳，并可计入水价的税金。

水利工程供水价格按照补偿成本、合理收益、优质优价、公平负担的原则制定，并根据供水成本、费用及市场供求的变化情况适时调整。水利工程供水价格按供水对象分为农业用水价格和非农业用水价格。农业用水是指由水利工程直接供应的粮食作物、经济作物用水和水产养殖用水；非农业用水是指由水利工程直接供应的工业、自来水厂、水力发电和其他用水。农业用水价格按补偿供水生产成本、费用的原则核定，不计利润和税金。非农业用水价格在补偿供水生产成本、费用和依法计税的基础上，按供水净资产计提利润，利润率按国内商业银行长期贷款利率加 2～3 个百分点确定。

在价格结构方面，水利工程供水应逐步推行基本水价和计量水价相结合的两部制水价。基本水价按补偿供水直接工资、管理费用和 50% 的折旧费、修理费的原则核定。计量水价按补偿基本水价以外的水资源费、材料费等其他成本、费用以及计入规定利润和税金的原则核定。各类用水实行定额管理，超定额用水实行累进加价。供水水源受季节影响较大的水利工程，供水价格可实行丰枯季节水价或季节浮动价格。

2. 城镇供水价格

《城镇供水条例》规定，城市供水价格应当按照生活用水保本微利、生产和经营用水合理计价的原则制定。《城市供水价格管理办法》具体规定，城市供水价格是指城市供水企业通过一定的工程设施，将地表水、地下水进行必要的净化、消毒处理，使水质符合国家规定的标准后供给用户使用的商品水价格；制定城市供水价格应遵循补偿成本、合理收益、节约用水、公平负担的原则；城市供水价格由供水成本、费用、税金和利润构成，城市供水成本是指供水生产过程中发生的原水费、电费、原材料费、资产折旧费、修理费、直接工资、水质检测、监测费以及其他应计入供水成本的直接费用，费用是指组织和管理供水生产经营所发生的销售费用、管理费用和财务费用，税金是指供水企业应缴纳的税金，城市供水价格中的利润按净资产利润率核定。

城市供水实行分类水价，根据使用性质可分为居民生活用水、工业用水、行政事业用水、经营服务用水、特种用水等五类。城市供水应逐步实行容量水价和计量水价相结合的两部制水价或阶梯式计量水价，容量水价用于补偿供水的固定资产成本，计量水价用于补偿供水的运营成本。城市居民生活用水可根据条件先实行阶梯式计量水价，阶梯式计量水价可分为三级，级差为1∶1.5∶2。居民生活用水阶梯式水价的第一级水量基数根据确保居民基本生活用水的原则制定，第二级水量基数根据改善和提高居民生活质量的原则制定，第三级水量基数根据按市场价格满足特殊需要的原则制定。

3. 污水处理费

《城镇排水与污水处理条例》规定，排水单位和个人应当按照国家有关规定缴纳污水处理费，污水处理费应当纳入地方财政预算管理，专项用于城镇污水处理设施的建设、运行和污泥处理处置。污水处理费的收费标准不应低于城镇污水处理设施正常运营的成本。因特殊原因，收取的污水处理费不足以支付城镇污水处理设施正常运营的成本的，地方人民政府给予补贴。

《污水处理费征收使用管理办法》规定，向城镇排水与污水处理设施排放污水、废水的单位和个人（以下称缴纳义务人），应当缴纳污水处理费。污水处理费的征收标准，按照覆盖污水处理设施正常运营和污泥处理处置成本并合理盈利的原则制定。

但以上关于污水处理费的规定并没有包括污水收集费用，也就是污水收集管网的成本和费用。

以上我国现行水服务价格管制的法律体系的内容表明，目前我国的水服务价格管制体系参照的是投资回报率价格管制模型，采用成本加利润的定价方法，若对成本控制不严，明显地会导致A—J效应，不能激励水服务企业降低成本，提高效率。其实，这也是我国水服务产业价格管制的主要问题：①价格形成机制不能刺激效率。目前，我国各级政府的价格主管部门对水服务价格的制定，基本上以水服务企业上报的成本为主要依据，但这种成本是在特定地理范围内垄断服务企业的个别成本，而不是合理的社会成本。按企业的个别成本定价，企业不但没有降低成本的压力，而且会诱使企业虚报和扩大成本，结果出现成本涨多少，价格也涨多少的现象，甚至出现成本涨得更快的低效率现象。②政策性亏损和经营性亏损不清。尽管在转型时期，我国对水服务产业实行政府定价，为了稳定物价水平，价格可能存在偏低现象，因此水服务企业可能存在政策性亏损。但目前的问题是把企业亏损都归因于政策性亏损，完全排斥了经营性亏损。这表现为水服务企业的亏损由政府负担或变相负担，企业没有减亏增效的压力。

同时，我国的水服务价格管制在投资回报率的选择上，缺乏灵活性或太灵活。我国城市供水的合理盈利的平均水平是净资产利润率8%～10%，农业供水利润率按国内商业银行长期贷款利率加2%～3%确定等规定明显不符合市场决定资本成本的原则；而对于污水处理费的利润率规定又太灵活，只规定了合理盈利的原则，在实践中缺乏操作性。

二、2014年北京市水价调整

随着北京市城市快速发展，人口资源环境矛盾日益突出，大力推进水资源节约、改善水环境、保障水安全成为城市可持续发展所面临的艰巨而紧迫的任务，为更好地运用经济手段、发挥价格杠杆作用，提高水资源节约利用水平，北京市2014年开展了自来水价格结构和水平调整。

北京市供排水系统主要由市自来水集团和市排水集团两大市属企业承担。2012年，市自来水集团售水量约8亿m^3，市排水集团污水处理量近9亿m^3，分别占全市城镇公共售水量和污水处理量的85%和71%。

调价前实行的居民用水价格为2009年制定，价格标准为4元/m^3，其中：自来水费为1.70元/m^3、水资源费为1.26元/m^3、污水处理费为1.04元/m^3。根据企业财务审计结果，2012年，市自来水集团业务收入18.95亿元，业务成本26.47亿元；2012年市排水集团业务收入11.88亿元，业务成本15.53亿元

1. 必要性

2014年水价调整的必要性为：

(1) 促进水资源节约与合理利用。北京属于典型的资源型缺水的特大型城市，水资源已成为制约城市可持续发展的主要瓶颈。由于水资源缺乏，导致地下水长期超采，而且每年从水资源相对紧张的周边地区调水约3亿m^3，水资源平衡面临着越来越大的压力。特别是随着城市的快速发展，北京市居民用水需求不断增长，2012年，全市居民用水比1999年增加了3.4亿m^3。而现行水价与水资源短缺形势不相符。

(2) 促进供水能力提升和水环境改善。作为特大型缺水城市，北京市供水保障和水环境治理面临着较大挑战。虽然近年来不断加大污水处理设施建设，但总体处理能力还不足，污水处理率为84%，河湖水环境质量也有待改善。适度调整水价，有利于促进行业可持续发展，增强城市安全供水保障能力，有效提升污水处理能力和质量，更好地满足城市发展和广大市民用水及改善生活环境的需求。

(3) 促进国家和北京市水资源管理及价格政策的落实。要加快推进水价改革，合理调整城市居民生活用水价格，稳步推行阶梯式水价制度。

2. 价格调整思路

(1) 大力促进水资源节约。区分基本需求与非基本需求，按照用户不同用水量实行分级定价，执行阶梯式、差别化价格政策，利用经济手段引导用户特别是用水量较多的用户调整用水行为，促进科学用水、节约用水。

(2) 大力加强水资源管理。落实最严格的水资源管理制度，从源头完善用水管理，加强水费征收，切实发挥价格杠杆政策效应，提高水资源利用效率。

(3) 大力促进行业可持续发展。通过水价适度调整，增强供排水行业投资和建设发展能力，提升城市供水安全保障水平和改善水环境质量。

3. 调价依据

北京市成本调查队对市供排水成本进行了成本监审。

(1) 供水成本。2012 年市属企业供水成本为 3.08 元/ m^3，目前北京市现行居民自来水费为 1.70 元/m^3。

(2) 排水成本。2012 年市属企业排水成本为 1.7 元/ m^3，目前北京市现行居民用水污水处理费为 1.04 元/ m^3。

(3) 水资源费。根据 2013 年国家对各地区水资源费调整文件要求，北京市水资源费平均征收标准应不低于 1.6 元/m^3，目前北京市现行居民用水水资源费为 1.26 元/m^3。

根据上述情况，北京市总的用水成本为 6.38 元/ m^3，如果考虑供水企业需缴纳增值税等影响，含税成本为 6.59 元/ m^3。

4. 调价方案

按照国家指导意见精神，根据北京市居民家庭年用水量分布情况的统计分析，结合北京市水资源状况和居民承受能力，以年度水量作为计量周期，提出以下两个水价调整方案。

方案一：第一阶梯户年用水量不超过 145 m^3，水价为 4.95 元/ m^3；第二阶梯户年用水量在 146～260 m^3 之间，水价为 7 元/m^3；第三阶梯户年用水量为 260 m^3 以上，水价为 9 元/m^3。

方案二：第一阶梯户年用水量不超过 180 m^3，水价为 5 元/m^3；第二阶梯户年用水量在 181～260 m^3 之间，水价为 7 元/m^3；第三阶梯户年用水量为 260 m^3 以上，水价为 9 元/m^3。

5. 配套措施

(1) 保障低收入群体生活。为保障低收入群体基本生活水平不受价格调整的影响，在北京市城乡最低生活保障、失业保险金、最低工资标准等社会保障相关待遇标准调整中，统筹予以考虑。

(2) 落实最严格的水资源管理。所有供水单位对具备抄表到户条件居民家庭要严格执行阶梯水价，进一步完善非居民用水超定额加价征收管理政策，严格执行特殊行业用水价格标准。加快制定一户一表改造计划，为全面推行阶梯水价创造条件。结合南水北调来水情况，制定地下水置换方案，逐步减少地下水开采规模，促进城市可持续发展。

(3) 提高企业便民服务水平。定期发布居民用水情况，宣传节水知识，倡导节约用水。供水企业要完善对外服务热线系统，完善快速抢修等应急处置机制，及时解决用户反映集中的实际问题。

(4) 推进企业成本公开工作。供水企业除调价前须向社会公开前三年度成本外，每年还将定期向社会公开上一年度成本，广泛接受社会监督。

(5) 增强全社会节水意识。市水务等部门要充分发挥各行业协会、环保组织、志愿者团体等作用，进一步完善节水制度，积极推广节水技术，加大节水宣传，倡导节水型的生活和消费习惯，营造全社会共同参与节水的良好氛围。

6. 价格调整

(1) 居民用水。根据北京市发展和改革委员会《关于北京市居民用水实行阶梯水价的通知》（京发改〔2014〕865 号），北京市居民用水实行阶梯水价，见表 12-2。

（2）非居民用水价格。根据北京市发展和改革委员会《关于调整北京市非居民用水价格的通知》（京发改〔2014〕884 号），北京市非居民用水价格调整见表 12-3。

表 12-2　　北京市居民用水阶梯水价表

供水类型	阶梯	户年用水量 /m^3	水价/（元/m^3）			
			合计	水费	水资源费	污水处理费
自来水	第一阶梯	0～180（含）	5	2.07	1.57	1.36
	第二阶梯	181～260（含）	7	4.07		
	第三阶梯	260 以上	9	6.07		
自备水	第一阶梯	0～180（含）	5	1.03	2.61	1.36
	第二阶梯	181～260（含）	7	3.03		
	第三阶梯	260 以上	9	5.03		

表 12-3　　北京市非居民用水阶梯水价表　　单位：元/m^3

用户类别	水价				备注
	总价	水费	水资源费	污水处理费	
非居民	7.15	3.52	1.63	2	自来水供水
		2.54	2.61	2	自备井供水
特殊行业	160	4	153	3	

思　考　题

1. 阐述价格水平管制和结构管制的内容。
2. 阐述投资回报率模型及其可能存在的问题。
3. 阐述价格帽管制模型及其相对于投资回报率模型的优点。
4. 描述常用的价格结构类型及其特点。
5. 阐述美国加利福尼亚州水服务价格水平和结构管制。
6. 分析北京市 2014 年水价调整在价格水平和价格结构上的特点。

参　考　文　献

[1] 王俊豪. 政府管制经济学导论［M］. 北京：商务印书馆，2001.
[2] 小贾尔斯·伯吉斯. 管制和反垄断经济学［M］. 上海：上海财经大学出版社.
[3] 沈大军. 水管理学概论［M］. 北京：科学出版社，2004.
[4] 北京市发展和改革委员会. 北京市居民用水价格调整听证会实录［C］. 北京，2014.

第十三章　水服务质量管制

水服务质量管制属于社会管制的范畴。社会管制（social regulation）是以保障劳动者和消费者的安全、健康和卫生等为目的，对产品和服务的质量以及伴随提供它们而产生的各种活动进行管制。与经济管制控制垄断力量和改善市场效率的行为不同，社会管制的目的是试图以牺牲市场产品为代价来增加非市场产品的供给，而且是强制性替换。为了实现管制目标，政府或管制者常常借助于一些非市场的措施，如通过立法规定产品和服务的生产，如要求企业必须采用符合法律要求的技术和工艺等。因此，社会管制不仅将改变资源配置，而且对经济过程造成强制性的变化。同时，社会管制可能会减少经济福利；管制过程也不完善，管制者拥有命令去做某事的权力，却不用承担其后果。

水服务质量管制是，由于水服务提供者和用户之间存在产品和服务质量信息不对称，而单纯依靠市场机制又不能解决信息不对称问题，管制机构需要对水服务质量进行管制。在水服务提供者和用户间，企业处于信息优势，用户处于劣势，因此，管制者实行不对称管制，即管制者以企业和其服务与产品为管制对象，强制企业承担有关服务与产品的质量责任，以保护用户利益。

第一节　英国水服务质量管制

英国对水服务质量建立了一套综合的管制指标体系。英格兰和威尔士的管制指标体系按 9 个方面，分属于用户服务（指标 6、7、8、9）、供水服务（指标 2、3 和水质）和污水服务（指标 5 和环境影响）三大类 9 个指标的内容，分别为：

（1）水源足够性。由于天气、需水管理政策不同和公司间数据不一致，指标建立以后的众多年度没有评估，而以水服务办公室和环境署监测的水源数据代替。

（2）压力不足。这个指标是，在正常需水情况下，已经受到和继续可能受到的压力低于参考值的数量。服务参考值定义为，在服务边界的一个每分钟 9L 流量的水龙头的压力为 10m 水头。这足够保证一楼厨房的水龙头在 30s 内充满一个 1 加仑的容器。当然，许多情况不在公司的控制之内，如许多压力问题是由用户自己的管道连接方式造成的。由于在每一个用户的户外边界测量压力和流量不现实，因此公司被允许采用主要供水管网的 15m 水头作为替代。即使从主要管道向用户供水，这也是一个足够高的压力。公司同时被要求保留低水压用户的登记记录。

（3）供给中断。这个指标以由于公司的责任而没有计划和没有给用户警示的用户 3 小时、6 小时、12 小时、24 小时以上的供给中断数目表示。如果是由第三方引起的，或如果是计划的维护且用户已经提前收到合理的警示的供给中断不包括在内。同样，公司被要求保留供给中断的登记记录。

（4）用水限制。这个指标以公司的供水人口经历用水限制的百分比表示。用水限制被分为：①受到公众宣传鼓励的自愿减少；②使用橡胶软管限制；③干旱命令限制不必要的用水；④干旱命令限制圆筒形水塔或轮换削减。公司被要求报告上述各类用水限制类型的影响人口比例。

（5）下水道外溢。这个指标评估公司户内下水道外溢的运行状况。公司要求按照大于10年一遇和10年二遇两个下水道能力分类，评估和报告户内下水道外溢风险。公司同时报告两类原因的下水道外溢事故：超过下水道能力和其他原因（临时问题）。

（6）账单联系。这个指标以收到的关于账单总书面报告和电话量表示，以及以5天、10天、20天和20天以外的工作日处理表示。账单联系是任何有关账单的询问，例如账目询问、地址变化、其他支付形式的申请，但不是申诉。

（7）书面申诉。这个指标以收到的书面总申诉量表示，以及以5天、10天、20天和20天以外的工作日处理表示。书面申诉是任何对公司和其代理者所提供服务和活动而不能达到写信者预期的申诉。所有申诉都必须包括收费水平和其他政策，以及没有决定的申诉。

（8）计量用户账单。这个指标以根据公司读数或由用户向公司提供读数的用户在年内至少收到一份账单的比例表示（可以是估计数或要求的读表数）。

（9）电话联系容易度。这个指标确定用户与当地水服务公司电话联系的容易程度。指标监测打入电话的流量和联系如用户服务部、会计部或总机等公布的用户联系电话。指标监测：用户联系热线的总呼叫量、总回答量、在三个时间段（15s内、15～30s、30s以上）的回答量、平均回答时间、所有线路忙（不能与公司联系）。

同时，管制机构还对这些管制指标制定了三个档次的评价结果，分别为好、可接受、需要改进，或平均以上、平均、平均以下（公司间比较评价）。如果评价结果为需要改进或平均以下，就会对这些公司采取管制行动。1998年4月1日以后有关指标的评价见表13－1。

表13－1　　1998年4月1日以后评价指标参数

指　标	一级标准	二级标准
指标6（绝对评价）	账单联系在5个工作日内回复的百分比	账单联系超过10个工作日回复的百分比
	好：＞95％	和＜1.5％
	可接受：90％～95％	和＜3％
	需要改进：＜90％	
指标7（绝对评价）	书面申诉在5个工作日内回复的百分比	书面申诉在超过20个工作日回复的百分比
	好：＞98％	和＜1％
	可接受：95％～98％	和＜1％
	需要改进：＜95％	或＞1％

续表

指标	一级标准	二级标准
指标 8（绝对评价）	根据公司或用户读数。计量用户至少一年收到一次账单的百分比	公司两年未读表的百分比
	好：99.5%	和<0.15%
	可接受：98%～99.5%	
	需要改进：<98%	
指标 9（绝对评价）	接到电话在 30s 内回答的百分比	
	可接受：≥86%	
	需要改进：<86%	
指标 3*（绝对评价）	基于供给中断分类的百分比的运行分（PS）。运行分的计算为：PS=（超过 6 小时×1）+（超过 12 小时×1）+（超过 24 小时×2）	
	好：<0.5	
	可接受：0.5～2.0	
	需要改进：>2.0	
指标 2（比较评价）	平均以上：比产业平均好 50%以上	
	平均：产业平均的±50%之间	
	平均以下：比产业平均差 50%以上	
指标 5（比较评价）	平均以上：比产业平均好 25%以上	
	平均：产业平均的±25%之间	
	平均以下：比产业平均差 25%以上	

* 分数在 1.0～2.0 之间可能被要求提供运行差的说明，并提出改进计划。

对于水质标准，政府制定了严格的饮用水水质标准，大多数指标直接来自强制性的欧盟导则和世界卫生组织的标准。同时，英国制定了额外的标准，以实现更高的水质。大致水质标准分为细菌、化学品（如氮和杀虫剂）、金属（如铅）、感观和味觉。1998 年实施欧盟导则后，2000 年制定了新标准，并要求水服务公司在 2003 年年底达到这些标准。

饮用水水质检查可能包括众多内容，如是否符合采样程序、是否由资质人员按照正确的方法测定样本、监测频次、进入公共记录的正确结果、合适的水处理过程、处理过程和水输送运营和维护是否合格、用户申诉是否合适处理等。如果存在问题，饮用水检察署（Drinking Water Inspectorate，DWI）就会采取行动，要求公司改正。

经评估，如果出现的不合格情况属于很轻微或将来不会发生，就不采取行动。一些不合格情况需要公司改善处理设施和管网系统，同时要求公司承诺立即改进和解决任何问题。作为检查过程，要求对要求的改进进行检查，检查是否及时和合适。

对于十分重要的供水水质，饮用水检察署总监每年根据公司约 300 万次的水质监测结果，发布一份总监报告。总监对某个水服务公司进行技术审查，包括两个部分：公司饮用水水质的年度评价和单个公司评估。水质评价的数据来自对公司的数百万次定期监测。监测在水处理工厂、输送管网和供水地区（出于监测要求，供水被划分为最多服务 5 万人的供水区）的用户水龙头进行。同时，总监调查用户申诉和影响及可能影响饮用水水质的事故。事故调查将可能导致公司被起诉。报告将详细评价每个供水公司在符合饮用水水质标准、质量和运营参数方面的情况，并总结其在英格兰和威尔士的排名。2002—2003 年度评估选择了 8 个用户关心的参数，如美观参数，如味觉、气味和铁；与健康有关，如大肠杆菌；与成本相关，如符合杀虫剂和铁标准的改进等。

第二节　我国水服务质量管制

我国的水服务质量管制，相对于发达国家来讲，除了在水质方面建立了比较完善的管制体系，其他的服务管制内容处在不断完善之中。其中有些服务内容以企业承诺的方式实现，没有管制意义。

一、企业资质

对于供水企业，除了水源和安全生产等要求外，《城市供水企业资质管理规定》对城市供水企业资质标准规定为：

（1）水源：供水水源的水质应符合《地表水环境质量标准》（GB 3838）的有关规定，供水水源的防护应划分水源保护区，同时要对相关指标进行日常检测。

（2）工艺：水净化处理工艺必须符合《城市给水设计规范》要求，水净化处理工艺设备、设施需满足净水工艺要求，净化处理各工序（车间）配备相应检测手段。

（3）水质：出厂水和管网水均应符合《生活饮用水卫生标准》（GB 5749）的有关规定，每日检测出厂水的细菌总数、大肠菌群、游离余氯、浑浊度等四项指标，每月检测管网水质检测点的上述四项指标，每季检测出厂水的《生活饮用水卫生标准》（GB 5749）所列其余指标。

（4）水压：供水管干线末梢服务压力不低于 0.12MPa，并设置相应的测压点连续测定压。

二、水质

《生活饮用水卫生监督管理办法》规定，供水单位供应的饮用水必须符合国家生活饮用水卫生标准；集中式供水单位应当取得县级以上地方人民政府卫生计生主管部门颁发的卫生许可证，方可供水；供水单位新建、改建、扩建的饮用水供水工程项目，应当符合卫生要求，选址和设计审查、竣工验收必须有建设卫生计生主管部门参加；供水单位应建立饮用水卫生管理规章制度，配备专职或兼职人员，负责饮用水卫生管理工作。集中式供水单位必须有水质净化消毒设施及必要的水质检验仪器、设备和人员，对水质进行日常性检验，并向当地人民政府卫生计生主管部门和建设行政主管部门报送检测资料。直接从事供、管水的人员必须取得体检合格证后方可上岗工作，并每年进行一次健康检查。

《城市供水水质管理规定》规定，城市供水单位对其供应的水的质量负责，其中二次供水的水质由二次供水管理单位负责；城市供水水质应当符合国家有关标准的规定，城市供水原水水质应当符合生活饮用水水源水质标准，城市供水单位应当做好原水水质检测工作；城市供水设备、管网应当符合保障水质安全的要求；城市供水单位应当编制供水安全计划并报所在地直辖市、市、县人民政府城市供水主管部门备案，按照有关规定对其管理的供水设施定期巡查和维修保养，建立健全水质检测机构和检测制度，按照国家规定的检测项目、检测频率和有关标准、方法定期检测原水、出厂水、管网水的水质，做好各项检测分析资料和水质报表存档工作，按月向所在地直辖市、市、县人民政府城市供水主管部门如实报告供水水质检测数据，按照所在地直辖市、市、县人民政府城市供水主管部门的要求公布有关水质信息，接受公众关于城市供水水质信息的查询。

卫生部 1997 年《生活饮用水卫生监督管理办法》规定，国家对供水单位和涉及饮用水卫生安全的产品实行卫生许可制度，供水单位供应的饮用水必须符合国家生活饮用水卫生标准。集中式供水单位必须取得县级以上地方人民政府卫生行政部门签发的卫生许可证。城市自来水供水企业和自建设设施对外供水的企业还必须取得建设行政主管部门颁发的“城市供水企业资质证书”，方可供水。供水单位应当建立饮用卫生管理规章制度，配备专职或兼职人员，负责饮用水卫生管理工作。集中式供水单位必须有水质净化消毒设施及必要的水质检验仪器、设备和人员，对水质进行日常性检验，并向当地人民政府卫生行政部门和建设行政主管部门报送检测资料。直接从事供、管水的人员必须取得体检合格证后方可上岗工作，并每年进行一次健康检查。二次供水设施选址、设计、施工及所有材料，应保证不使饮用水水质受到污染，并有利于清洗和消毒。各类蓄水设施要加强卫生防护，定期清洗和消毒。

在生活饮用水标准方面，1950 年至今，我国对生活饮用水卫生标准进行了多次修订，目前执行的是 2006 年的《生活饮用水卫生标准》(GB 5749)。2006 年标准与 1985 年标准相比的主要变化为：水质指标由 35 项增加至 106 项（增加 71 项、修订 8 项），其中，微生物指标由 2 项增至 6 项，饮用水消毒剂由 1 项增至 4 项，毒理指标中无机化合物和有机化合物分别由 10 项增至 21 项、由 5 项增至 53 项，感官性状和一般理化指标由 15 项增至 20 项。

三、其他

对于水服务质量的其他管制内容，其他大多是以企业内部的规章制度或承诺的形式出现，而不是以管制文件出现。企业的承诺不是管制，没有强制性，而且部分承诺与法律规定的要求重复。但目前这些承诺也构成了水服务质量管制的一部分。

如北京市自来水（集团）公司承诺：①严格执行国家《生活饮用水卫生标准》(GB 5749)，确保出厂水质达到国家 106 项标准；②96116 客服中心，全天 24 小时提供用水咨询、信息查询、供水故障报修和服务投诉等服务；③营业服务大厅公开服务承诺、办事制度、办事流程、收费项目和收费标准，接受监督；④居民入户查表周期为两个月，查表前张贴查表通知单，营销员查表时，佩戴胸卡，统一着装，举止文明，依法合理计费，缴费通知单在查表后现场打印或 3 个工作日内送达；⑤集团管辖范围内供水管线发生破损等事故，抢修人员迅速赶到现场，24 小时抢修完毕（特殊情况除外）；⑥在规定时限内办理用户申报的各项业务。

通过以上我国水服务质量管制的内容和实践可以发现，我国水服务质量管制还处在一个不断发展和完善的过程中，不仅体现在管制内容，而且也反映在管制过程。随着我国经济和社会的进一步发展，对于水服务质量的要求会越来越高，因此，建立适合我国经济和社会发展水平的水服务质量管制体系是我国水服务产业改革必须解决的问题。

思　考　题

1. 什么是社会管制，并与经济管制对比。

2. 对比我国与英国的水服务质量管制。

参　考　文　献

[1]　王俊豪. 政府管制经济学导论 [M]. 北京：商务印书馆，2001.

[2]　小贾尔斯·伯吉斯. 管制和反垄断经济学 [M]. 上海：上海财经大学出版社，2003.

[3]　沈大军. 水管理学概论 [M]. 北京：科学出版社，2004.

第十四章　水服务管制体制

水服务管制体制是由管制水服务机构及其职能所组成的系统。如同水资源管理体制的安排一样，水服务管制体制的安排也受到国家结构、法律体系和行政体制等影响，国家和地区之间存在差异。

第一节　世界其他国家和地区水服务管制体制

一、美国加利福尼亚州

美国联邦政府拥有管制州政府公用事业的权利。有时候，法庭要求联邦政府保护个人的权利，常常作出限制州政府管制当局权力的裁决；但在另一些时候，联邦政府却采取行动限制或阻止私人对州法律的逃避，以加强州政府的权力。美国《宪法》限制州政府的管制权力，保护受管制企业的权利，规定只有当经营活动影响公共利益的时候，管制才合适。同时，联邦法律对州公用事业管制权力的另一个限制与美国《宪法》的商务条款有关，《宪法》为联邦政府保留了它独有的管制州际贸易和对外贸易的权力，但这对水服务管制没有很大的影响，除了跨州供水。但并非所有联邦政府行为都以限制州政府权力为目的。1935 年《公用事业控股公司法》授权新成立的证券交易委员会在一定限制条件下拆分控股公司，并控制它们与子公司的关系，从而间接地加强了州公用事业委员会的权力。

联邦政府对州委员会事务较近的一次干预是 1978 年《公用事业管制政策法》，体现了对能源和控制失控物价的响应。而且从法律和经济的角度，该法表明联邦政府对州公用事业管制的认识发生了变化：州政府对自然垄断管制从限制垄断和制定公平价格转变为实现效率。

联邦政府也设立独立管制机构，但传统上，州政府对公用事业的管制主要是限制自然垄断，而联邦政府的管制则常常与控制竞争有关。因此，相对于其他产业，水服务产业管制主要由州政府来实施。

尽管存在联邦法律和联邦管制机构，但州公用事业委员会是水服务产业主要的管制机构。在加利福尼亚州，州公用事业委员会管制私人所有的电信、电力、天然气、水、铁路、铁路运输和旅客运输公司，以保证加利福尼亚的公用事业用户以合理的价格拥有安全、可靠的公用事业服务，保护用户免受欺诈和推进加利福尼亚经济的健康发展。

为了实现这些目标，委员会制定服务标准和安全准则、管制公用事业价格，监测公用事业和交通运输的安全性，监督市场反竞争活动。在保护消费者工作中，委员会起诉非法的公用事业市场运作和收费活动，管理公用事业公司和其分支机构的商业关系，解决用户对公用事业公司的申诉；同时，对低收入用户实施节能项目、低收入价格和电信服务。委员会监督公用事业公司的合并和重组，对公用事业的建设实施加利福尼亚州《环境质量法》。另外，它还干预联邦影响加利福尼亚州公用事业价格和服务的行为。

对于水服务管制，委员会只管制投资者拥有的供水和污水系统公司（独有、合伙企业或有限公司），不拥有对市政公用事业的管辖权。如果它们只供水给股东或成员，共有的供水公用事业公司（每一个用户拥有一个股份的公司）或由私人房主拥有的公司也不在管制之列。委员会负责保障加利福尼亚州投资者所有的水务企业以合理价格向用户提供干净、安全和可靠的服务。其水处管制 100 多个投资者所有的供水和污水企业，向州 16%的居民提供服务，年水费收入约 14 亿美元。其中约 95%服务由 9 个每个超过 10000 个连接的大企业提供。

委员会的水处调查供水和污水系统的服务质量问题，分析与处理公用事业公司价格调整申请。委员会直接调查公司管理以追踪和验证是否符合委员会的要求。水处提出对管制企业和公共水项目的建议，监测是否满足法律和委员会指令的规定；同时，开展研究、分析和评估，与委员会及其员工、管制企业和公众交流成果。

二、英国

在 1989 年水务改革以后，经过调整，目前英国的水服务管制由竞争和市场管理局、水服务办公室、饮用水检察署和用水户理事会组成。其中水服务办公室和饮用水检察署是专为水服务设置的管制机构，分别负责水服务的经济管制和水质管制。竞争和市场管理局在水服务管制方面的作用主要是垄断管制。

竞争和市场管理局负责水服务市场监管。竞争和市场管理局是一个独立非部级政府部门，其目标是为消费者利益促进竞争，其责任是保证消费者在购买商品和服务获得好交易和企业在法律范围内运营。其工作包括，调查机构合并以确保它们不会降低竞争；如果存在竞争或消费者问题，调查整个市场，对参与卡特尔或反竞争行为的企业和个人采取行动，保护消费者免受不公平交易行为的侵害，鼓励政府和其他监管机构代表消费者有效利用竞争。一些调查决定由管理局委员会的独立成员做出。

水服务办公室创立于 1989 年，是英国水服务产业最主要的经济管制机构，也属于非部级政府部门（non-ministerial government department），负责英格兰和威尔士地区的供水和污水处理行业的经济管制。其主要职能在 1991 年《水工业法》的第 2 及第 3 部分规定，进行过调整，主要为：实现促进有效竞争和保护用水户利益的目标；保证水服务公司切实履行其法定职能；保证水服务公司通过适当的成本回收，能够为其切实履行法定职能提供资金支持；保证取水许可和污水排放许可的良好执行；保证水服务公司供水和污水处理系统的长期能力，以满足未来若干年的需求。水服务办公室主要通过价格帽制度和定期审查制度来履行其职能。以五年为周期对水价进行价格审查并根据当前价格周期内的情况，综合分析和制定下一个价格周期内水价上限。同时，办公室确保水服务公司在收费中不存在偏好性或歧视性收费、确保取水许可和污水排放许可的发放者和持有者不受任何一方的偏好性和歧视性因素影响、确保水服务公司发生土地出售或非约束性活动时的用水户利益、提高水服务公司的经济效益。作为独立运营机构，水服务办公室的经费来源于水服务公司许可费收入，并有义务向议会、财政部、审计署、公共账目委员会提供详细的经费开支说明。

饮用水检察署成立于 1990 年，旨在为英格兰和威尔士地区的公共用水提供独立保障，确保饮用水水质在用水户可接受且安全水平的范围内。其权力和职责由英格兰和威尔士地区供水监管框架法律规定，包括 1991 年《水工业法》、2003 年《水法》和 2014 年《水法》。其中威尔士地区的供水问题由 1998 年威尔士政府法案（the Government of Wales Act）规定。根据《水工业法》框架下制定的 2016 年《英格兰供水（水质）条例》[the Water Supply（Water Quality）Regulations（England）] 和 2010 年《威尔士供水（水质）条例》[the Water Supply（Water Quality）Regulations（Wales）] 是饮用水检察署开展水质监管的法律依据，内容包括：开展对水服务公司运营的技术审计；定期抽样评估水服务公司；评估饮用水质量和数量的潜在隐患；处理公众水问题并调查相关投诉；审批和管理水服务公司水质改善项目，其中包括参与水服务办公室水价定期审查；开展相关执法；管理饮用水检察署提供的科学证据和环境、食品和农村事务部的水质健康研究；管理产品批准；管理行业数据；监督地方当局管理私营供水。饮用水检察署总监由环境、食品和农村事务国务大臣和威尔士部长任命并代表他们行事，其权力的行使没有依附性，明确且独立。此外，总监及相关检查人员还是当地饮用水问题的技术咨询顾问。饮用水检察署的运营成本大部分来自对水服务公司监管服务收入，另一部分来自商业组织的饮用水产品批准和管理的收入，其余涉及政策建议由环境、食品和农村事务部提供。

用水户理事会是非部级公共机构，成立于 2005 年 10 月 1 日。该机构代表英格兰和威尔士地区供水和污水处理服务的用户，它取代了水声（Water Voice）（曾为水服务办公室的一部分）成为独立的法定消费者团体。其职能由 2003 年《水法》规定：要求充分考虑供水和污水处理服务消费者利益，其中包括特定弱势群体和竞争中无法更换服务提供商的群体；处理和调查供水和污水处理公司的消费者投诉；获取并审查消费者事务和消费者意见的信息，并在此基础上制定预案，提供建议和信息，并向公共机构、水服务公司以及其活动可能影响消费者利益的其他人表达消费者的意见；向水服务公司发布投诉的统计信息；调查消费者感兴趣的任何事项，向消费者提供建议和信息等。为确保水政策讨论中听到消费者的声音，用水户理事会一般在 20 个工作日内处理完成 70%的投诉，并在 40 个工作日内解决 85%的投诉问题。自成立以来，理事会为消费者群体实现诸多实际利益。

用户咨询组（Consumer Consultation Groups，CCG）由水服务公司建立，代表当地消费者及利害相关者，旨在改善与消费者关系并加强与用户的互动。所有水服务公司在 2014 价格审查后均组建成立了其用户咨询组，监督水服务公司和政府部门对供水和污水处理服务的承诺。其中，饮用水检察署会为其提供饮用水相关资料和数据，支持其提出具体问题。它还积极参与 2019 价格审查流程，就长期商业计划、价格和相关服务进行讨论。

以上机构构成了英格兰和威尔士的水服务管制体制，分别代表政府部门、监管机构和用户，确保英格兰和威尔士地区的 32 家水服务公司为 5000 多万居民和非居民用水户提供供水和污水处理服务，确保水服务价格的公平、合理、透明，并执行和落实法律和机构的规定。

第二节　我国水服务管制体制

不同于美国加利福尼亚州和英国，我国没有建立独立的、专门化的水服务业管制机构，水服务管制职能分散在国家市场监督管理总局、国家发展和改革委员会、住房和城乡建设部、水利部和国家卫生健康委员会等。

国家市场监督管理总局涉及水服务管制的职责包括负责反垄断统一执法；统筹推进竞争政策实施，指导实施公平竞争审查制度；依法对经营者集中行为进行反垄断审查，负责垄断协议、滥用市场支配地位和滥用行政权力排除、限制竞争等反垄断执法工作。其反垄断局具体承担工作包括，拟订反垄断制度措施和指南，组织实施反垄断执法工作；组织指导公平竞争审查工作。因此，从职能反映，市场监督管理系统负责水服务产业的反垄断工作，但由于水服务产业的区域性，具体的工作由当地的市场监督管理部门开展。

国家发展和改革委员会涉及水服务管制的职责包括拟订并组织实施有关价格政策，组织制定少数由国家管理的重要商品、服务价格和重要收费标准；会同相关部门组织实施市场准入负面清单制度。其外资司的主要职责是：组织拟订外商投资产业指导目录、中西部地区外商投资优势产业目录、外商投资准入负面清单。

国家发展和改革委员会价格司负责水服务价格监管，其主要职责是监测预测预警价格变动，提出价格调控目标和政策建议；推进重要商品、服务和要素价格改革；组织起草有关价格和收费法规草案和政策；组织拟订少数由国家管理的重要商品和服务价格、重要收费政策，调整中央政府管理的商品和服务价格、收费标准，组织重点行业、重要农产品、重要商品和服务的成本调查，按规定承担政府定价项目成本监审。目前，我国的水服务价格管制，包括水利工程供水价格、自来水供水价格、污水处理费等，都由国家发展和改革委员会价格司和各地价格行政管理部门负责，水利部门和城市建设部门参与；其中，污水处理费的征收和使用属于行政事业性收费性质，因此，财政部门也参与。

住房和城乡建设部涉及水服务管制的职责是指导城市市政公用设施建设、安全和应急管理。其城市建设司的具体负责拟订城市建设和市政公用事业的发展战略、中长期规划、改革措施、规章；指导城市供水、节水等工作；指导城镇污水处理设施和管网配套建设。

水利部负责指导水利行业供水和乡镇供水工作，指导监督水利工程建设与运行管理。其财务司负责研究提出水利价格等政策建议，参与中央直属和跨省（自治区、直辖市）水利工程供水价格管理有关工作。

国家卫生健康委员会负责职责范围内的饮用水卫生等公共卫生的监督管理，其综合监督局组织开展饮用水卫生监督检查。

以上构成了我国水服务产业管制体制的框架。相对于美国加利福尼亚州和英国的管理体制，我国的水服务产业管理体制比较分散，体现了显著的部门管理的特点：国家市场监督管理总局负责反垄断，国家发展和改革委员会负责市场准入和水服务价格管制，住房和城乡建设部负责城镇水服务产业的建设、运行和管理，水利部负责水利行业供水和乡镇供水，国家卫生健康委员会负责饮用水水质。

思　考　题

1. 阐述美国加利福尼亚州公用事业委员会的水服务管制职能。

2. 阐述英国的水服务管制体制安排。

3. 阐述我国水服务产业管制体制、机构和职能。

参考文献

[1] 沈大军. 水管理学概论 [M]. 北京：科学出版社，2004.

第四部分 水环境管理

第十五章　公共水环境管理

第一节　水环境管理理论

环境管理是社会管制的一个部分。20 世纪 60 年代，随着环境及其所带来的问题日益受到国际社会的关注，政府开始扩大对环境的干预范围。至 20 世纪 70 年代，对环境问题管制进一步发展。在环境运动发展的浪潮中，积极倡导和广泛接受的观点是，政府有责任保护环境质量和个人在日常生活中的健康和安全。在这种情况下，建立了另一种形式的管制，即社会管制。对环境进行管制是社会管制的一部分，社会管制还包括对健康安全的场所、安全的产品等管制。

一、公共产品

社会管制的社会原因认为：①在存在重大外部性的条件下，不能依靠个人选择来恰当地评估资源价值和决定它的配置；②对生活质量的保护是一种公共产品。因此，政府需要配置或引导配置这些资源和提供公共产品。

市场机制的效率基于如下假定：个人效用仅取决于其购买产品和服务的数量，同时生产者产出仅取决于其购买的生产要素。但实际上，一些产品和服务在同一时间可使多个个体受益，即它们被共同消费。由一特定群体同时消费的产品和服务的典型例子是国防，良好的生态、环境和洁净的水体所提供的服务等。这些产品被称为公共产品，它们具有的某些特性使市场机制在对其配置时缺乏效率。

公共产品可分为纯公共产品和准公共产品。纯公共产品是指那些为整个社会共同消费的产品，是在消费过程中具有非竞争性和非排他性的产品，任何一个人对该产品的消费都不减少别人对它进行同样消费的物品与劳务。纯公共产品的本质特点包括：①非竞争性，表现为边际成本和边际拥挤成本为零，增加一个消费者对供给者带来的边际成本为零，每个消费者的消费都不影响其他消费者的消费数量和质量；②非排他性，表现为某些产品投入消费领域，任何人都不能独占专用，且不可能将他人排斥在该产品的消费之外，或花费极高的成本才能排他；③非分割性，表现为其消费是在保持其完整性的前提下，由众多消费者共同享用。纯公共产品包括物质产品和各种公共服务，如国防、外交、立法、司法和政府的公安、环境保护等。纯公共产品一般由政府提供。

准公共产品是兼具公共产品和私人产品属性的产品。私人产品是能够利用市场机制来提供的产品或服务的总称，它具有消费的排他性和竞争性。在公共产品和私人产品之间，还有许多不完全拥有纯公共产品或私人产品的属性，但在一定程度上又或多或少地同时兼具这两种产品性质的产品和服务，通常称为准公共产品。准公共产品通常只具备上述两个特征的一个，而另一个则表现不充分，但整体上不能同时具有非竞争性和非排他性，否则其就成为纯公共产品；也不能同时具有竞争性和排他性，否则其就成为私人产品。

根据所具有两种产品属性的组合状况，准公共产品分为以下三类：①非拥挤性公共产品，具有非竞争性的同时也具有排他性，比如公园、教育、高速公路等；②拥挤性公共产品，具有非排他性的同时也具有竞争性，比如公有草场、生活小区健身设施、公有森林、公海的渔业资源等；③利益外溢性公共产品，在一定条件下具有非竞争性和非排他性，只要不超过一定的限度，该产品的消费是非竞争的和非排他的，但若超过一定的限度，则具有竞争性和排他性特征；比如不收费的桥梁。显然，这类产品与前两类产品不同，前两类同时兼具公共产品和私人产品的属性，而后者则是在不同时间或者在不同条件下，要么具有公共产品属性，要么具有私人产品属性。

纯公共产品的范围比较狭小，但准公共产品范围较宽。如教育、文化、广播、电视、医院、应用科学研究、体育、公路、农林技术推广等事业单位，其向社会提供的都属于准公共产品。此外，实行企业核算的自来水、供电、邮政、市政建设、铁路、港口、码头、城市公共交通等，也属于准公共产品的范围。与上述公共产品相对应的是，私人产品也可分成两类，即纯私人产品和俱乐部产品。纯私人产品是同时具备排他性和竞争性的产品，包括大多数私人产品。俱乐部产品指在某一范围内由个人出资，并在此范围内的所有个人都可以获得利益的产品，因此，其具有私人产品的基本特点，但却不十分明显，且在一定程度上具有准公共产品的特征，如通常的一些会员制的运动俱乐部、行业协会等。

公共产品的生产和供给有三种方式。一是公共生产和提供，由公共部门生产公共产品并向社会提供。政府的纯公共产品，特别是行政部门，主要采用公共生产和公共提供方式来供给的公共劳务或服务。二是私人生产，由政府购入私人产品，然后向市场提供。三是混合生产和提供，某些准公共产品，尤其是在性质上接近于私人产品的准公共产品在向社会提供过程中，为了平衡获益者与非获益者的负担，提高资源的使用效益，政府往往也采取类似于市场产品的供应方式，即按某种价格标准向消费者收费供应，如医疗。由于混合提供方式包含了政府的政策因素，它与市场供给的私人产品，在性质和管理上有很大区别。

在上述三种公共产品生产方式中，前两种采用的是公共提供方式，第三种采用的是混合提供方式，这两者的区别就在于由谁来付款。公共产品无论是采用公共生产、公共提供，还是采用私人生产、公共提供方式，其结果是生产公共产品的费用完全由政府负担，亦即财政拨款。公共产品若是采用混合提供方式，则其生产成本将由政府和受益的企业或个人共同分担。

以上公共产品特性、生产和提供的分析说明，当某一种产品和服务属于公共产品或具有公共产品属性时，市场机制将不能有效发挥作用，就需要政府干预。水环境是一种公共产品，尽管随着时空尺度的演变，其公共产品的属性可能会有所变化，如海洋等大尺度的水环境属于纯公共产品，如池塘等小尺度的水环境属于私人产品。但无论任何，水环境公共产品的性质，政府水环境管理成为一种必然的选择。

二、市场失灵与外部性

建立社会管制的经济学原因是，市场不能完善地解决所出现的外部性，从而导致市场失灵，而政府干预有助于改善效率。在市场失灵的情况下，某种产品和服务不能市场化，或某些成本不在买者和卖者的私人考虑中，则市场的资源配置缺乏效率。

外部性分为正外部性或外部经济、负外部性或外部不经济。正外部性是某个经济行为个体的活动使他人或社会受益，而受益者无须花费代价；负外部性是某个经济行为个体的活动使他人或社会受损，而造成负外部性的人却没有为此承担成本。

外部性按照生产和消费分为：①生产中的负外部性，如工厂在生产中所排放的污染物就是一种负外部性，它所造成的社会成本包括政府治理污染开支、自然资源减少和污染物对人类健康造成的危害等；②生产中的正外部性，如教育，完善的教育系统培育出的人才，会对社会建设作出贡献，这对所有人都有益；③消费中的负外部性，如养狗对于邻居可能是一种负外部性；④消费中的正外部性，如疫苗注射。

外部性还可以分为代内外部性和代际外部性。前者是指外部性的影响仅限于当代人之内，也表现为代内负外部性和代内正外部性两种；而后者表现为外部性的影响进一步转嫁到了后代人，使后代人无功受禄（如前人栽树、后人乘凉）的代际正外部性或无辜受害（如环境污染等）的代际负外部性。

解决外部性的基本思路是，外部性内部化，即通过制度安排将经济主体经济活动所产生的社会收益或社会成本转为私人收益或私人成本。外部性问题的解决方法包括以下类型。

1. 经济激励：税收与补贴

庇古提出了著名的修正税或庇古税，即对产生负外部性活动的经济主体课征正的税收，同样，对于产生正外部性活动的经济主体课征负的税收——实行价格补贴，就可以消除私人边际成本（或收益）与社会边际成本（或收益）之间的差异，使资源配置重新回到帕累托最优状态。

庇古税的基本原则与“污染者付钱原则”一致。事实上，征收环境保护税或污染税也是目前政府所普遍采用的污染控制措施。补贴通常包括以下三种情况：①给予外部性中受损者补贴；②给予产生外部经济性的厂商或公共产品政府或社会补贴；③给予外部性产生者补贴，如对污染治理设施建设的补贴，但结果有可能适得其反。

庇古税的最大问题是信息，也就是政府必须清晰了解社会成本和私人成本，而这往往是不可能的，同时，政策执行成本也是一个考虑，如果超过了解决外部性的成本，经济上就不合理。

2. 政府管制

政府可以采取行政措施直接干预外部性，如优化产业布局、发放许可证或强制建立外部性产生者和影响者之间的联系（如企业合并等）等。其中，最具有代表性的是直接规定外部不经济的允许数量，如污染物排放总量和标准，由管制部门指定并依法强制实施每一污染源特定污染物排放的最高限度。通常排污标准还和惩罚相联系，超过标准，排污者将受到惩罚。

3. 自愿协商：科斯定理与交易费用

科斯定理指出，只要产权界定清晰，同时交易成本为零或可以忽略，外部性可以通过市场交易方式自行解决。既然产权不清是外部性产生的根本原因，界定产权可以解决外部性问题。因此，建立和明晰产权并交易可以利用价格机制提高配置效率。

相对于庇古税，产权的优点是政府不需要掌握那么多的信息和具备足够的能力，从而减少了扭曲市场的风险。但是，以市场为基础必须产权明晰，这在市场经济不够发达的国家很难做到，而且很多情况下环境产权不容易界定，如很难测量或监测；如果交易成本太高，如在法律不健全的情况下，可能无法开展交易；另外，产权分配的公平性也是一个问题。

4. 社会准则

对人们进行社会准则的教育以解决外部性问题，就是鼓励人们“要产生外部经济性，不要产生外部不经济性”。由于人们的行为可以相互影响，所以人们要时时刻刻用社会准则来要求自己。同时，任何一件外部性事件的产生，都或多或少存在着良心效应，即“良心”发挥着一定的作用。一般说来，良心效应在下述两种情况下将产生两种不同的作用：一是当外部性产生者给他人的福利带来不利的影响且不给予补偿时，良心效应将会降低自身的整体福利水平。如某企业产生污染时，对企业主来说虽然感到内疚但可能不在乎，对员工来说也许会由于生产污染而感到内疚，为补偿其内心创伤员工工会要求企业主给予一定的附加工资或是参加防止污染的活动等。这样，良心效应降低了污染企业的整体福利水平。二是由于良心效应的缘故，庇古税实际可能反而会提高外部性的水平。个人和企业都有这样一种心理状态：既然交了“污染税”，那就不必再有顾虑，可以心安理得地或更加放肆地排污。实际上，社会准则是一种不依赖于政府和市场，而依赖于社会机制的道德教育。

第二节　公共水环境管理：水功能区划及管理

公共水环境管理是政府从公共利益出发，对公共水环境进行的管理。对应于资源管理，公共水环境管理是一个逆向的过程，是政府根据水环境的公共产品的社会学和经济学特性，对使用公共水环境所提供的产品和服务的一种管理。公共水环境管理包括各种措施，其中最常用的是对水环境进行区划，确定不同的功能区，并按这些功能区的要求进行管理，从而保护公共水环境。在我国，对公共水环境管理的主要措施是水功能区划。

一、美国水体功能管理

美国 1972 年《清洁水法》的目的是“恢复和保持国家水体原有的化学、物理和生物特性”，并要求 1985 年实现达标排放和全国水质就能达到渔业和娱乐标准，但这个过高的水环境目标至今还没有实现。尽管如此，通过水质的管理，20 世纪 70 年代以来，美国河流的水质总体上有所改善。

美国现在基本上实行以水质限值作为水域水质管理的依据。各州可根据具体情况，在保证污染物排入水体不导致水质明显下降情况下，制定水质限值。对州际河流，如流经七个州的俄亥俄河流域水质管理委员会制定了全流域的水质标准，各州也可以制定适合本州的水质标准，但州水质标准不得低于流域标准。

根据美国联邦法律的规定，用水分为河道外用水和河道内用水。河道外用水从地表或地下水源引水以供使用，如饮用、农业灌溉和工业用水等。河道内用水包括水力发电、通航、改善水质、渔业和娱乐等。按照用途或功能还可以分为：①集中供水，主要是城市的生活用水以及用水量不大、水质要求高的工业和商业用水；②农村用水，农村居民生活用水和牲畜用水；③灌溉用水，一般用水量大，但水质要求较低；④工业自备水源供水，指火电用水和其他工业用水等。

美国 1965 年《水质法》要求各州 1967 年制定水体标准。但是在制定标准之前，先要求确定所需要保护水体的用途，并由有关部门提出所要求的标准，如渔业水质标准、饮用水质标准等，以作为功能区划分的依据。也就是，先对水体作功能区划分，然后制定相应功能区的水质标准。因此，水体功能区由各州环保主管部门按照水用途制定。如美国加利福尼亚州水资源控制委员会根据州《水法》的合理和有益利用原则制定相应水体的水质目标。

二、我国水功能区划及管理

（一）水功能区划体系

我国采用了类似美国的水环境管理制度，按照水体使用功能要求制定水体水质目标，并进行管理，这就是水功能区划及其管理。

水功能区是指为满足水资源开发利用和节约保护的需求，根据水资源自然条件和开发利用现状，按照流域综合规划、水资源保护规划和经济社会发展要求，在相应水域按其主导功能划定范围并执行相应水环境质量标准的水域。

根据《水功能区划分标准》（GB/T 50594），水功能区划为两级体系（图 15－1），即一级区划和二级区划。其中一级区划在宏观上调整水资源开发利用与保护的关系，协调地区间关系，同时考虑持续发展的需求，分为四类，即保护区、保留区、开发利用区、缓冲区；二级区划主要确定水域功能类型及功能排序，协调不同用水行业间的关系，将一级区划中的开发利用区具体划分为饮用水源区、工业用水区、农业用水区、渔业用水区、景观娱乐用水区、过渡区、排污控制区七类。

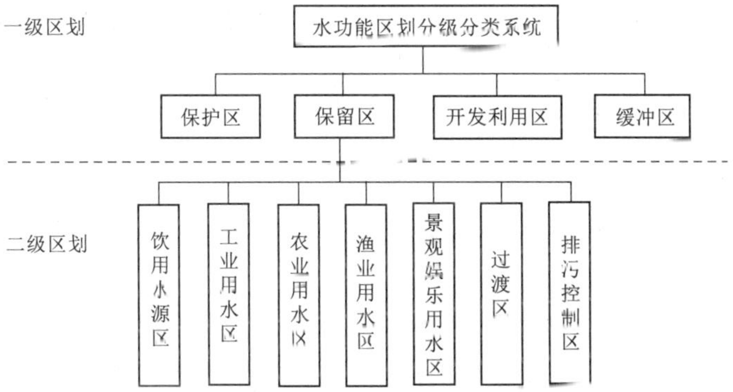

图 15－1 我国水功能区分类系统

1. 一级区划

（1）保护区。保护区是指对水资源保护、自然生态系统及珍稀濒危物种的保护具有重要意义，需划定范围进行保护的水域。保护区应具备以下条件之一：重要的涉水国家级和省级自然保护区、国际重要湿地及重要国家级水产种质资源保护区范围内的水域或具有典型生态保护意义的自然生境内的水域；已建和拟建（规划水平年内建设）跨流域、跨区域的调水工程水源（包括线路）和国家重要水源地水域；重要河流源头河段一定范围内的水域。保护区水质标准原则上应符合《地表水环境质量标准》（GB 3838）中的Ⅰ类或Ⅱ类水质标准；当由于自然、地质原因不满足Ⅰ类或Ⅱ类水质标准时，应维持现状水质。

（2）保留区。保留区是指目前水资源开发利用程度不高，为今后水资源可持续利用而保留的水域。保留区应具备以下条件：受人类活动影响较少，水资源开发利用程度较低的水域；目前不具备开发条件的水域；考虑可持续发展需要，为今后的发展保留的水域。保留区水质标准应不低于《地表水环境质量标准》（GB 3838）规定的Ⅲ类水质标准或按现状水质类别控制。

（3）开发利用区。开发利用区是指为满足城镇生活、工农业生产、渔业、娱乐等功能需求而划定的水域。划区条件为取水口集中，有关指标达到一定规模和要求的水域。水质标准按照二级区划相应类别的水质标准确定。

（4）缓冲区。缓冲区是指为协调省际间、用水矛盾突出的地区间用水关系而划定的水域，应具备以下划区条件：跨省（自治区、直辖市）行政区域边界的水域；用水矛盾突出的地区之间的水域。水质标准根据实际需要执行相应水质标准或按现状水质控制。

2. 二级区划

（1）饮用水源区。饮用水源区是指为城镇提供综合生活用水而划定的水域，应具备以下划区条件：现有城镇综合生活用水取水口分布较集中的水域，或在规划水平年内为城镇发展设置的综合生活供水水域；用水户的取水量符合取水许可管理的有关规定。水质标准应符合《地表水环境质量标准》（GB 3838）中Ⅱ～Ⅲ类水质标准，经省级人民政府批准的饮用水源一级保护区执行Ⅱ类标准。

（2）工业用水区。工业用水区是指为满足工业用水需求而划定的水域，应具备以下划区条件：现有工业用水取水口分布较集中的水域，或在规划水平年内需设置的工业用水供水水域；供水水量满足取水许可管理的有关规定。水质标准应符合《地表水环境质量标准》（GB 3838）中Ⅳ类水质标准。

（3）农业用水区。农业用水区是指为满足农业灌溉用水而划定的水域，应具备以下划区条件：现有的农业灌溉用水取水口分布较集中的水域，或在规划水平年内需设置的农业灌溉用水供水水域；供水量满足取水许可管理的有关规定。水质标准应符合《地表水环境质量标准》（GB 3838）中Ⅴ类水质标准，或按《农田灌溉水质标准》（GB 5084）的规定确定。

（4）渔业用水区。渔业用水区是指为水生生物自然繁育以及水产养殖而划定的水域，应具备以下划区条件：天然的或天然水域中人工营造的水生生物养殖用水的水域；天然的水生生物的重要产卵场、索饵场、越冬场及主要洄游通道涉及的水域或为水生生物养护、生态修复所开展的增殖水域。水质标准应符合《渔业水质标准》（GB 11607）的规定，也可按《地表水环境质量标准》（GB 3838）中Ⅱ类或Ⅲ类水质标准确定。

（5）景观娱乐用水区。景观娱乐用水区是指以满足景观、疗养、度假和娱乐需要为目的的江河湖库等水域，应具备以下划区条件：休闲、娱乐、度假所涉及的水域和水上运动场需要的水域；风景名胜区所涉及的水域。水质标准应根据具体使用功能符合《地表水环境质量标准》（GB 3838）中相应水质标准。

（6）过渡区。过渡区是指为满足水质目标有较大差异的相邻水功能区间水质要求，而划定的过渡衔接水域，应具备以下划区条件：下游水质要求高于上游水质要求的相邻功能区之间的水域；有双向水流，且水质要求不同的相邻功能区之间的水域。水质标准应按出流断面水质达到相邻功能区的水质目标要求选择相应的控制标准。

（7）排污控制区。排污控制区是指生产、生活废污水排污口比较集中的水域，且所接纳的废污水不对下游水环境保护目标产生重大不利影响，应具备以下划区条件：接纳废污水中污染物为可稀释降解的；水域稀释自净能力较强，其水文、生态特性适宜作为排污区。水质标准应按其出流断面的水质状况达到相邻水功能区的水质控制标准确定。

（二）水功能区划分

《水法》第 32 条规定，国务院水行政主管部门会同国务院环境保护行政主管部门、有关部门和有关省（自治区、直辖市）人民政府，按照流域综合规划、水资源保护规划和经济社会发展要求，拟订国家确定的重要江河、湖泊的水功能区划，报国务院批准。跨省（自治区、直辖市）的其他江河、湖泊的水功能区划，由有关流域管理机构会同江河、湖泊所在地的省（自治区、直辖市）人民政府水行政主管部门、环境保护行政主管部门和其他有关部门拟定，分别经有关省（自治区、直辖市）人民政府审查提出意见后，由国务院水行政主管部门会同国务院环境保护行政主管部门审核，报国务院或者其授权的部门批准。其他江河、湖泊的水功能区划，由县级以上地方人民政府水行政主管部门会同同级人民政府环境保护行政主管部门和有关部门拟定，报同级人民政府或者其授权的部门批准，并报上一级水行政主管部门和环境保护行政主管部门备案。《中华人民共和国水污染防治法》第 13 条规定，国务院环境保护主管部门会同国务院水行政主管部门和有关省（自治区、直辖市）人民政府，可以根据国家确定的重要江河、湖泊流域水体的使用功能以及有关地区的经济、技术条件，确定该重要江河、湖泊流域的省界水体适用的水环境质量标准，报国务院批准后施行。

1999 年 12 月，水利部组织各流域管理机构和全国各省（自治区、直辖市）开展了水功能区划工作。2002 年 3 月，编制完成了《中国水功能区划》，并在全国范围内试行。2002 年 10 月，修订后的《水法》进一步明确了水功能区的法律地位。2003 年，水利部颁布了《水功能区管理办法》，明确了对水功能区的具体管理规定。同时，各省（自治区、直辖市）积极推进水功能区划工作。2001 年 10 月至 2008 年 8 月期间，全国 31 个省（自治区、直辖市）人民政府先后批复并实施了本辖区的水功能区划。2010 年 11 月，国家标准《水功能区划分标准》(GB/T 50594) 正式颁布实施。

2010 年，水利部组织流域机构对省（自治区、直辖市）批复的水功能区进行了全面复核。在此基础上，会同国家发展和改革委员会、环境保护部，组织各流域管理机构、各省（自治区、直辖市）有关单位，编制完成了《全国重要江河湖泊水功能区划（征求意见稿）》。2010 年 12 月，修改完成《全国重要江河湖泊水功能区划区划（报批稿）》。2011 年 12 月 28 日，国务院批复了《全国重要江河湖泊水功能区划》(国函〔2011〕167 号)。

《全国重要江河湖泊水功能区划》共涉及河流 1027 条，基本上是流域面积 1000km^2 以上的河流，约占全国 1000km^2 以上河流总数的 2/3，涉及总河长 17.8 万 km，湖库总面积 4.33 万 km^2，共 4493 个水功能区。其中，保护区 618 个，河长 3.69 万 km，湖库面积 3.34 万 km；保留区 679 个，河长 5.57 万 km，湖库面积 0.27 万 km^2；缓冲区 458 个，河长 1.36 万 km，湖库面积 0.05 万 km^2。

在 1133 个开发利用区中，划分二级水功能区共 2738 个，河长 7.2 万 km，湖库面积 0.68 万 km^2。其中，饮用水源区 687 个，河长 13160km，湖库面积 2015km^2，一般位于大中城市、县级城市上游水域和规划饮用水取水水域，其分布与城镇密集度、生活用水量和水污染状况等有关；工业用水区 553 个，河长 14999km，湖库面积 179km^2，总体分布特点是南方多于北方、沿海地区多于内陆地区、与工业生产的发达程度基本吻合；农业用水区 625 个，河长 32166km，湖库面积 450km^2，分布特点是北方多于南方、与我国水土资源组合和灌区分布状况吻合；渔业用水区 90 个，河长 2075km，湖库面积 2335km^2；景观娱乐用水区 243 个，河长 3502km，湖库面积 1803km^2；过渡区 309 个，河长 4116km^2，湖库面积 10km^2；排污控制区 231 个，河长 2000km。

（三）水功能区管理

水功能区划的目的是针对不同的功能区，科学地制定水环境保护目标。《水法》第 32 条规定，县级以上人民政府水行政主管部门或者流域管理机构应当按照水功能区对水质的要求和水体的自然净化能力，核定该水域的纳污能力，向环境保护行政主管部门提出该水域的限制排污总量意见；县级以上地方人民政府水行政主管部门和流域管理机构应当对水功能区的水质状况进行监测，发现重点污染物排放总量超过控制指标的，或者水功能区的水质未达到水域使用功能对水质的要求的，应当及时报告有关人民政府采取治理措施，并向环境保护行政主管部门通报。

保护水体，首先要确定其自身的纳污能力。污染控制应当建立在水环境承载能力基础上，当水域容纳了超过其自身净化能力的污染物质时，就表现出被污染的特征。核定水域的纳污能力、提出水域的限制排污总量意见，并与排污许可结合衔接，将构成完整的点面结合的水环境管理技术和管理体系。也就是，通过划分水功能区，核定水域纳污能力，提出限制排污总量意见，建立水功能区限制纳污制度，这是我国水环境的宏观管理制度。

为此，《水功能区监督管理办法》规定，对水功能区实行保护和监督管理，应当根据其功能定位和分级分类要求，统筹水量、水质、水生态，严格管理和控制涉水活动，促进经济社会发展与水资源水环境承载能力相协调。经批准的水功能区划是水资源开发利用与保护、水污染防治和水环境综合治理的重要依据，应当在水资源管理、水污染防治、节能减排等工作中严格执行。国家实行水功能区限制纳污制度和水功能区开发强度限制制度。县级以上地方人民政府应当加强水功能区限制纳污红线管理，严格控制对其水量水质产生重大影响的开发行为，严格控制入河湖排污口设置和污染物排放总量，保障水功能区水质达标和水生态安全，维护水域功能和生态服务功能。

水功能区监督管理实行流域管理与行政区域管理相结合。流域管理机构负责流域内重要江河湖泊水功能区监督管理的综合协调，并对含有省界断面的水功能区（包括省界缓冲区）以及流域管理机构直接管理的河道（河段）、湖泊、水库的水功能区实施监督管理。其他水功能区按省（自治区、直辖市）人民政府水行政主管部门确定的管理权限监督管理。

流域管理机构会同有关省（自治区、直辖市）人民政府水行政主管部门，核定全国重要江河湖泊水功能区水域纳污能力，提出限制排污总量意见，报送国务院水行政主管部门和环境保护主管部门。县级以上地方人民政府水行政主管部门应当核定辖区内水功能区水域纳污能力，向环境保护行政主管部门提出限制排污总量意见，同时报本级人民政府和上一级水行政主管部门。各级人民政府要把限制排污总量作为水污染防治和污染减排工作的重要依据，完善入河湖排污管控机制和考核体系。

流域管理机构根据水功能区保护目标、水域纳污能力、敏感水生态保护目标，以及流域水污染防治和水资源保护等规划要求，提出流域入河排污口布局规划或指导意见。县级以上地方人民政府水行政主管部门应当会同有关部门，按照经批准的入河排污口布局规划或指导意见，编制入河排污口整治方案，报同级人民政府批准后实施。

县级以上地方人民政府水行政主管部门和流域管理机构根据管理权限，对入河排污口实施巡查和监督检查，必要时可会同有关部门开展联合监督检查。县级以上地方人民政府水行政主管部门或者流域管理机构发现重点水污染物排放总量超过水功能区控制指标的，或者水功能区的水质未达到其使用功能对水质要求的，应当及时报告有关地方人民政府采取治理措施，并通报有关地方人民政府环境保护行政主管部门。

思 考 题

1. 阐述公共产品的特点、分类及其生产和提供方法。
2. 阐述美国水体功能和水质管理。
3. 阐述我国水功能区划分类体系和各级功能区功能目标。

参 考 文 献

[1] 沈大军. 水管理学概论 [M]. 北京：科学出版社，2004.
[2] 小贾尔斯·伯吉斯. 管制和反垄断经济学 [M]. 上海：上海财经大学出版社，2003.
[3] 刘兰. 外部性问题及其解决办法 [J]. 武汉交通管理干部学院学报. 2003，1：55-59.
[4] 李青山，冯明祥，王福庆. 水功能区划分实用手册 [M]. 长春：东北师范大学出版社，1999.

第十六章　水污染物排放许可

相对于取水许可，水污染物排放许可是水环境管理中进入限制的一种手段，也是国际上广泛应用的水环境管理手段。1988 年，我国颁布了《水污染物排放许可证管理暂行办法》，规定了水污染物排放许可制度在我国的实施和管理。2016 年印发了《控制污染物排放许可制实施方案》，2018 年颁布了《排污许可管理办法（试行）》，开始全面实施污染物排放许可制度。

第一节　污染物排放许可制度基本理论

经济学对环境污染原因的一个重要解释是环境缺乏一系列完善和有效的产权。因此，如果建立清晰的环境产权，污染问题将可以通过市场手段得以有效解决。污染物排放许可制度就是基于这个基本理论：建立产权并将其分配；若建立交易机制，将会产生一个污染物许可（权）交易市场，形成污染许可（权）的市场价格。排污者将根据这一价格调整其污染物排放行为，以使其成本最低。

污染物排放许可证可以通过两种方式发放：①直接发放，通常是按照发放时的污染物排放量比例分配，简称发放式；②拍卖，企业可以拍卖买卖许可证。如果企业最初分配到的许可证并不能使其成本达到最低，边际控制成本较高的企业将会成为买者，而较低的成为卖者。另外，许可证的初始发放也可以采取拍卖形式。

第二节　美国水污染物排放许可制度

美国 1972 年《清洁水法》建立了国家消除污染排放制度（national pollutant discharge elimination system，NPDES），也就是水污染排放许可制度。

《清洁水法》建立了基于水质的控制要求，同时重视基于技术或管道末端控制战略。其第 101（a）节制定了宏伟的目标：①国家目标是 1985 年消除向航运水体排放污染物；②1983 年 7 月 1 日的中间目标是实现保护鱼类、贝类和野生生物繁殖，以及提供娱乐水质；③国家政策禁止有毒污染物排放。修正案还包含其他四个重要准则：①向水体排放污染物不是一个权利；②排放需要得到联邦政府的许可；③污水必须以经济可实现的最好技术处理，而不考虑受纳水体的条件；④若在实现经济可实现的最好技术处理目标时，受纳水体水质仍然恶化，必须实现基于水质的排放限制。

其第四章建立了水污染物排放许可制度（第 402 节），命名为国家消除污染排放制度。根据国家消除污染排放制度，所有向美国水体排放污染物的点源设施需要获得许可。许可提供了两个层次的控制：技术限制（基于排放者在相同产业处理污水的能力）和水质限制（如果技术限制不能够提供保护水体的技术）。从1973—1976年签发的第一轮许可要求非市政（工业）设施满足两个技术标准：现行能获得的最佳控制技术（best practicable control technology currently available，BPT）和经济上可实现的最佳可获得技术（best available technology economically achievable，BAT），其实施的最后期限分别为1977年7月1日和1983年7月1日。市政设施被要求于1977年7月1日实现二级（生物）处理标准。

联邦环境保护署定义BPT为每一个产业或子产业的良好运行处理厂的最好运行水平的平均，其标准根据水污染物削减效益和产业实施技术的成本调整。联邦环境保护署定义BAT为与已取得或能取得的最优控制和处理手段相关的运行水平。对BAT，联邦环境保护署仍然要考虑获得成本，但并不要求平衡实施成本与污染削减效益。除了BPT和BAT要求外，第306节还建立了新（排放）源运行标准（new source performance standards，NSPS），并建立了更严格的要求。联邦环境保护署定义新源为，任何根据NSPS开始修建的污染物排放设施。NSPS旨在按照BAT制定最严格的限制，这些限制反映了当代新污染源处理技术水平，因为新源排污者可以在开始时采用最有效的生产过程和最先进处理技术。

联邦环境保护署努力以技术限制为基础建立全国统一的水污染物排放限制。但是授予第一批许可时，大多数导则还没有制定。因此，约75%的第一批许可根据法律授予，这些法律允许许可授予者使用其最专业判断（best professional judgment，BPJ）（通常根据产业和特定排放的知识）建立限制，而不是根据大量人员基于专业知识建立的国家标准。

由于缺乏有毒污染物处理能力知识，联邦环境保护署颁布的导则没有解决有毒物问题。更为严重的是，在法定期限内联邦环境保护署没有制定所有法律要求的水污染物排放导则。由于这些原因，自然资源保护理事会（Natural Resources Defense Council）起诉联邦环境保护署，形成1976年法院判决。

法院判决纳入了1977年修正案，将重点从控制“常规”污染物向控制有毒污染物排放转变。1977年修正案第304（a）（4）节将五天生化需氧量（BOD_5）、总悬浮颗粒（TSS）、pH值、大肠杆菌（fecal coliform）和油脂（oil and grease）（1979年增加）规定为常规污染物。第307（a）（1）节要求建立和公布有毒或联合污染物目录，经常被称为优先污染物。最初65类有毒污染物和污染物分类被确定，后来扩大到126类。如氯或氨等没有包括在常规或有毒污染物的物质，被称为非常规污染物。

1977年修正案调整了技术标准，以反映向控制有毒污染物的转变。第一轮许可中由BPT控制的常规污染物，现在受新的水平控制，为最佳常规污染物控制技术（best conventional pollutant control technology，BCT），实施期限是1984年7月1日。BCT并不是一个额外的限制，但代替BAT控制常规污染物；而BAT仍然控制有毒物和非常规污染物。《清洁水法》规定，BAT控制包括有毒物和非常规污染物，实施期限延长至1984年7月1日。《清洁水法》认识到，技术限制不能有效控制有毒物质对水体的排放。为较好完成技术限制工作，联邦环境保护署于1984年2月启动了一个基于水质方法的国家政策，以控制有毒物。1987年修正案建立了州实现水质标准的战略。

1987年修正案又一次同时延长满足BAT和BCT水污染物排放限制的时间至1989年3月31日，同时建立了由国家消除污染排放制度管理的工业和市政雨洪排放的新时间表。

除了满足基于水质的标准，工业雨洪排放必须满足同等的BAT和BCT水污染物排放水质标准。市政雨污分流系统排放要求控制削减污染物排放至“最大可实施程度”（maximum extent practicable）。另外，1987年修正案要求联邦环境保护署制定下水道污泥中的有毒物定量限制，以控制这些有毒物；还建立了一个法定的“反退化”要求，可以修改或重发现行许可，以限制不应该实施的不严格的水污染物排放限制、标准和条件。

国家消除污染排放制度对污染物、点源和美国水体做了具体规定。污染物的定义十分广泛，包括工业、市政和农业向水体排放的任何类型废弃物。为了管理方便，污染物分为常规、有毒和非常规三个组。常规污染物有五类（如前所述）；有毒污染物或优先污染物定义在《清洁水法》第307（a）（1）节，包括金属和人工合成有机化合物；非常规污染物是指不包括在以上两组的物质，包括如氨、氮、硫、化学需氧量（COD）和总排放毒物（whole effluent toxicity，WET）。

进入水体的污染物可以从各种途径排放，如农业、生活和工业源。管理上，这些排放源一般分为点源和非点源。典型的点源排放包括公共污水处理设施、工业设施、城市径流等。尽管国家消除污染排放制度管理特定类型的农业活动（如动物集中养殖），农业生产的绝大部分活动被定义为非点源，而不在国家消除污染排放制度管理范围之内。

污染物的排放分为直接排放源和间接排放源。直接排放源直接排放污水至受纳水体，而间接排放源排放污水至公共拥有的污水处理设施，然后再排入受纳水体。国家消除污染排放制度许可只向直接排放源发放。工业和商业的间接排放者先由国家预处理项目（national pretreatment program）管理，通常这也认为是国家消除污染排放制度的一部分。除了这些主要排放者外，另外还有一些特定类型的排放受国家消除污染排放制度的管理。

市政（排放）源是指公共拥有的污水处理设施，直接接纳居民和商业用户的生活污水。大型公共污水处理设施也接收和处理工业设施（间接排放者）向污水管道系统排放的污水。公共污水处理设施处理的污染物包括常规污染物，也可能包括非常规污染物和有毒污染物。非常规污染物和有毒污染物根据商业和工业排放污染物的特性而定。公共污水处理设施提供的处理包括物理分离和沉淀、生物处理和消毒，处理后产生污水和污泥（由市政下水道污泥项目管理，municipal sewage sludge program）。一些老旧的污水处理厂还有雨污合流溢流系统，在暴雨时排放未处理污水。雨污合流溢流系统同时收集生活污水和雨洪，相对投资较低，受国家消除污染排放制度管理。许多市政城镇的雨污分流管道系统也要求满足国家消除污染排放制度的要求。因此，管理市政污染源的国家消除污染排放制度包括国家预处理项目、市政下水道污泥项目、雨污合流溢流系统和市政雨洪项目（municipal storm water program）。

非市政（排放）源包括工业和商业设施，其产品和设施的处理过程都是独特的。不像市政（排放）源，工业的原材料、生产过程、处理技术和排放污染物的类型差别很大，而且与工业和特定设施的特点密切相关。工业设施一般在特定工业区运行，因此其收集系统一般比公共污水处理设施简单。工业设施可能排放雨洪（如被生产活动、与原材料接触和产品存储活动等污染的雨洪）和没有处理的废水（如非接触的冷却水）。国家消除污染排放制度管理工业设施的废水排放。但由工业设施产生的剩余物（污泥）不受国家消除污染排放制度管理。应用于工业排放源的特定的国家消除污染排放制度包括处理废水排放（process wastewater discharges）、非处理废水排放（non-process wastewater discharges）和工业雨洪项目（industrial storm water program）。

联邦环境保护署定义的美国水体包括航运水体，航运水体的支流，州际水体，由州际旅行者娱乐和其他使用的、在州际商业销售的鱼类和贝类原产地、由从事州际商业的工业利用的州内湖泊、河流。这个定义根据美国《宪法》的商业条款，包括所有可能在联邦辖权下的水体。这个定义实际解释为美国的所有地表水体，包括湿地和季节性溪流。作为一个传统的概念，地下水没有被认为是美国（联邦）的水体，因此，向地下水的排放不受国家消除污染排放制度管理。如果，相反地，向与附近地表水体有"水文联系"的地下水排放，排放者可能需要申请国家消除污染排放制度许可，因为排放水体被认为是美国水体。州管理地下水，因此可以决定向地下水排放是否要求国家消除污染排放制度的许可。

排放许可是在给定条件下，一个设施向受纳水体排放一定数量污染物的许可证。国家消除污染排放制度的两个基本许可类型是单独和通用许可。单独许可是单独为一个设施而建立的许可。在收到一个特定设施提交的合格申请后，许可机构根据许可申请的信息（污水特征、排放特性、受纳水体水质等），为这个设施授予一个许可。机构为设施颁发特定时期（不超过5年）的许可，并要求设施在许可到期前重新申请。

通用许可包括特定类别的多种设施。由于一个许可下可能包括大量的设施，通用许可对许可机构提供了一个降低成本的有效选择。根据国家消除污染排放制度条款，通用许可可以包括具有共同性质的点源类别，如雨洪点源，包括相同和显著相同运行类型的设施，排放相同类型污水或处理相同类型污泥或使用相同处理手段的设施，相同污水排放限制、运行条件或污泥使用和处理标准的设施，相同或相似监测的设施等。但通用许可可能只颁发给特定地区的排放者，如城市、县和州等行政边界内，指定规划地区，污水收集区或污水机构。通过颁布通用许可，许可机构可以以更有效方式提供更及时许可覆盖。例如，具有相同特性的大量设施可以包含在一个通用许可，从而节省向每一个设施颁发单独许可的时间和开支。另外，使用通用许可保证了相似设施许可条件的一致性。

所有国家消除污染排放制度许可至少都包括五个方面的内容：①封面，一般包括被许可者的姓名和地点、颁布许可的声明，以及允许排放的特定地点；②污水排放限制，是控制污染物向受纳水体排放的基本机制，许可授予者需要花费大量时间根据可应用处理技术和水质标准制定合适的污水排放限制；③监测和报告要求，用于确定污水排放和受纳水体的特性、污水处理效率评估、决定是否符合许可条件等；④特定条件，补充污水排放限制的条件，例如包括最佳管理措施（best management practices，BMP）、其他监测活动、周围流量调查和毒性削减评价（toxicity reduction evaluation，TRE）；⑤标准条件，应用于所有国家消除污染排放制度的预先设立的条件，这些条件说明许可的法律、行政和程序要求。当然，每一个许可包括这五个部分，但每一部分的内容随被授予许可设施和许可类别而不同。

尽管每一个国家消除污染排放制度的限制和条件对被许可者都是特定的，但建立这些限制和条件以及颁发许可的程序通常相同。这些程序次序在单独许可和通用许可间不同。单独许可的主要程序为：①提出申请和受理申请；②审查许可申请材料的完整性和准确性；③如需要，提供补充信息；④应用申请数据和其他信息建立污水排放技术限制；⑤应用申请数据和其他信息建立污水排放水质限制；⑥比较水质限制与技术限制，选择其中比较严格的作为许可的污水排放限制；⑦建立每一个污染物的监测要求；⑧建立特定条件；⑨建立标准条件；⑩分析差异和其他适用条款；⑪准备事实表，总结需要在许可草案中考虑的主要事实和法律、方法和政策问题，包括许可草案的公众告知和其他支持文件；⑫完成审查和颁发过程；⑬颁发最终许可；⑭确保许可要求被执行。

通用许可的程序与单独许可的基本类似，但仍有明显不同。对具有相似特征的一组或一类排放者授予一个通用许可时，许可机构首先需要明确通用许可的需求。在决定是否建立一个通用许可时，许可机构考虑以下问题：①是否覆盖大量设施？②设施是否具有相似生产过程或活动？③设施是否产生相似污染物？④是否只有一小部分设施可能违反水质标准？其他的步骤与单独许可相同。在通用许可颁发以后，希望包含在通用许可的设施向许可机构提交一个意向声明（notice of intent）；许可机构可能要求描述设施的补充信息，通知设施被包含在通用许可或要求申请一个单独许可。

联邦环境保护署已经开始考虑将国家消除污染排放制度纳入流域规划，这个过程包括评估国家消除污染排放制度的核心职能和如何改进，以更好地促进基于社区的水管理而非单个排放许可。联邦环境保护署制定方法，改进国家消除污染排放制度框架，在保持单独许可和通用许可框架的基础上将流域管理和社区管理纳入非点源污染控制。联邦环境保护署建立了一个流域许可项目，允许当地开展流域规划和选择合适的管理措施，以满足流域目标和《清洁水法》要求。例如，如果当地水质管理机构管辖 3 个流域 30 个排放，可以颁发 3 个流域许可而不是 30 个许可。流域许可将设置流域水质要求，明确流域规划确定的点源和非点源联合控制必须满足的水质要求。另外，流域许可还可以包括满足技术限制和确定的水质要求的单个点源污水排放限制，这些要求可能没有在流域规划中解决。流域许可建立了联邦环境保护署、州和社区一个共同达到《清洁水法》目标和当地流域管理行动目标的框架。

根据《清洁水法》授权，联邦环境保护署直接实施国家消除污染排放制度。但联邦环境保护署可以授权州、地区和部落实施全部或部分项目；同时，如果在州提出申请并满足一定要求时，联邦环境保护署必须授予此项权力。申请授权的州、地区和部落可以申请授权实施基本项目（如对工业和市政排放源颁发单独许可）和其他部分，如国家预处理项目和市政下水道污泥项目等。如果州、地区和部落只有部分授权，联邦环境保护署将实施其他项目。因此，总体上，一旦州、地区和部落被授权实施许可或管理部分项目，联邦环境保护署将不再实施这些活动。但是，联邦环境保护署保留审查每一个由州、地区和部落颁发的许可，并可能反对与联邦要求不一致的内容。如果许可机构没有解决这些反对意见，联邦环境保护署将直接颁发许可。许可颁布后，拥有法律授权的州、地区、部落及联邦机构（包括联邦环境保护署）可以强制实施和执行许可，也可以由私人执行（联邦法院裁决）。如果州、地区和部落没有同意执行国家消除污染排放制度，联邦环境保护署将执行。

第三节　我国水污染物排放许可制度

1984 年《水污染防治法》第 14 条规定，“直接或间接向水体排放污染物的企业事业单位，应当按照国务院环境保护部门的规定，向所在地的环境保护部门申报登记拥有的污染物排放设施、处理设施和在正常作业条件下排放污染物的种类、数量和浓度，并提供防治水污染方面的有关资料。”1989 年召开的第三次全国环境保护会议，把“排放污染物许可制度”确定为八项环境管理制度之一。1989 年《水污染防治法细则》第 6 条中规定，“企业事业单位向水体排放污染物的，必须向所在地环境保护部门提交《排污申报登记表》。……经调查核实，对不超过国家和地方规定的污染物排放标准及国家规定的企业事业单位污染物排放总量指标的，发给排污许可证。”至此，水污染物排放许可制度已经确立。1996 年、2008 年和 2017 年修订《水污染防治法》继续执行此制度。2014 年《环境保护法》第 45 条规定，“国家实行排污许可管理制度。”2017 年《水污染防治法》第 21 条规定，“直接或者间接向水体排放工业废水和医疗污水以及其他按照规定应当取得排污许可证方可排放的废水、污水的企业事业单位和其他生产经营者，应当取得排污许可证；城镇污水集中处理设施的运营单位，也应当取得排污许可证。排污许可证应当明确排放水污染物的种类、浓度、总量和排放去向等要求。排污许可的具体办法由国务院规定。”

对于水污染物排放许可管理，1988 年国家环境保护总局颁布了《水污染物排放许可证管理暂行办法》，规定，对直接或间接向水体排放污染物的企业、事业单位，在污染物排放浓度控制管理的基础上，通过排污申报登记，发放水污染物排放许可证，逐步实施污染物排放总量控制。

2016 年，国务院办公厅印发了《关于印发控制污染物排放许可制实施方案的通知》；随后环境保护部《排污许可证管理暂行规定》明确了排污许可证的申请、核发、实施和监管。2018 年环境保护部《排污许可管理办法（试行）》明确了排污许可证的申请、核发、执行以及与排污许可相关的监管和处罚等行为。2017 年环境保护部公布《固定污染源排污许可分类管理名录》，并于 2019 年更新。

控制污染物排放许可制（以下简称排污许可制）是依法规范企事业单位排污行为的基础性环境管理制度，环境保护部门通过对企事业单位发放排污许可证并依证监管实施排污许可制。排污许可是指环境保护主管部门依排污单位的申请和承诺，通过发放排污许可证法律文书形式，依法依规规范和限制排污单位排污行为并明确环境管理要求，依据排污许可证对排污单位实施监管执法的环境管理制度。

排污许可制是我国固定污染源环境管理的核心制度，是企业守法、部门执法、社会监督的依据。排污许可制衔接环境影响评价管理制度，融合总量控制制度，为排污收费、环境统计、排污权交易等工作提供统一的污染物排放数据。

环境保护部负责全国排污许可制度的统一监督管理，制订相关政策、标准、规范，指导地方实施排污许可制度。省（自治区、直辖市）环境保护主管部门负责本行政区域排污许可制度的组织实施和监督。县级环境保护主管部门负责实施简化管理的排污许可证核发工作，其余的排污许可证原则上由地（市）级环境保护主管部门负责核发。其中，县级环境保护主管部门被调整为市级环境保护主管部门派出分局的，由市级环境保护主管部门组织所属派出分局实施排污许可证核发管理。同时，环境保护部负责建设、运行、维护、管理国家排污许可证管理信息平台，排污许可证申请、受理、审核、发放、变更、延续、注销、撤销、遗失补办在平台上进行。排污许可证的执行、监管执法、社会监督等信息在平台上记录。

排污单位应当实行排污许可管理。其中水污染物排污许可证范围包括直接或间接向水体排放工业废水和医疗污水的企业事业单位，城镇或工业污水集中处理设施的运营单位和依法应当实行排污许可管理的其他排污单位。

我国的排污许可实行行业名录分类管理。环境保护部制订并公布排污许可分类管理名录，对不同行业或同一行业内的不同类型企事业单位，按照污染物产生量、排放量以及环境危害程度等因素进行分类管理。对污染物产生量、排放量或者对环境的影响程度较大、较小和很小的单位分别实行重点管理、简化管理和登记管理。实行登记管理的排污单位，不需要申请取得排污许可证，但应当在全国排污许可证管理信息平台填报排污登记表，登记基本信息、污染物排放去向、执行的污染物排放标准以及采取的污染防治措施等信息。

我国的排污许可实行“一企一证”制度。对排污单位排放水污染物、大气污染物的各类排污行为实行综合许可管理。排污单位申请并领取一个排污许可证，同一法人单位或其他组织所有，位于不同地点的排污单位，应当分别申请和领取排污许可证；不同法人单位或其他组织所有的排污单位，应当分别申请和领取排污许可证。

排污许可证的有效期为首次发放三年，延续换发的有效期五年。排污许可证应明确许可排放的污染物种类、浓度、排放量、排放去向等事项，载明污染治理设施、环境管理要求等相关内容。根据污染物排放标准、总量控制指标、环境影响评价文件及批复要求等，依法合理确定许可排放的污染物种类、浓度及排放量。

排污许可实行自行监测和定期报告制度。企事业单位开展自行监测，安装或使用监测设备应符合国家有关环境监测、计量认证规定和技术规范，保障数据合法有效，保证设备正常运行，妥善保存原始记录，建立准确完整的环境管理台账，安装在线监测设备的应与环境保护部门联网；并如实向环境保护部门报告排污许可证执行情况，依法向社会公开污染物排放数据并对数据真实性负责。排放情况与排污许可证要求不符的，应及时向环境保护部门报告。

排污许可核发机关根据污染物排放标准、总量控制指标、环境影响评价文件及批复要求等，依法合理确定排放污染物种类、浓度及排放量。对新改扩建项目的排污单位，环境保护主管部门对上述内容进行许可时将环境影响评价文件及批复的相关要求作为重要依据。

排污许可证由正本和副本构成，正本载明基本信息，副本载明基本信息、许可事项、管理要求等信息。基本信息包括排污单位名称、注册地址、法定代表人或者实际负责人、生产经营场所地址、行业类别、组织机构代码、统一社会信用代码等，以及排污许可证有效期限、发证机关、发证日期、证书编号和二维码等信息。排污许可证副本载明的事项包括：①排污口位置和数量、排放方式、排放去向等；②排放污染物种类、许可排放浓度、许可排放量；③污染防治设施运行、维护，无组织排放控制等环境保护措施要求；④自行监测方案、台账记录、执行报告等要求；⑤排污单位自行监测、执行报告等信息公开要求；⑥法律法规规定的其他事项。排污许可证副本还应载明主要生产装置、主要产品及产能、主要原辅材料、产排污环节、污染防治设施、排污权有偿使用和交易等信息。对实行排污许可简化管理的排污单位，许可事项可只包括①以及②中的排放污染物种类、许可排放浓度，其他的可以适当简化。

现有排污单位应当在规定的期限内向具有排污许可证核发权限的核发机关申请领取排污许可证。新建项目的排污单位应当在投入生产或使用并产生实际排污行为之前申请领取排污许可证。

排污单位在申请排污许可证前，应当将主要申请内容通过国家排污许可证管理信息平台或者其他规定途径等便于公众知晓的方式向社会公开，公开时间不得少于5日。对实行排污许可简化管理的排污单位，可不进行申请前信息公开。排污单位应当在国家排污许可证管理信息平台上填报并提交排污许可证申请，同时向有核发权限的环境保护主管部门提交通过平台印制的书面申请材料。核发机关收到排污单位提交的申请材料后，对材料的完整性、规范性进行审查，根据排污单位申请材料和承诺，对满足条件的排污单位核发排污许可证。

第四节　排污许可（权）交易

一、排污许可（权）交易理论

排污许可（权）交易由美国经济学家戴尔斯（Dales）于20世纪70年代提出，首先被美国联邦环境保护署应用于大气污染和水污染管理，1990年被用于二氧化硫（SO_2）排放总量控制。作为市场机制在水环境管理应用中的重要手段，排污许可（权）交易正日益受到关注、应用和推广。

排污许可（权）交易是一种以市场为基础的经济政策和经济刺激手段，可直接影响各个主体（包括企业、政府和环保组织等）的行为。其主要特征是把污染控制策略的设计和定位从管制者转向生产者。排污许可（权）交易的前提是环境功能和环境容量的稀缺性，和政府对开发利用环境功能和容量以及生活和生产排污活动的行为实行管制。排污许可（权）交易实质是环境容量使用权交易，是一种典型的私法手段，以追求最大的成本效益为原则。

排污许可（权）交易要求在满足环境要求的条件下，建立合法的污染物排放许可，即排污许可（权），并允许这种许可（权）交易，以此进行污染物的排放控制。其一般的做法是：首先由政府部门确定一定区域的环境质量目标，并据此评估该地区的环境容量。然后推算出污染物的最大允许排放量，并将最大允许排放量分割成若干规定的排放量，即若干排污许可（权）。政府可以选择不同的方式分配这些许可（权），如公开竞价拍卖、定价出售或无偿分配等，并通过建立排污许可（权）交易市场进行交易。在排污许可（权）交易市场上，排污者从其利益出发，自主决定其污染量，从而买入或卖出排污许可（权）。

排污许可（权）交易具有以下优点：

（1）有利于降低企业污染治理成本，排污许可（权）交易市场的存在将使企业可以比较其污染治理成本和市场排污许可（权）价格：如果其治理成本高，它会买进排污许可（权）；如果其成本低，它应该多治理污染，同时将自己多余的排污许可（权）在市场上出售以获得利润。如果没有交易市场，每个企业都必须自己治理污染以达到治理要求，导致治理成本高的企业不堪重负，而治理成本低的企业又不愿多承担治理责任，从而不利于降低整个社会的治理成本。因此，排污许可（权）交易的实质是治理任务在各企业之间的市场优化配置。

（2）有利于污染治理技术的进步，排污许可（权）交易使治理污染变得有利可图，提高了企业治理污染的积极性，并鼓励采用先进的治理技术，以降低成本。

（3）有利于形成污染水平低而生产率高的工业布局，由于排污许可（权）总量有限，以某种形式初始分配给企业之后，新加入的企业只能从市场上购买必需的排污许可（权），新企业只有污染水平足够低、经济效益足够好，才能在购买排污许可（权）后进入市场有利可图。

（4）有利于政府对环境状况进行宏观调控，政府可以通过排污许可（权）的买进和卖出，对环境问题做出及时反应。

（5）有利于遏制环保部门的利己行为，在排污许可（权）交易市场条件下，企业治理污染直接与自身利益相关，环保部门不能从中获益；但在排污收费制度下，企业污染治理程度直接关系到环保部门的"收入"。

但排污许可（权）交易是否能够顺利实施，并达到环境保护的目的，还需要满足一些条件：①必须准确测定交换双方区域环境容量；排污许可（权）交易的基础是区域环境容量，即许可（权）的数量应该是有限而确定的；环境问题往往具有一定的潜伏期，在最初的阶段难以被察觉；②许可（权）应该自由交易，对交易的限制要少，以保证那些最珍惜许可（权）的生产者能买到；③排污许可（权）交易的交易成本，排污许可（权）交易的监督管理成本可能较高，尤其是在缺乏科学高效管理的情况下；④违反许可排污所受到的惩罚必须超过购买许可（权）成本，以激励生产者遵守市场游戏规则；⑤只有极端情况下才能没收许可证，以保持市场的稳定性。最后，必须允许生产者拥有其出售许可证获取的利润。

排污许可（权）交易的经济性也可能导致企业不正常的交易动机，即花钱买排污许可（权）。排污许可（权）交易的初衷是减少污染物的排放量，实现经济、社会和环境保护的协调发展，但许可（权）交易也可能会降低排污者控制污染的动力，用钱来实现自己的义务而不是通过艰难努力来减少污染。

排污许可（权）交易理论认为总量控制是排污许可（权）交易的基础，有利于以低成本、高效益实现环境中污染物浓度和数量的减少。但是，该理论存在以下基本问题：①无论怎样进行交换，排污总量不变，因此不能改善环境（当然，政府购买排污量而不使用是另外一种情况，其实相当于污染治理）；②现实中可能已经有更高效率、对环境更有利的技术，但可能造成污染严重地区买入新排污许可（权），增加当地污染物总量，这实际上是一种隐形的污染转嫁；③把污染转移到买入方的居民身上，这是一种不道德的行为。因此，在一定区域以内运用交易机制解决排污量协调问题的同时，应当进行环境影响评价，防止地域污染转嫁。

另外，排污许可（权）交易市场可能存在市场不完全问题。如果市场只有少数企业或者其中一个规模很大，它们可以通过其买卖行为影响许可（权）交易价格，这样的市场体系就失去效率。导致市场不完全竞争的另一个因素是排斥性行为，即企业选择提高许可（权）的价格，以增加其竞争对手的成本或者使其潜在的竞争对手失去进入市场的兴趣。这种情况通常发生在竞争对手或潜在的竞争对手必须购买同一市场的许可（权），而该企业想排斥竞争对手的时候。

针对这些问题，有观点提出拍卖许可（权）。拍卖将增加一个额外财务成本，即企业必须为其所需的许可（权）付费。与“发放式”不同，拍卖将导致整个行业承担一个正的转移支付，也更具有政治敏感性。拍卖一般有两种形式，第一种是最简单的单一价格拍卖，企业以密封的形式给出自己的报价，许可（权）卖给报价最高者。第二种是“激励相容”的拍卖形式，报价最高者将获得许可（权），但是其实际支付的价格并不是它的报价。如在第二价格拍卖规则下，报价最高的人获得标的物，但按照第二高的报价支付。

二、美国水质交易

美国水质交易（water quality trading，WQT）就是一种水污染物排放许可（权）交易机制。美国环境保护署认识到，市场方式（如水质交易）比传统方式在实现水质目标和经济效益的过程中会提供更多的空间，并可以为创新政策、革新技术、自愿削减污染和提高水质等提供有效的经济激励。

《清洁水法》的水质交易是国家消除污染排放制度中污染物控制的一个手段。1981年，美国威斯康星州狐狸河（Fox River）最早开始了污水排放的BOD交易。20世纪八九十年代，美国的爱达荷州、俄勒冈州、明尼苏达州、康涅狄格州、马里兰州、科罗拉多州和北卡罗来纳州都相继启动了水质交易试点。2003年1月，美国环境保护署颁发了《水质交易政策》(*Final water quality trading policy*)，2004年11月制定了《水质交易评价手册》(*Water quality trading assessment handbook*)。

水质交易的目的是鼓励各州和地方政府针对有助于改善水体水质的营养物、底泥和其他污染物开展水质交易，以降低改善水质的成本。更确切的是，通过水质交易政策鼓励自主交易，推动最大日负荷总量（total maximum daily load，TMDL）的执行，降低执行《清洁水法》的成本。其政策目标为：更早实现受损水体TMDL水质目标或取得进展；采取更有效和灵活方法降低TMDL的实施成本；建立流域内点源和非点源污染物自愿削减的经济激励机制；降低基于水质限制的实现成本；为满足水体指定功能的水质要求，抵消增长所带来的新增污染物排放对水体的影响；取得比现有管理措施更高的环境效益，除了特定要求的污染物削减外，为获得更多的环境效益，联邦环境保护署鼓励建立水质交易信用（water quality trading credit)，比如湿地、野生动物和水鸟栖息地的修复和重建；通过购买和回收信用来保持水质的长期改善；和将生态服务功能与环境效益、经济效益相结合，如湿地修复、改善水质和栖息地的措施等。

1. 交易区域

所有水质交易都应在批准TMDL的流域或规定的区域内进行。交易区域与流域或TMDL边界一致将保证交易只影响相同水体或河段，有助于保证交易区域和连续水域水质稳定和改善。

2. 交易对象

联邦环境保护署支持营养物（如总磷和总氮）和沉积物负荷的交易。此外，联邦环境保护署认识到，如果设计合理的交易和交易程序，除了营养物和沉积物以外的其他污染物的交易也都有可能改善水质并获得相应的环境效益。此类交易的风险可能更高，因此应接受更严的审查，以确保它们符合水质标准。

如果排污许可、TMDL 和流域规划事先允许州、部落或美国联邦环境保护署支持试点交易，联邦环境保护署可能会逐案支持营养物和沉积物以外的污染物交易。

若信息可以支持对水质的影响分析，联邦环境保护署还支持耗氧污染物的跨污染物交易。降低上游营养水平以抵消下游生化需氧量或改善下游溶解氧含量是交叉污染物交易的例子。

目前，联邦环境保护署不支持持久性生物累积性有毒污染物（persistent bioaccumulative toxic，PBT）的交易。联邦环境保护署试图通过试点获取 PBT 交易的更多信息。如果主要负荷不是来自点源，交易实现了 PBT 的大幅减少，并且交易不超过水生生物或人类健康标准，这样交易可能是合适的。如果这样，联邦环境保护署将考虑对其政策进行修订。

如果州或部落的水质标准存在混合区，联邦环境保护署也不支持混合区超过水生生物急性基准、应用水质标准的设计流量确定的混合区边界超过水生生物或人类健康慢性基准的任何交易。

3. 交易基准

污染削减信用需要与水质标准一致。信用意味着污染物的削减量大于管理的要求或 TMDL 的要求。例如，如果 TMDL 已经建立或经联邦环境保护署批准，分配的点源和非点源的污染物负荷就是信用基线。如果交易后水质支持指定用途或交易发生在 TMDL 建立前的受损水体（impaired waters），点源基线需要根据基于污水排放的水质、水质管理定量运行要求或措施制定。非点源基线应该是符合州、地方和部落管理要求的现行土地利用和管理措施下的污染负荷。

4. 交易类型

水质交易分为下列 6 种类型。

(1) 保持水质的交易。在水质达标地区，交易可以保持好的水质，如抵消新增污染物排放。

(2) 受损水体实施 TMDL 前交易。联邦环境保护署支持受损水体 TMDL 前交易，以改善水质。单独交易或流域尺度的交易可以净减少污染物量至基线下的总量。但如果 TMDL 前交易不能达到水质标准，联邦环境保护署将建立 TMDL。

(3) TMDL 交易。联邦环境保护署鼓励在 TMDL、水污染物排放许可制度、流域规划等框架下实施水质交易，但不支持任何延缓 TMDL 实施和超过 TMDL 总量的交易。

(4) 基于技术的交易。除非联邦法律允许，联邦环境保护署不支持满足现行技术限制的交易。钢铁行业基于技术的交易导则允许在一定条件下进行工厂内部的常规污染物、非常规污染物和有毒污染物的水质交易。但联邦环境保护署将考虑在新的或修订的基于技术的交易指南增加内容，以降低实施成本和增加环境效益。

(5) 预处理交易。联邦环境保护署支持市政和地区污水机构在满足预处理和市政排污许可要求的工业企业开展交易。

(6) 厂内交易。美国联邦环境保护署支持已经获得排污许可、从单一设施排入同一水体工厂开展多个排放口获得信用和使用信用的交易。

5. 交易单元、交易信用和有效期

水质交易的实施必须明确交易单元，污染物信用是可交易的单元，它们的表达形式是速率或单位时间内的总量。

时间周期应当满足水污染物排放许可制度或其他法律法规的要求。交易信用需要满足排污许可证对时间周期（比如月份、季节、年度）的限制和要求，信用有效期与污染控制或管理措施的实施时间一致。

三、浙江省排污权交易

2014 年，国务院办公厅印发《关于进一步推进排污权有偿使用和交易试点工作的指导意见》，提出，建立排污权有偿使用和交易制度，是我国环境管理领域一项重大的、基础性的机制创新和制度改革。

浙江省在我国较早开展水污染物排污许可交易。早在 2002 年，嘉兴市部分区域开展了企业排污权有偿使用和交易试点。2007 年，嘉兴市建成排污权交易中心。2009 年，浙江省被正式批复为排污权试点；当年 7 月浙江省人民政府发布《关于开展排污权有偿使用和交易试点工作的指导意见 》，提出，以构建排污权有偿使用和交易机制为突破口，加快形成能够反映环境容量稀缺程度、供求关系和污染治理成本的排污权价格体系；并要求统一政策、属地管理，先在太湖流域和钱塘江流域试行化学需氧量（COD）、全省范围试行二氧化硫（SO_2）排污权有偿使用和交易；然后逐步完善，稳步推进。同时，要求规范初始排污权分配，形成有效的排污权交易机制，建立排污权储备与调控机制，制定出台《浙江省排污许可证管理办法》《浙江省排污权有偿使用和交易管理办法》以及初始排污权分配、排污权交易监管等实施细则，构建交易平台。

2010 年以后，浙江省印发了《浙江省排污权有偿使用和试点工作暂行办法》《浙江省排污权有偿使用收入和排污权储备资金管理暂行办法》《浙江省排污权储备和出让管理暂行办法》《浙江省储备排污权出让电子竞价程序规定（试行）》等文件，在太湖流域、钱塘江流域范围内以及经省环境保护行政主管部门、省财政主管部门同意纳入试点的其他流域的市县内按排污许可证规定有总量控制要求的工业排污单位开展化学需氧量排污权有偿使用和交易，在全省范围内按排污许可证规定有总量控制要求的工业排污单位开展二氧化硫排污权有偿使用和交易。

2010 年，浙江省发布《浙江省排污权抵押贷款暂行规定》（杭银发〔2010〕266 号），开展二氧化硫（SO_2）和化学需氧量（COD）排污权抵押贷款。借款人可以自有的、依法可以转让的排污权为抵押物，在遵守国家有关法律、法规和信贷政策前提下，向贷款人申请获得贷款融资。排污权抵押贷款额度原则上不得超过抵押排污权评估价值的 80%；排污权评估价值参照有偿取得的价格及当期排污权交易市场价格和政府收储价格综合确定，由借款人与贷款人协商评估。

截至 2018 年年底，浙江省共出台了 181 个政策文件，建立了全国试点最全面的排污权政策体系，基本建立了省、市、县三级排污权交易机构，试点范围实现区域全覆盖、四项主要污染物（化学需氧量、氨氮、二氧化硫、氮氧化物）全覆盖和重点工业排污单位全覆盖。2019 年 11 月，浙江省生态环境厅开始发布“浙江省排污权交易指数”。目前，由浙江省排污权交易网可以开展主要四项污染物的政府储备量出让、企业排污权转让和排污权租赁。

思　考　题

1. 阐述美国水污染物排放许可制度特点。
2. 阐述我国的水污染物排放许可制度的特点，并对比中美排污许可制度设计的异同。
3. 阐述排污许可（权）交易的优缺点。
4. 对比美国水质交易和浙江省排污权交易。

参　考　文　献

[1]　沈大军. 水管理学概论 [M]. 北京：科学出版社，2004.
[2]　EPA. Water quality trading policy. 2003.

第十七章　水环境管理经济手段

第一节　理　论　基　础

通常，尽管法律对社会可接受的污染水平做了规定，但生产者可能还是没有激励去控制污染。当市场价格不能反映社会对环境保护的要求时，就缺乏经济激励让生产者将其生产过程的污染控制在社会可接受的范围内。在实现社会最优的污染控制水平方面，如果市场没有给生产者提供准确的信号，管制者有三种工具可以使用：技术约束（实施强制的污染控制标准）、组织联合（使管制者、污染者和受害者共享信息）和经济激励机制（提高逃避污染控制的成本）。

经济激励机制是水环境管理的经济手段，其基本目标是建立环境的合理价格，以促进有效使用和合理配置。经济手段通过影响逃避污染控制的成本，使污染者自行选择污染水平。其内在含义是，通过提高逃避污染控制的成本，使生产者能自行发现成本最小的污染控制策略，从而激励生产者提供社会最优的污染控制水平。因此，经济手段是从影响成本效益入手，引导经济当事人进行选择，以便最终有利于环境的一种手段。这种手段的实现方式是，或在污染者和影响群体之间实现转移支付，如税费等；或建立一个新市场，如排污权交易。

经济手段可以分为三大类：价格配给、责任制和数量配给。价格配给通过缴费、收税或补贴等方式影响生产者的行为，提高逃避污染控制的成本，最常用的价格配给方式是征收排污税（费）。数量配给是由管制部门给污染企业发放“可交易排污许可证”，污染控制成本较低的企业可将其多余的许可证或排污量卖给污染控制成本较高的企业。责任制建立一个社会可接受的行为基准，如果生产者超过了这个基准，它将必须对此负责，比如缴纳罚金等。

理论上，经济手段能够改变生产者的污染控制策略。管制者可以通过征收排污税（费）改变生产者行为，生产者或将按照排污量缴纳排污税（费），或投资于污染控制。如果排污税（费）超过了其污染控制的边际成本，生产者投资于污染控制将比缴纳排污税（费）经济。因此，排污税（费）给生产者提供了这样一种激励：提高污染控制水平，直到其私人最优污染控制水平与社会最优污染控制水平相等。但事实上，所实行的绝大多数税费并没有达到改变人们行为的目的，而是用来增加政府预算收入或者作为环保基金。因为其激励的程度往往太低，不足以让生产者将其污染控制水平提高到社会最优水平。

环境保护中的经济手段在理论和现实之间的重大差异由众多因素决定。其中最重要的因素是缺少成功应用机制所必需的信息，包括点源和非点源污染。建立激励机制改变生产者污染控制策略需要对控制污染的边际成本和边际收益有充分了解。通常情况下，生产者了解其污染控制成本，但如果管制者不完全了解这些信息，生产者就可以利用这种信息不对称为其牟利。一般，信息不对称以“道德风险”和“逆向选择”形式表现。在设计有效的经济手段时，道德风险和逆向选择是考虑的重要问题。当管制者无法监督生产者行为的时候，就产生了道德风险；而逆向选择意味着管制者无法区分污染控制成本较低的生产者和污染控制成本较高的生产者。因此，管制者就会倾向于采用经济手段和技术控制的混合体系。

一般来讲，所有的环境收费都成为政府的财政收入，并可能用于以下三种用途：一是作为资金提供给排放同类污染物者，指定用途，并要求达到预定的削减目标。为了达到预期目标，收费制度设计应能满足弥补削减实际污染水平至预期目标的费用，目前一些国家广泛应用这种方法治理水污染。二是用于环境公共产品和服务设施，如集中收集与处理设施、监测系统或公共部门管理；使用者收费、产品收费和行政收费都属于此类，在水污染防治和废弃物管理中广泛使用。三是作为政府预算，但不指定具体用途，如我国的环境税。

第二节　经济手段种类

一、价格配给：收费和补贴

1. 排污税（费）

排污税（费）的设计思路是，让污染者至少为它们对环境造成的污染负担一部分成本，以减少污染物数量或改善环境质量。与其他方法相比，经济学家更倾向于征收排污税（费），因为通过对排放到环境中的每单位污染物收费，可以使厂商自行减少污染物排放至某一点。在这一点上，每单位污染控制成本恰好等于厂商不控制污染所必须缴纳的排污税（费）。由于生产者间的污染控制成本不同，成本较低的厂商会比成本较高的厂商更愿意降低其污染水平。排污税（费）将激励生产者开发和采用更先进的污染控制技术，以减少其缴纳的费用。由此，如果每个厂商都采用成本最低的污染控制策略，全社会污染控制的总成本将最小化。

几乎所有国家和地区都对点源污染征收排污税（费），用于水污染、废弃物污染和噪声污染的控制。环境保护机构认为，欧洲征收排污税（费）在控制水污染上有效，但却不适用于控制大气污染；这可能是因为对用水者收费更容易被接受，而监督水污染也相对容易。但在现实中，收费几乎没有起到改变人们行为的作用。在排污收费制度设计中，评估污染的货币化损失是一项十分艰巨工作，而监测和估计生产者控制污染的成本也同样困难。

2. 环境浓度税

从以上分析知道，在建立改变人们行为的最优收费体系时，如果缺乏必要的信息，排污税（费）对于许多污染源治理的作用有限。管制者根本无法监督生产者的排污行为，道德风险存在将导致排污税（费）应用的低效率。

为了解决道德风险，管制者可以设计一种基于地区某种污染物总体环境浓度的税收制度，即环境浓度税。如果生产者排污量超过了总体环境浓度，那么它就要受到惩罚；反之，如果生产者排污量低于总体环境浓度，那么它可以得到奖励。这个收费方案包括两部分：第一部分是根据生产者所排放的污染量与某种污染标准的差额征收单位罚金，或给予单位补贴；第二部分是由于没有达到标准而征收的总罚金。单位罚金或单位补贴水平取决于生产者排污量与标准的差距，但总罚金与差距无关。此时，每个污染者的责任不仅仅取决于它自己的排污水平，还取决于整个污染者群体的排污总量。这就产生了一个整个污染者群体必须满足的总体环境浓度。如果管制者发现一种污染物的总体浓度水平超标，那么每一个污染者都必须为超标部分所导致的社会成本付费。这个方案不存在收支平衡问题：从污染者所征收的费用超过污染所带来的社会成本。管制者可以把这些费用用于多种途径，以达到污染治理的目的。环境浓度税制度的最大优点是管制者不必一直监督污染的排放行为。

3. 产品税

理论上可行的排污税（费）和环境浓度税在现实中都存在信息不对称的问题，管制者还有一种可以选择的价格配给方式，即产品税。产品税是一种间接税金，通过对那些引起污染的产出和投入直接征税，间接影响生产者行为。现实中存在一些应用于生产过程中的产品或原材料，这些产品、原材料或它们的包装物被抛弃处理时，会对环境产生污染，对人类健康产生威胁，对于这样的产品和原材料所征收的税就是产品税。产品税通过提高污染性材料和产品成本的方式，激励生产者和消费者用环保产品和材料替代非环保产品和材料，以达到减少污染的目的。产品税通过提高污染性产品生命周期中的每个阶段的环境保护成本来控制污染，也就是针对产品。因此，产品税可以应用于产品生命周期的任何一个阶段，实际上也有多种形式的产品税得到了广泛的应用。

但所有已知的产品税有一个共同的特征，那就是它们对生产者行为明显缺乏影响力。尚未有证据证明产品税使被征税产品或原材料的使用水平显著下降。因此，产品税的实际应用是低效率的，生产者和消费者宁愿缴纳这笔税金也不愿意寻找其他的产品和原材料来替代现有产品和原材料，因为缴纳税金的成本更低。这样，产品税可能永远也无法实现管制者所希望的行为改变发生，其作用最多不过是给管制者提供资金来处理"问题产品"所带来的环境问题。

4. 补贴

补贴是管制者给予生产者某种形式的财务支持。补贴可以作为一种激励，刺激生产者控制污染；或者通过给予生产者补偿，减少管制所带来的经济影响。通常采用的补贴形式包括拨款、贷款和税金减免。补贴广泛应用于许多国家和地区，但通常使用环境保护税（费）收入而不动用国家宏观税收收入。

二、责任制、罚款、押金退还制度和绩效债券

责任制以如下方式设立：设立一种激励使得生产者遵守规定、技术限制或按可接受的行为方式生产。

1. 罚款

罚款是一种重要的责任制形式。如果生产者的污染超标，那么它将被罚款。但现实中存在着由多种污染形式所带来的道德风险问题，比较难以确定具体或准确的违反规定者，这样就可能导致污染责任并未真正施加于责任者。因此，可以探索建立一些不同于传统的罚款机制，如随机惩罚机制。如果总体环境浓度超过了标准，管制者就会随机地选择至少一个生产者罚款，将征收的罚金在减去社会损失后的一部分返还给其他生产者。随机惩罚机制提高了不进行污染控制的预期成本，如果设计合理的话，这将实现理想的污染控制水平，同时又不必监督生产者的行为。

随机惩罚机制比排污税和环境浓度税更具有吸引力的原因主要有两个：①随机惩罚机制比排污税和环境浓度税需要更少的信息。随机惩罚机制只需要站在受污染者的角度监督，只要了解总的环境污染水平的数据，而不必详细了解每个生产者实际的污染控制水平的具体信息。相反，征收税金必须了解每个生产者污染控制的具体而详细的资料。②随机惩罚机制是预算平衡的，不需要财政方面提供额外的资助。排污税征收收入如果超过生产者所造成的损失，将降低社会福利；补贴的支付如超过收益，也将造成浪费。

但这种机制只有在所有生产者都是风险回避者的时候，才能发挥作用。收支平衡的要求造成一个生产者的损失是另一个生产者的收益，这样生产者之间就产生了相互依存的关系。于是，生产者的激励不仅取决于它自身的预期惩罚，也取决于其他生产者的预期惩罚，因为它可以从其他人的受罚中获得好处。因此，通过提高罚金的数量，管制者既提高了逃避污染控制的成本，也提高了逃避污染控制的收益。但提高罚金数量仅仅是提高了生产者从逃避污染控制中所获取的利润。如果生产者是风险中性的，罚金提高并不改变它们逃避污染控制的倾向，因为它们可以获得逃避污染控制的全部边际收益，但只支付一部分的边际成本；逃避的预期收益仍然大于遵守规定的预期收益。但是，如果生产者是风险回避者，那么与获得收益相比它们更担心损失利润。如果它们非常讨厌风险，那么它们会把可能要支付的那一部分边际成本夸大到足以与逃避污染控制所获得的收益相抵的程度。这样，通常情况下遵守规定所获得的好处将会超过逃避污染控制所获得的好处，随机惩罚机制就达到了目的。

2. 押金退还制度

押金退还制度规定，潜在污染性产品的购买者要预先支付一笔额外的费用，当它们把污染性产品或其包装物送回到回收中心再利用或处理时，再把这笔额外的费用退还给它们。这种方法促使人们采取很好的环保行为。多年以来，世界上许多国家都采用押金退还制度来处理饮料瓶，还用于防止废旧电池处理过程中向环境排放有毒物质。实行押金退还制度还能促进安全废弃物市场的形成，激励人们寻找机会回收废弃物。从经济学的观点来看，押金退还制度是有效率的，提高了环保行为的经济利益，增加了破坏环境行为的成本。从管制的角度来看，押金退还制度也有效率。

3. 绩效债券

绩效债券是一种直接促使生产者采用社会所希望的方式进行生产的激励机制。在绩效债券制度下，生产者在生产开始之前预先缴纳一笔债券资金，如果它的行为导致环境污染或者其污染超过标准，那么资金就被没收。绩效债券制度提高了逃避污染控制的成本。但绩效债券没有如罚款那样普遍应用，现在只是初步地应用于情况比较清晰的污染治理，比如采矿业。

绩效债券制度可以降低逃避污染控制的动机。管制者命令生产者缴纳债券资金，给逃避污染控制施加了真实的成本。当生产者认识到它的任何违规行为都可能导致其所交纳的资金丧失时，它在污染控制时就必须考虑这种成本，从而采取管制者所希望的行为。因此，环境债券有很多优点：当一个公司注册时，它需要登记其环境污染程度；生产者按照登记程度交纳债券资金。这种登记结果将成为一个基准，促进环境保护的行为发生。强制生产者交纳债券资金的方式不需管制者证明生产者对污染负责，而要生产者自己举证证明没有对环境造成破坏或没有违规，以避免债券资金被没收。

债券资金的缴纳数量由生产者行为对环境造成的潜在影响决定。如果生产者证明其行为对环境造成的污染成本小于其所缴纳的资金，那么缴纳数量可以减少，从而可以激励生产者将资金用于减少环境污染或应用环保材料生产。

但环境绩效债券很少在实际中得到应用，这主要是其存在的道德风险、流动性约束和合同法律约束三个限制因素。第一个限制因素是管制者的道德风险，当生产者不能观察到管制者的行为时，就会产生管制者的道德风险。如果相对于提高社会福利，管制者对提高其自身的福利更感兴趣，管制者就有可能诬蔑生产者逃避污染控制，从而没收资金。尤其当管制者是债券的唯一发放者时，生产者就只能选择购买债券或退出该行业。第二个限制因素是流动性约束，当生产者被迫缴纳而又没有足够的资本缴纳时，就产生流动性约束：生产者可能没有足够的流动资金用于支付这笔大额的债券。如果生产者不能支付，即使对社会有利，生产者的生产方案也可能不通过。一种解决办法是让保险市场分担借入资金购买债券的风险；但环境保护的债券规模将使保险市场承担高风险。同时，环境债券政策将大大提高企业无力偿还贷款的可能性，所以其成本很大。第三个限制因素是合同执行影响债券的效果。假定一个生产者违规而被没收，但是生产者可以强调违规行为没有在合同中明确规定；或者生产者可能狡辩合同签订时的不正当行为，这样合同就不能很好执行。

第三节 经济手段应用条件

经济手段有效应用于环境保护必须具备一些基本条件，包括信息和管制能力、法律保障、市场竞争和政治适应性等。

一、信息和管制能力

有效运用经济手段需要了解许多信息，包括各种经济手段的成本和收益信息、污染控制技术和潜在替代性评估等。这些信息应该收集并向社会传播，帮助人们建立一个好的认知，以便应用经济手段。当没有明确预期的政策目标或没有建立环境保护思想的法律制度时，经济手段是低效率的。法律必须明确政府行使权力的程序、司法范围和任务、受影响团体的法律地位。管制者需要掌握和应用环境质量和人类福利的指标，了解各种手段的局限性。

管制者期望达到社会最优的污染控制水平，但是可能受其自身能力的限制，无法运用经济手段。管制者需要人员和资金执行、监督和保证制度的有效运行。结果是，管制者通常将经济手段与命令控制型手段相结合。

二、法律保障

经济手段的有效应用，需要法律明确界定产权，建立政府应用经济手段的法律授权，明确制度运行过程中的司法程序。在许多发展中国家和转型经济体，产权不明晰导致经济手段无法有效运转，尤其是在公共产权制度下，基于私人产权而建立的激励制度更缺乏效率。

三、市场竞争

当竞争是经济的主流时，经济手段往往更有效率。没有竞争性市场的存在，建立可交易许可（权）的市场很困难。在存在大量买者和卖者的活跃市场上，经济手段会发挥最大优势。信贷市场、债权债务市场和保险市场在经济手段应用中也扮演重要角色。例如，在环境绩效债券制度下，资金短缺的生产者如果不能在信贷市场上借到钱，就很难缴纳环境绩效债券资金。如果没有这些市场，需要大量资金才能运行的经济手段将会使大生产商拥有强大市场优势，而使那些无法周转资金用于控制污染的小生产商和偏远地区的生产商处于劣势。

四、政治适应性

尽管经济学家提出了各种经济手段，以影响成本的方式来控制污染，但是管制者却要直接面对那些采用经济手段后的获益者和受损者。这些获益者和受损者包括管制者、生产者和那些深受污染所害并被受害者组织所影响的人们。这些力量将决定经济手段的政治适应性。例如，随机惩罚机制就缺乏政治适应性，因为即使一个生产者已使自己的污染控制水平达到了社会最优的水平，但是由于生产者团体整体上没有达到社会最优水平，它还是可能被惩罚。环境绩效债券由于污染控制的资本市场和保险市场弱小也会面临政治压力。

第四节 我国水污染物排放收费制度

一、排污费

排污收费制度在我国已有 40 多年的历史。1979 年《环境保护法（试行）》第 18 条规定，“超过国家规定的标准排放污染物，要按照排放污染物的数量和浓度，根据规定收取排污费”，从法律上确立了我国的排污收费制度。1984 年《水污染防治法》建立了我国的水污染物排放收费制度，其第 15 条规定，“企业事业单位向水体排放污染物的，按照国家规定缴纳排污费；超过国家或者地方规定的污染物排放标准的，按照国家规定缴纳超标准排污费，并负责治理。”

自 1979 年苏州市在全国率先进行排污收费试点，至 1981 年年底，全国有 27 个省（自治区、直辖市）逐步开展了排污收费的试点工作。1982 年 2 月，在总结全国试点工作的基础上，发布了《征收排污费暂行办法》，对收费目的、征收、管理和使用作出了统一规定。征收排污费的目的是，为了促进企业事业单位加强经营管理、节约和综合利用资源、治理污染、改善环境。排污费征收范围是，超过标准（指 1973 年的《工业“三废”排放试行标准》）排放污染物的企业、事业单位。征收的排污费，纳入预算内，作为环境保护补助资金。

1988 年《污染源治理专项基金有偿使用暂行办法》规定，基金设立的目的是对环境保护补助资金实行有偿使用，向污染单位贷款，征收的超标准排污费用于补助重点排污单位治理污染源资金，提取比例在 20%～30%幅度内。同样，1996 年修订的《水污染防治法》第 15 条规定，企业事业单位向水体排放污染物的，按照国家规定缴纳排污费；超过国家或者地方规定的污染物排放标准的，按照国家规定缴纳超标准排污费。排污费和超标准排污费必须用于污染的防治，不得挪作他用。

2003 年 1 月，国务院颁布了《排污费征收使用管理条例》（简称《条例》），具体规定了我国水污染物排放收费制度，同时废除了以前的《征收排污费暂行办法》和《污染源治理专项基金有偿使用暂行办法》。《条例》规定，直接向环境排放污染物的单位和个体工商户（简称排污者），应当依照规定缴纳排污费；国务院价格主管部门、财政部门、环境保护行政主管部门和经济贸易主管部门，根据污染治理产业化发展的需要、污染防治的要求和经济、技术条件以及排污者的承受能力，制定国家排污费征收标准。排污费的征收、使用必须严格实行“收支两条线”，征收的排污费一律上缴财政，列入环境保护专项资金进行管理；向水体排放污染物的，按照排放污染物的种类、数量缴纳排污费；向水体排放污染物超过国家或者地方规定的排放标准的，按照排放污染物的种类、数量加倍缴纳排污费。

关于水污染物排放收费标准，1992 年《关于发布环保系统行政事业性收费项目及标准的通知》规定，超标污水排污费征收标准按照污染物类别和超标标准界定，收费额以超标收费单价乘以排放污染物超标总量计算。2003 年《排污费征收标准管理办法》规定，污水排污费按排污者排放污染物的种类、数量以污染当量计征，每一污染当量征收标准为 0.7 元；超过国家或者地方规定的水污染物排放标准的，按照排放污染物的种类、数量和规定的收费标准计征的收费额加一倍征收超标准排污费。2014 年《关于调整排污费征收标准等有关问题的通知》将污水中的化学需氧量、氨氮和五项主要重金属（铅、汞、铬、镉、类金属砷）污染物排污费征收标准调整至不低于每污染当量 1.4 元。

对水污染物排污费结构，1992 年《关于发布环保系统行政事业性收费项目及标准的通知》规定和 2003 年《排污费征收标准管理办法》规定单一价格收费。2014 年《关于调整排污费征收标准等有关问题的通知》实行差别收费，企业污染物排放浓度值高于国家或地方规定的污染物排放限值或者企业污染物排放量高于规定的排放总量指标的，按照征收标准加一倍征收排污费，同时存在上述两种情况的加二倍征收排污费；企业生产工艺装备或产品属于淘汰类也加一倍征收排污费；而企业污染物排放浓度值低于国家或地方规定的污染物排放限值 50%以上的，减半征收排污费。

对每一排放口征收污水排污费的污染物种类数，2003 年规定为以污染当量数从多到少的顺序，最多不超过 3 项；2014 年调整为对五项主要重金属污染物均须征收，其他污染物按照污染当量数从多到少排序，对最多不超过 3 项污染物征收排污费。

从 20 世纪 70 年代末到 2018 年，我国水污染物排放收费制度不断发展和完善，从超标收费发展成为排污收费和超标收费、从单一价格发展到级差价格，同时征收的污染物种类日渐合理，收费标准也不断提高。

二、环境保护税

尽管经过不断调整、改革和优化，排污费在控制污染物排放、筹措环保资金等方面起到了一定的积极作用，但由于其自身存在执法刚性不足、政府干预、征收标准偏低、征收范围偏窄等弊端，难以实现环境保护的目标。在这一情况下，开征环境保护税成为必然。

2016 年，我国制定《环境保护税法》。规定，自 2018 年 1 月 1 日起，正式开征环境保护税，从而替代了近 40 年的排污收费制度。

我国开征的“环境保护税”是指以保护环境为目的，针对应税污染物进行强制性征税的税种。其纳税人为直接向环境排放应税污染物的企业事业单位和其他生产经营者。

应税水污染物的具体适用税额的确定和调整，由省（自治区、直辖市）人民政府统筹考虑本地区环境承载能力、污染物排放现状和经济社会生态发展目标要求，在《环境保护税税目税额表》规定的税额幅度内提出，报同级人民代表大会常务委员会决定。

应税水污染物按照污染物排放量折合的污染当量数确定；应税水污染物的污染当量数，以该污染物的排放量除以该污染物的污染当量值计算。每一排放口的应税水污染物，区分第一类水污染物和其他类水污染物，按照污染当量数从大到小排序，对第一类水污染物按照前五项征收环境保护税，对其他类水污染物按照前三项征收环境保护税。省（自治区、直辖市）人民政府根据本地区污染物减排的特殊需要，可以增加同一排放口征收环境保护税的应税污染物项目数。环境保护税应纳税额为应税水污染物的应纳税额为污染当量数乘以具体适用税额。

同时，《环境保护税法》规定了暂予免征和减征环境保护税的情形。对水污染物排放免征的包括：①农业生产（不包括规模化养殖）排放应税污染物的；②依法设立的城乡污水集中处理、生活垃圾集中处理场所排放相应应税污染物，不超过国家和地方规定的排放标准的；③国务院批准免税的其他情形。减征的情形主要有：纳税人排放应税水污染物的浓度值低于国家和地方规定的污染物排放标准 30％的，减按 75％征收环境保护税；纳税人排放应税大气污染物或者水污染物的浓度值低于国家和地方规定的污染物排放标准 50％的，减按 50％征收环境保护税。

环境保护税开征实施较为顺利。根据财政部统计，2018 年和 2019 年环境保护税收入分别为 151 亿元和 221 亿元。

思考题

1. 阐述水环境保护经济手段的类型。
2. 阐述我国排污收费发展过程和阶段特点。
3. 阐述我国环境保护税的设计。

参考文献

［1］ 沈大军. 水管理学概论［M］. 北京：科学出版社，2004.
［2］ 姚志勇. 环境经济学［M］. 北京：中国发展出版社，2002.

第十八章 水环境管理体制

第一节 美国水环境管理体制

一、联邦

20世纪70年代初，针对公众对城市空气恶化、废弃物和城市供水污染等问题的日益关注，时任美国总统尼克松向参众两院提交了37个环境问题的报告，包括要求40亿美元用于水处理设施等。同时总统成立一个理事会研究如何组织联邦政府的污染削减项目，以保证这些项目有效解决其提出的环境问题。根据理事会的建议，总统向国会建议将联邦政府环境保护职能置于一个机构，这样的重组将提高应对环境问题的能力。

1970年12月2日，美国联邦环境保护署正式成立，将联邦的研究、监测和实施集中于一个机构，其使命是保护人类健康和保卫生命依赖的自然环境——大气、水和土地。为了实现这个使命，美国联邦环境保护署致力于确保：美国人拥有清洁的空气、土地和水；国家为减少环境风险所做的努力基于现有的最佳科学信息；按照国会要求，公正、有效地执行和实施保护人类健康和环境的联邦法律；环境管理是美国自然资源、人类健康、经济增长、能源、交通、农业、工业和国际贸易的政策不可或缺的组成部分，在制定环境政策时同样考虑了这些因素；社会的各个部分，包括社区、个人、企业以及州、地方和部落政府，都可以获取足以有效参与管理人类健康和环境风险的准确信息；潜在责任方将污染的土地和有毒场所清理干净并恢复；对市场上的化学品进行安全性审查。

美国联邦环境保护署的工作包括：①制定并实施法规，通过制定法规或管制措施实施国会制定的环境法律；如建立国家标准，让州和部落在其法律体系中实施；如果州和部落不能成功实施，联邦环境保护署将提供帮助；同时，联邦环境保护署也实施其自己的法规和管制措施，并帮助企业了解法规和管制要求；②资助项目，美国联邦环境保护署几乎有一半的预算用于州环境项目、非盈利组织、教育机构和其他机构等的资助；③研究环境问题，通过遍布全国的实验室，发现、研究和解决环境问题，同时与其他国家、私营部门、学术机构和其他机构等共享信息；④资助伙伴关系，与企业、非盈利组织、州和地方政府建立数十种合作伙伴关系，包括节约用水和能源、减少温室气体排放、再利用固体废物以及控制农药风险等；⑤开展公众环境教育；⑥发布信息，通过书面材料和官网向公众发布信息。除了位于首都华盛顿的总部外，美国联邦环境保护署有10个地区办公室。

对于水环境管理，联邦环境保护署的工作通过水办公室实施（Office of Water）。水办公室下设地下水和饮用水，科学和技术，污水管理，湿地、海洋和流域4个部门。水办公室保障饮用水安全，恢复和维护海洋、流域及其水生生态系统，以保护人类健康、支持经济和娱乐活动，并为鱼类、植物和野生动物提供健康的栖息地。

水办公室负责实施《清洁水法》和《安全饮用水法》，以及1990年《沿海地区法》重新授权修正案、《资源保护和恢复法》《海洋倾倒禁令》《海洋保护、研究和保护区法》《海岸保护法》《海洋塑料污染研究和控制法》《伦敦倾销公约》《国际防止船舶造成污染公约》和其他一些法规的部分。

水办公室总部和10个地区办公室、州和当地政府、印第安部落、被管理社区、有组织的专业和利益团体、土地拥有者和管理者以及更广泛的公众共同工作。水办公室提供指导、制定科学方法和收集数据，监督和促进交流，帮助州和印第安部落开展能力建设和授权它们实施水项目。

因此，从以上美国联邦的水环境管理体制安排可以看出，美国联邦水环境管理体制不同于水资源管理的体制，国家对水环境管理采取较为集中的管理模式，而且联邦的水环境管理职能和权限明显大于水资源管理和水服务管制，而且基本上由联邦环境保护署负责。

二、加利福尼亚州

在加利福尼亚州，州水资源控制委员会负责水环境管理。其使命是，为了现在和未来的利益，保护、加强和恢复加利福尼亚州水资源和饮用水质量，以保护环境、公众健康和所有的有益使用，保障水资源的合理配置和高效利用。

早在20世纪40年代中期，水介疾病、渔业和娱乐水体水质下降，伴随着第二次世界大战时期的工业发展和人口增加引起了对水污染控制的关注。但当时，许多政府机构拥有对废弃物处置、公共健康或水等的管理权限，设想以有计划方式去解决污染问题没有成功。城市需要为建设污染控制项目提供大量资金，工业行业发现地方、州和联邦管理机构不同的法律解释和重叠的职能。同时，由于管制者不能提供污染控制条件的清晰规则，新工业项目被阻碍。因此，包括城市、工业、农业和娱乐用水户在内的所有利益方都寻求更加有效和公平的水污染控制。

1949年，州众议院水控制委员会认识到，现有法律和程序的不合理，工业和人口增长将耗尽州的供水；认为，只有找到一条最优的水质保护和经济发展途径，有限的水资源才能得到良好节约和保护；建议对加利福尼亚州的水污染控制和水质保护进行彻底改革。1949年根据州《水污染法》成立州水污染控制委员会（State Water Pollution Control Board），其职责是开展全州的污染控制，协调州机构和政治组织的水污染控制活动。根据《水控制法》在州的9个主要流域建立了地区水污染控制委员会（Regional Water Pollution Control Board），监督和实施州污染削减项目。州水资源控制委员会于1967年根据法律成立，是州环保局（California Environmental Protection Agency，CalEPA）的组成部分。

按照联邦的《清洁水法》和州《水质控制法》，州水污染控制委员会和9个地区水质控制委员会（Regional Water Quality Control Boards）拥有保护水质的管制职能，管理向地表水体（河流和海洋等）和地下水体（通过土壤）的污水排放；同时管理建筑物、工业和市政的雨洪排放，灌溉农业排水，清淤和填埋，401许可（指《清洁水法》第401节规定的管理排放的许可，但不是国家消除污染排放制度，国家消除污染排放制度在《清洁水法》第402节）下的任何对联邦水体的改变，以及其他破坏水质的活动，包括160万英亩湖泊、130万英亩海湾和三角洲、211000英里河流和约1100英里海岸。9个地区水质控制委员会是半自主性质，制定本辖区的流域规划，自行决定本辖区的水质管理，如制定标准、制定水污染物排放要求和发放许可证、监测水质、决定是否满足这些要求和执法等。

除了水权处管理水权以外，委员会设有饮用水处管理公共饮用水系统，以及水质处管理地表和地下水质。

第二节　我国水环境管理体制发展和现状

新中国成立70多年来，我国的环境保护事业从无到有，从小到大，特别是1970年以来，随着环境问题的日益严重和国际上对环境的日益关注，我国环境保护工作更是取得了重大进展。目前，从总体上看，我国生态环境质量持续好转，出现了稳中向好趋势，但成效并不稳固。在应对环境问题过程中，我国环境管理体制也日益发展和完善，并经历了多次改革。同样，我国的水环境管理体制也经历了多个合并和重组的过程。

一、我国水环境保护管理体制发展过程

20世纪50年代至70年代初期，由于当时人口相对较少、生产规模不大，所产生的环境问题大多是局部性的生态破坏和环境污染。经济建设与环境保护之间的矛盾尚不突出。

1973年8月，国务院召开第一次全国环境保护会议，审议通过了“全面规划、合理布局、综合利用、化害为利、依靠群众、大家动手、保护环境、造福人民”的环境保护工作32字方针和我国第一个环境保护文件——《关于保护和改善环境的若干规定》。至此，我国环境保护事业开始起步。

1974年10月25日，国务院环境保护领导小组成立，负责统一管理全国的环境保护工作，其主要职责是：①贯彻并监督执行国家关于保护环境的方针、政策和法律、法令；②组织拟定环境保护的条例、规定、标准和经济技术政策；③组织制定环境保护的长远规划和年度计划，并督促检查其执行；④统一组织环境监测，调查和掌握全国环境状况和发展趋势，提出改善措施；⑤组织和协调环境科学研究和环境教育事业，积极推广国内外保护环境的先进经验和技术；⑥指导国务院所属各部门和各省（自治区、直辖市）的环境保护工作；⑦组织和协调环境保护的国际合作和交流。国务院环境保护领导小组设置办公室。之后，各省（自治区、直辖市）和国务院有关部门也陆续建立了环境管理机构和环保科研、监测机构，在全国逐步开展了以“三废”治理和综合利用为主要内容的污染防治工作。

1978年2月，第五届全国人大第一次会议通过的《中华人民共和国宪法》规定：“国家保护环境和自然资源，防治污染和其他公害。”这是新中国历史上第一次在宪法中对环境保护作出明确规定，为我国环境法制建设和环境保护事业开展奠定了坚实的基础。1979年9月，第五届全国人大常委会第十一次会议通过我国的第一部环境保护基本法——《中华人民共和国环境保护法（试行）》，我国的环境保护工作开始走上法制化轨道。

1982年5月，第五届全国人大常委会第二十三次会议决定，将国务院环境保护领导小组办公室等机构合并，组建城乡建设环境保护部，部内设环境保护局。

1983年12月，国务院召开第二次全国环境保护会议，明确提出：保护环境是我国一

项基本国策，我国环境保护事业的战略方针是经济建设、城乡建设、环境建设同步规划、同步实施、同步发展，实现经济效益、环境效益、社会效益的统一。

1984年5月，国务院环境保护委员会成立，其任务是研究审定有关环境保护的方针、政策，提出规划要求，领导和组织协调全国环境保护工作；委员会主任由副总理兼任，办事机构设在城乡环境保护部（由环境保护局代行）。

1988年，国务院机构改革将环保工作分离出来，成立独立的国家环境保护局，明确为国务院综合管理环境保护的职能部门，也是国务院环境保护委员会的办事机构。

1989年4月，国务院召开第三次全国环境保护会议，提出积极推行深化环境管理的环境保护目标责任制、城市环境综合整治定量考核制、排放污染物许可证制、污染集中控制和限期治理5项新制度和措施，连同继续实行环境影响评价、"三同时"、排污收费三项老制度。

1992年联合国环境与发展大会之后，我国在世界上率先提出了《环境与发展十大对策》，第一次明确提出转变传统发展模式，走可持续发展道路。随后我国又制定了《中国21世纪议程》《中国环境保护行动计划》等纲领性文件，可持续发展战略成为我国经济和社会发展的基本指导思想。

1996年7月，国务院召开第四次全国环境保护会议，确定了坚持污染防治和生态保护并重的方针，实施《污染物排放总量控制计划》和《跨世纪绿色工程规划》两大举措。

1998年6月，国家环境保护局升格为国家环境保护总局（正部级），是国务院主管环境保护工作的直属机构，同时撤销国务院环境保护委员会。

2008年，为加大环境政策、规划和重大问题的统筹协调力度，组建环境保护部，其主要职责是，拟订并组织实施环境保护规划、政策和标准，组织编制环境功能区划，监督管理环境污染防治，协调解决重大环境问题等加大环境保护力度。

2018年，国务院机构改革组建生态环境部。将环境保护部的职责，国家发展和改革委员会的应对气候变化和减排职责，国土资源部的监督防止地下水污染职责，水利部的编制水功能区划、排污口设置管理、流域水环境保护职责，农业部的监督指导农业面源污染治理职责，国家海洋局的海洋环境保护职责，国务院南水北调工程建设委员会办公室的南水北调工程项目区环境保护职责整合，组建生态环境部。

在2018年机构改革以前，除了环境保护部外，涉及水环境管理的另一个机构是水利部。关于两者之间在水环境管理职能的划分，2008年《国务院办公厅关于印发环境保护部主要职责内设机构和人员编制规定的通知》规定了水污染防治与水资源保护的职责分工：环境保护部对水环境质量和水污染防治负责，水利部对水资源保护负责；两部门要进一步加强协调与配合，建立部际协商机制，定期通报水污染防治与水资源保护有关情况，协商解决有关重大问题。环境保护部发布水环境信息，对信息的准确性、及时性负责。水利部发布水文水资源信息中涉及水环境质量的内容，应与环境保护部协商一致。同时，2008年水利部职能规定，负责水资源保护工作；组织编制水资源保护规划，组织拟订重要江河湖泊的水功能区划并监督实施，核定水域纳污能力，提出限制排污总量建议，指导饮用水水源保护工作，指导地下水开发利用和城市规划区地下水资源管理保护工作。简单来讲，我国2018年以前的水环境管理体制安排是"水利不上岸、环保不下水"。

二、我国水环境管理体制现状

根据 2018 年国务院机构改革方案，生态环境部统一行使生态和城乡各类污染排放监管与行政执法职责，全面落实大气、水、土壤污染防治行动计划，构建政府为主导、企业为主体、社会组织和公众共同参与的生态环境治理体系，实行最严格的生态环境保护制度，严守生态保护红线和环境质量底线，坚决打好污染防治攻坚战，保障国家生态安全，建设美丽中国。其主要职责为，负责建立健全生态环境基本制度；负责重大生态环境问题的统筹协调和监督管理；负责监督管理国家减排目标的落实；负责环境污染防治的监督管理；指导协调和监督生态保护修复工作；负责生态环境准入的监督管理；负责生态环境监测工作等。

水环境管理工作由其水生态环境司具体负责，主要职责包括，负责全国地表水生态环境监管工作；拟订和组织实施水生态环境政策、规划、法律、行政法规、部门规章、标准及规范；拟订和监督实施国家重点流域、饮用水水源地生态环境规划和水功能区划；建立和组织实施跨省（国）界水体断面水质考核制度；统筹协调长江经济带治理修复等重点流域生态环境保护工作；监督管理饮用水水源地、国家重大工程水生态环境保护和水污染源排放管控工作，指导入河排污口设置；参与指导农业面源水污染防治；承担河（湖）长制相关工作。

水利部承担指导水资源保护工作；组织编制并实施水资源保护规划，指导饮用水水源保护有关工作，指导地下水开发利用和地下水资源管理保护，组织指导地下水超采区综合治理。主要由其水资源管理司承担。

思　考　题

1. 阐述我国环境保护管理体制的发展过程。
2. 对比我国与美国水环境管理体制。

第五部分

学科热点和前沿

第十九章 学科热点和前沿

第一节 水资源统一管理

水资源统一管理（integrated water resources management，IWRM；国内也有翻译为“水资源综合管理”）是国际上目前最广泛使用的水管理用词。目前，国际上比较权威的阐述是2000年全球水伙伴技术委员会技术文件第4号《水资源统一管理》。该报告认为，统一管理是以公平的方式，在不损害重要生态系统可持续性的条件下，促进水、土及相关资源的协调开发和管理，以使经济和社会财富最大化的过程。

水资源统一管理包含两个方面含义：①自然系统的统一，强调淡水和海岸带、土地和水、“绿水”和“蓝水”、地表水和地下水、水量和水质以及上下游利益之间的统一管理；②人类系统的统一，强调政策制定和执行部门间、规划和决策过程中所有利害相关者以及水和污水的统一管理。水资源统一管理突出三个经济、社会和自然重要原则，即经济效率、公平性、环境和生态的可持续。

水资源统一管理的三个主要方面为实施环境、体制和管理手段。水资源统一管理的实施环境包括制定明确“游戏规则”和利害相关者参与水资源开发利用与管理并能发挥作用的国家、省或地方的法律、法规和政策框架；建立“游戏规则”形成和促进利害相关者参与的论坛和机制，包括信息和能力建设。除了政府机构外，统一管理强调促进所有利害相关者自上而下和自下而上的参与，包括私营公司、妇女与社会弱势群体组织、非政府组织及其他社会团体等。

体制包括各级行政管理部门和利害相关者。水资源统一管理认识到职责不清是统一管理的障碍，如执行和实施者间的职责不清，缺乏有效协调机制，职能空白或重叠以及无法满足工作需要的职责、权力和能力等，都是难以实施统一管理的重要原因。因此，管理体制和机构设置需要综合考虑地理因素、国家政治体制、流域或含水层水资源、社区机构的现状和能力，并建立不同机构间的有效协调机制。国家级机构通常制定政策和战略，协调和制定国家水资源规划，也可以收集和处理信息和在某些情况下监督下级机构工作。由于更接近资源和用户，州（省）和地区机构通常开展资源监测、评价和分配，制定和实施水价、标准或许可，协调和处理冲突和制定大面积土地利用规划。流域管理机构应该根据需要建立，现有行政管理部门与管理制度可能不支持流域管理；而且流域机构并不能保证实现资源可持续利用，且需要得到许多其他机构的支持。将供水和卫生服务下放给地方政府有助于更好满足用户需求和提高服务商的责任性，但可能引起严重的问题，如效率、上下游利益和规模经济等。社区层面应鼓励社会团体参与实际的水资源和水环境管理。

管理手段包括命令控制型和经济激励型，以及激励性自主管理。但在大多数情况下，为实现有效和低成本管理手段，管理部门需要采用一种混合方式。

水资源统一管理自从提出以后，在各大国际组织的积极推动下，已经成为国际水资源领域的一个主流观点，但仍然存在各种疑问，如如何建立一个可实施的框架？基于多元化的世界，将与水有关活动的“统一”是否现实？如何将管理的各种方面，而且一些方面不在体制中，合适地统一？

我国对水资源统一管理的概念也十分推崇，特别是在20世纪80年代初期我国“九龙治水”的管理体制下，水行政主管部门积极推动水资源统一管理。但我国的水资源统一管理与国际上的定义有区别：我国的水资源统一管理认为，水利部门或水行政主管部门应该统一管理水资源，实施水资源统一管理的途径是将分散于其他部门的涉水管理职能统一到一个部门；国际上对水资源统一管理的定义是从水的角度，而不是从行政的角度出发，强调在水规划、开发、利用、配置、保护和治理的过程中，政策制定、实施和监督的各个部门的行动应该统一和协调。

第二节 水 治 理

1989年，世界银行首次使用“治理危机”，并于1992年发表了“治理与发展”的报告。随后，“治理”开始广泛应用于各个领域，更是在全球公共事务领域大行其道，全球治理理念也应运而生。

治理有众多的定义。联合国全球治理委员会对治理的定义是：“治理是公私机构管理其共同事务的诸多方式的总和；是使相互冲突的或不同利益得以调和并且采取联合行动的持续过程；既包括有权迫使人们服从的正式制度和规则，也包括人们和机构同意的或符合其利益的各种非正式的制度安排。”联合国开发计划署（UNDP）对“治理”的定义是，在各个层次管理一个国家事务的经济、政治和行政权利的行使……它包括公民和团体表达他们的利益、行使他们的法律权利、承担他们的义务和调和他们的差异的机制、过程和体制；治理有经济、政治和行政三个支柱：经济治理包括决策过程，这将影响国家的经济活动以及与其他经济的关系；政治治理是政策制订的决策过程；行政治理是政策实施的体系；相似逻辑能应用于较低层次，如一个城市或家庭层次。因此，相对于“行政管理”，“治理”是一个比政府更广泛的概念和范畴，包括法律、规章和体制，社会和政府的关系等。

好的“治理”或良治、善治一般具备一些必要条件，如包容性、责任性、参与性、透明性、预见性和响应性等。差的“治理”或恶治，将增加政治和社会风险增加，导致体制僵化和失效以及应对问题能力下降。分析表明，好的“治理”与产生的好的发展成效之间有着很强的关联，如较高的人均收入，较低的婴儿死亡率和较高的受教育程度等；而差的“治理”通常是发展的障碍，并通过经济和非经济途径伤害贫困群体。

在人们十分关注世界水危机挑战的时候，“治理”的概念也被引入水行业。自1992年都柏林会议以来，与水治理有关的一些认识与战略被确定。2000年，全球水伙伴在荷兰海牙第二届世界水论坛的《行动框架》提出“水危机是一个治理危机”，并确定有效水治理为最优先行动之一。随着全球对治理的日益重视，水治理在水行业也得到了广泛讨论。

水治理是指由不同社会层次开发、利用、保护和管理水资源、水服务和水环境的政治、社会、经济和行政体系所组成的系统。一定程度上，治理与水的技术和经济因素重叠，但治理关注解决问题的政治和行政因素。水治理包括管理权力运用和正式与非正式的制度、政府有效制定和监督好的政策实施、尊重公民和机构间管理协调等。

水治理包括设计社会可接受的，并能动用社会资源实施的公共政策和体制框架的能力。水政策及其制定过程必须实现水资源可持续利用的目标，同时为有效实施水政策，主要的利害相关者必须参与政策过程。

水治理关注水开发利用和管理的政治、社会和经济组织及它们之间的关系。考虑到水资源利用的社会复杂性，公平和有效地开发、配置、管理水及保证生态和环境的可持续，要求在决策中听取和尊重不同意见。因此，水治理体系是水行业内部不同机构和团体的职能相对平衡的结构。水资源和水服务、水环境高效的治理需要政府和不同团体，特别是基层团体，以及私营部门的共同协助和行动。

第三节 政府和社会资本合作

一、私有化

PPP（Public - Private Partnership），又称PPP模式，即政府和社会资本合作，或公私合营或合伙，是公共基础设施中的一种项目运作模式。在该模式下，鼓励私营企业、民营资本与政府进行合作，参与公共基础设施的建设。PPP是私有化或民营化的一种类型。

私有化是政府满足社会需求的一种新思维方式，是为采取行动或改变资产所有制形式以缩小政府的作用、扩大私营部门的作用。从技术的角度更准确的定义私有化，可以用图19-1表示。私有化意味着沿着这条线从左向右依次移动。如果选择私有化，管制是成功的关键，但管制恰恰是私有化过程中最薄弱的环节。

图19-1 私有化的定义

（1）承包。在承包中，私营公司是生产者，政府作为协调者向生产者支付价款并把商品和服务提供给用户。承包的优点是，能够提高效率，合同表达绩效标准清晰，减少政府权力扩张的可能性并能够脱离日常事务。但其缺点是企业和政府合同的发包者的关系可能过于密切，其结果是腐败；另一个缺点是，在某些领域不适合承包制。

（2）拨款。拨款是赠予的一种形式。拨款者有期望，接受拨款者也有义务。政府拨款补贴私营企业生产，以降低生产成本、创造盈利机会。

（3）特许。在特许经营中，政府保证客户能够得到某一种产品和服务，但不向产品和服务提供商付款。典型的是，政府指定一家私营公司作为提供商，由客户购买这种产品和服务，政府通常进行价格管制，如特许授权的公用事业，包括供水和污水处理等。

（4）合伙。与承包、特许、拨款和其他形式的公共部门与私营部门之间的合作不同，在合伙形式中，为了满足合伙中规定的社区急需，公共与私营部门共同承担风险和责任。

共担风险意味着合伙双方均有可能失去资源。合伙形式鼓励公私双方合力举办各自无法成功的事业。

（5）凭单。在凭单形式中，政府补贴客户，使其在市场中有一定程度的自由选择权。而在拨款形式中，政府补贴生产者，使客户的选择局限于政府补贴的那些提供产品和服务的私营公司。

（6）志愿服务。志愿者协会从事了许多政府不愿或无力去做的服务工作。

（7）私有化。即出售公共资产。

国际上，在1979年和1980年玛格丽特·撒切尔和罗纳德·里根分别当选英国首相和美国总统后，给私有化增加了意识形态的推动力。从1979年开始，英国发生了一系列出售国有公司的私有化和非国有化活动，其中包括水服务产业的私有化。尽管里根政府也在1985年提出了雄心勃勃的私有化计划，但美国几乎没有政府拥有的企业。随后，全球私有化浪潮几起几落，水服务产业也深受其影响。

二、水服务产业私有化

在水服务产业，越来越多的政府寻求私营部门的帮助是因为，政府希望利用私营部门的技能，改善服务效率和筹措资金。而且成功经验也表明，如果有好的设计，这些安排能够带来服务质量、服务数量和效率的显著改善。但水服务产业私有化并不是一付万灵药，需要政府和私营行业参加者的合作关系，以及这个合作关系的本质：权利、责任和风险，必须仔细设计。

水服务产业私有化的类型包括服务合同、管理合同、租赁、特许经营、BOT（Building－Operation－Transfer，建设—运营—转让）和资产剥离。其不同的特性见表19－1。

表19－1　　水服务产业私有化类型及其特点

类　型	资产所有权	运营和维护	投　资	商业风险	期　限
服务合同	公有	公私	公	公	1～2年
管理合同	公有	私	公	公	3～5年
租赁	公有	私	公	共同	8～15年
特许经营	公有	私	私	私	25～30年
BOT	公私	私	私	私	20～30年
资产剥离	私有或公私	私	私	私	不确定（可能受许可限制）

服务合同是由私营部门提供专门的服务，如设备安装、读表、渗漏监测和管道维修等，一般期限为6个月到2年。其主要优点是可以利用私营部门的技术特长，并为这些服务提供竞争，同时保留公用事业管制者协调这些事务和对公共行业投资的责任。服务合同在水服务产业被广泛应用。

管理合同将运营和维护政府拥有的企业的责任转让于私营部门。这些合同一般为3～5年。最简单的是向私营公司支付一笔规定的费用，执行管理任务；也可以设计复杂的合同，增加对效率改进的激励。但从效率考虑，复杂合同的执行成本必须高于所获得的效率改善。在管理合同中，政府仍然保留投资责任，因此，如果政府希望获得私营资金，管理合同不是一个好的选择。同时，管理合同并没有将商业风险转让给合同承担者，对降低成本和改善服务质量的刺激不足。管理合同适用于希望改善企业的技术能力和运营效率，或准备将来更大的私有化。

在租赁的安排下，私营公司租赁政府资产，负担运行和维护责任。由于租赁者购买了从企业运营中收益的权利，在一个较好设计的合同中，租赁者利润来自其降低的成本（在满足租赁合同中规定的质量标准的条件下），因此其激励改善运营效率。

特许经营授予私营伙伴运营和维护的责任，还授予投资的责任；但资产所有者仍然是政府，所有资产，包括那些由私营部门投资的资产，将在合同结束后（一般25～30年以后）归还政府。特许经营一般通过投标，由一个合同管理。合同具体规定了主要的服务目标，如水服务范围、数量和质量等，投资安排，价格调整机制和争议仲裁机制等。特许经营的主要优点是，将运营和投资的全部责任转让给私营部门，给企业活动提供了足够的激励，因此，特许经营在需要大量投资扩大服务范围或改善服务质量的情况下是一个好的选择。在政府方面，管制特许经营是一项十分复杂的业务，因为其向特许经营者授予了一个长期的垄断。管制是成功的关键，特别是在特许经营者和用户之间分配利益。

在提供趸售服务上，BOT安排类似特许经营，但通常应用于水厂和污水处理厂。典型的是，私营公司承担建设一个新水厂项目，并运营一段时间，在合同结束时，放弃所有权利，转交政府。政府或管网企业将向BOT经营者支付项目所提供的水，价格以合同期弥补建设运营成本和提供合理利润计算。BOT经营者和管网企业的合同一般强制管网企业支付规定数量水的费用，而不管是否使用；这样管网企业将承担所有需水风险。作为替代方案，管网企业也可能支付包括容量水价和计量水价的两部制水价，以在管网企业和BOT经营者之间分配风险。BOT在解决供水和污水处理能力不足的情况下十分有效，并在我国得到大量应用。BOT不能解决管网问题，甚至可能恶化。若需要同时改善和扩建管网与处理厂并提高效率，可采用不同方式和合同，以从竞争性投标和降低垄断力量中提高效率。BOT方式有不同的变化类型，包括BOO（Build - Operate - Own，建设—运营—拥有）、DBO（Design - Build - Operate，设计—建设—运营）等。

供水和污水服务的资产剥离，是出售部分或全部资产或股份。完全资产剥离如同特许经营，但不同于特许经营的是，资产剥离将资产所有权转让于私营部门。特许经营授予政府两个基本的任务：保证政府继续拥有的企业资产在合同结束时很好利用和回报，以及通过管制保证用户免于垄断定价和低质服务。但在资产剥离中，政府仅保留管制任务，因为理论上私营企业应更关心其资产，但私营公司可能没有那么长远的眼光。因此，即使是资产出售，管制者可能仍然需要仔细审查资产更新和投资计划。在英格兰和威尔士，管制者要求水服务企业报告资产适用性。资产剥离在其他基础设施行业广泛应用，但在水行业只有在英格兰和威尔士成功应用（当然，私营水服务公司同样在美国长期运营）。考虑到水服务产业基础设施和服务在国家经济和社会中的重要性和敏感性，在没有保证的情况下，政府一般不愿剥离资产。英国政府也保留了安全权力，在水服务公司不能成功时可以指定其他服务提供商，同时限制运营许可期限。

20世纪90年代，PPP在西方开始流行，以欧洲居多。其核心是，为了完成某些公共设施和相关服务项目，在公共机构与私营部门之间建立伙伴关系，签署合同明确双方的权利和义务，以确保这些项目的顺利完成。PPP 的基本特征很简单，包括共享投资收益、分担投资风险和承担社会责任。PPP 的典型例子是公共机构设立独立投资项目，私营机构投资建设并负责运营。PPP 合作的特点是发挥合作各方的优势：公共部门拥有政策制定和实施能力，但其劣势是资金缺乏、管理落后和效率低下；私营部门资金相对充裕，拥有先进的管理模式与丰富的管理经验，灵活性强且具备较强的创新能力，但是承担风险能力有限。

三、我国水服务产业市场化发展

PPP 在我国并非全新的事物，早在 20 世纪末就已出现 PPP 项目。2004 年，建设部颁布了《市政公用事业特许经营管理办法》，将特许经营引入市政公用事业，在城市供水、污水处理及燃气供应等领域开展了大规模的项目实践。

2014 年 11 月，国务院发布《关于创新重点领域投融资机制鼓励社会投资的指导意见》要求充分发挥社会资本特别是民间资本的积极作用，创新生态环保投资运营机制，鼓励社会资本投资运营农业和水利工程，推进市政基础设施投资运营市场化，建立健全政府和社会资本合作机制。在市场基础设施投资运营市场化方面，通过特许经营、投资补助、政府购买服务等多种方式，鼓励社会资本投资城镇供水和污水垃圾处理等市政基础设施项目，采用委托经营或转让—经营—转让（Transfer - Operation - Transfer，TOT）等方式，将已经建成的市政基础设施项目转交给社会资本运营管理。

2014 年 12 月，财政部成立了政府和社会资本合作（PPP）中心，国家发展和改革委员会下发了《关于开展政府和社会资本合作的指导意见》（简称《指导意见》）和通用合同指南。《指导意见》提出，转变职能，政府要牢固树立平等意识及合作观念，集中力量做好政策制定、发展规划、市场监管和指导服务，从公共产品的直接“提供者”转变为社会资本的“合作者”以及 PPP 项目的“监管者”；并提出 PPP 模式主要适用于政府负有提供责任又适宜市场化运作的公共服务、基础设施类项目，包括供水、污水及垃圾处理等市政设施和水利、资源环境和生态保护等项目。《指导意见》同时对不同项目提出了操作模式选择，①经营性项目，指具有明确的收费基础且经营收费能够完全覆盖投资成本的项目，可通过政府授予特许经营权，采用建设—运营—移交（BOT）、建设—拥有—运营—移交（BOOT）等模式推进；②准经营性项目，指经营收费不足以覆盖投资成本、需政府补贴部分资金或资源的项目，可通过政府授予特许经营权附加部分补贴或直接投资参股等措施，采用建设—运营—移交（BOT）、建设—拥有—运营（BOO）等模式推进；③非经营性项目，指缺乏“使用者付费”基础、主要依靠“政府付费”回收投资成本的项目，可通过政府购买服务，采用建设—拥有—运营（BOO）、委托运营等市场化模式推进。

水服务产业作为 PPP 模式的重点应用领域，在我国的几次 PPP 大规模推广中具有显著的特点，2000 年左右的 PPP 高潮中供水设施建设和运营是重点，而在 2014 年以后的应用中污水处理设施成为热点。

在水服务产业市场化发展的过程中，我国建立和采用了多种形式的市场化模式，包括：①公有公营模式，指由政府投资建设城市环境基础设施，设施运营由公有企业（包括国有、地方和集体企业）实施企业化管理，也可以通过服务合同或管理合同形式允许民营企业准入设施的运营，如北京和上海的事业单位改制、企业化运营，深圳的管理合同等；②公有私（民）营模式，包括BOT，如众多的污水处理厂和成都市第六自来水厂B厂等；准BOT，相对于BOT，除了资金外，政府也可以土地等其他资本形式注入股份，如北京经济技术开发区污水处理厂；TOT模式，指政府对其建成的基础设施在资产评估的基础上，通过公开招标向社会投资者出让资产和特许经营权，投资者在购得设施并取得特许经营权后，组成项目公司，该公司在合同期内拥有、运营和维护该设施，通过收取服务费回收投资并取得合理的利润，合同期满后，投资者将运行良好的设施无偿地移交给政府；如2000年后政府已建和新建的污水处理厂，多采取TOT方式进行产业化改革。

第四节　最严格水资源管理制度

2009年，我国提出和建立了最严格水资源管理制度。在认识到我国人多水少、水资源时空分布不均、与生产力布局不相匹配的基本水情和国情下，当时我国长期形成的高投入、高消耗、高污染、低产出、低效益的经济发展模式未得到根本改变，用水效率较低，废污水排放量大、处理水平低，水环境恶化，水生态问题突出，水资源问题已经成为经济和社会可持续发展的主要制约因素。

但同时，尽管改革开放以来我国的水资源管理取得重大进展，但对水资源管理重视程度不够，重建设轻管理，重开发轻保护，重利用轻节约。在水量与水质、供水与退水、节水与保护等关键环节，水资源管理职能交叉、关系不顺；政策法规、制度和技术标准还不够完善；投入机制、激励机制、参与机制还不够健全。同时，在水资源管理理念、管理方法、管理能力等方面也还存在很大差距。

最严格水资源管理制度要求推进六个转变：①在管理理念上，要加快从供水管理向需水管理转变；②在规划思路上，要把水资源开发利用优先转变为节约保护优先；③在保护举措上，要加快从事后治理向事前预防转变；④在开发方式上，要加快从过度开发、无序开发向合理开发、有序开发转变；⑤在用水模式上，要加快从粗放利用向高效利用转变；⑥在管理手段上，要加快从注重行政管理向综合管理转变。

实行最严格的水资源管理制度要求不断完善并全面贯彻落实水资源管理的各项法律、法规和政策措施，划定水资源管理三条“红线”，并严格执法监督。围绕水资源的配置、节约和保护，①确立水资源开发利用控制红线，建立用水总量控制制度。抓紧制定主要江河水量分配方案，加强水资源论证工作，严格执行建设项目水资源论证制度，严格取水许可审批管理，严格地下水管理和保护；强化水资源统一调度，建立和完善国家水权制度。②确立用水效率控制红线，建立用水效率控制制度。加快制定区域、行业和用水产品的用水效率指标体系，加强用水定额和计划管理。严格限制水资源不足地区建设高耗水型工业项目。落实建设项目节水设施与主体工程同时设计、同时施工、同时投产制度。③确立水功能区限制纳污红线，建立水功能区限制纳污制度。从严核定水域纳污容量，严格控制入河湖排污总量。建立水功能区水质达标评价体系，完善监测预警监督管理制度。加强水源地保护，依法划定饮用水水源保护区，强化饮用水水源应急管理。

除了水资源管理三条“红线”外，最严格水资源管理制度还建立了水资源管理责任和考核制度。县级以上地方政府主要负责人对本行政区域水资源管理和保护工作负总责。严格实施水资源管理考核制度，水行政主管部门会同有关部门，对各地区水资源开发利用、节约保护主要指标的落实情况进行考核，考核结果交由干部主管部门，作为地方政府相关领导干部综合考核评价的重要依据。

在2009年建立和提出最严格的水资源管理制度以后，2011年中央1号文件《关于加快水利改革发展的决定》明确要求实行最严格水资源管理制度，确立水资源开发利用控制、用水效率控制和水功能区限制纳污三条“红线”，从制度上推动经济社会发展与水资源水环境承载能力相适应。2012年1月，国务院发布了《关于实行最严格水资源管理制度的意见》，对实行最严格水资源管理制度工作进行全面部署和具体安排，进一步明确水资源管理“三条红线”的主要目标，提出具体管理措施，全面部署工作任务，落实有关责任。2013年1月2日，国务院办公厅发布《实行最严格水资源管理制度考核办法》，明确了实行最严格水资源管理制度的责任主体与考核对象，明确了各省（自治区、直辖市）水资源管理控制目标，明确了考核内容、考核方式、考核程序、奖惩措施等。

从2014年以后，由水利部牵头组成的考核工作组已经发布了2014—2019年的各省（自治区、直辖市）实行最严格水资源管理制度的考核结果。

第五节　河（湖）长制

“河长制”最早起源于浙江省长兴县。20世纪90年代末，为提升城市生态品牌，改善居民生活品质，长兴县陆续在卫生责任片区、道路、里弄推出了片长、路长、里长。2003年6月，浙江省启动千村示范、万村整治工程，长兴县将各类“长”的成功经验运用到水系河道治理上，率先在全国试行“河长制”，给几条重点河流设立了河长，这些河道的大事小情全都归河长管。2004年，长兴县将河长制推广到农村地区，由乡村领导担任河长。2008年，长兴县颁布文件任命县领导担任太湖入湖河流的河长，乡镇领导担任辖区河流的河长，从而形成了县、乡、村三级河长体系。2008年以后，浙江省的其他地市也陆续试点河长制。2013年，浙江省出台《关于全面实施“河长制”进一步加强水环境治理工作的意见》，明确了各级河长是包干河道的第一责任人，承担河道的“管、治、保”职责。

在邻近的江苏省，在太湖蓝藻暴发后，2007年8月江苏省无锡市印发了《无锡市河（湖、库、荡、氿）断面水质控制目标及考核办法（试行）》，明确将河流断面水质的检测结果纳入各市（县）、区党政主要负责人政绩考核内容。无锡市党政主要负责人分别担任了64条河流的河长。2008年，江苏省决定在太湖流域借鉴和推广无锡首创的“河长制”，全省15条主要入湖河流全面实行“双河长制”，由省、市两级领导共同担任河长，协调解决太湖和河道治理的重任，一些地方还设立了市、县、镇、村的四级河长管理体系。随后，我国其他地区的省份，包括北京、天津、安徽、福建、海南和云南等，纷纷建立河长制。

2016年12月，中共中央办公厅和国务院办公厅印发《关于全面推行河长制的意见》，提出，河长制是解决我国复杂水问题、维护河湖健康生命的有效举措，是完善水治理体系、保障国家水安全的制度创新。同时，水利部和环境保护部联合印发了《贯彻落实〈关于全面推行河长制的意见〉实施方案》要求重点做好确定河湖分级名录、明确河长制办公室、细化实化主要任务、强化分类指导和明确工作进度等工作。

2017 年，修订后《水污染防治法》第 5 条规定，省、市、县、乡建立河长制，分级分段组织领导本行政区域内江河、湖泊的水资源保护、水域岸线管理、水污染防治、水环境治理等工作。

2018 年 1 月，中共中央办公厅和国务院办公厅印发《关于在湖泊实施湖长制的指导意见》。提出，湖泊管理保护需要统筹考虑河湖关系复杂性，认识准确界定沿湖行政区域管理保护责任的困难，必须更加严格，坚持问题导向，明确各方责任，细化实化措施，严格考核问责。

河（湖）长制的核心是建立健全以党政领导负责制为核心的责任体系，明确各级河（湖）长职责，强化工作措施，协调各方力量，形成一级抓一级、层层抓落实的工作格局。河（湖）长负责组织领导相应河湖的管理和保护工作，包括水资源保护、水域岸线管理、水污染防治、水环境治理等，牵头组织对侵占河道、围垦湖泊、超标排污、非法采砂、破坏航道、电毒炸鱼等突出问题依法进行清理整治，协调解决重大问题；对跨行政区域的河湖明晰管理责任，协调上下游、左右岸实行联防联控；对相关部门和下一级河（湖）长履职情况进行督导，对目标任务完成情况进行考核，强化激励问责。河（湖）长制办公室承担河长制组织实施具体工作，落实河（湖）长确定的事项。各有关部门和单位按照职责分工，协同推进各项工作。

河（湖）长制的工作机制包括建立河（湖）长会议制度、信息共享制度、工作督察制度，协调解决河湖管理保护的重点难点问题，定期通报河湖管理保护情况，对河（湖）长制实施情况和河（湖）长履职情况进行督察。

同时，河（湖）长制将强化考核问责。将领导干部自然资源资产离任审计结果及整改情况作为考核的重要参考，实行生态环境损害责任终身追究制，对造成生态环境损害的，严格按照有关规定追究责任。另外，还将加强社会监督。建立河湖管理保护信息发布平台，通过主要媒体向社会公告河长名单，在河湖岸边显著位置竖立河（湖）长公示牌，标明河（湖）长职责、河湖概况、管护目标、监督电话等内容，接受社会监督。聘请社会监督员对河湖管理保护效果进行监督和评价。

截至 2018 年 6 月底，全国 31 个省（自治区、直辖市）全部建立河长制。全国共明确省、市、县、乡四级河长 30 多万名，其中省级河长 402 人，59 名省级党政主要负责同志担任总河长，各地还因地制宜设置村级河长（含巡河员、护河员）76 万多名。截至 2018 年年底，全国在 1.4 万个湖泊设立省、市、县、乡四级湖长 2.4 万名，其中，85 名省级领导担任最高层级湖长；此外，还设立村级湖长 3.3 万名。

2018 年 10 月，水利部印发《关于推动河长制从“有名”到“有实”的实施意见》。提出，全面推行河长制已进入新阶段，要求推动河长制尽快从“有名”向“有实”转变，从全面建立到全面见效，实现名实相副。要求开展专项行动，夯实工作基础，划定河湖管理范围，建立“一河（湖）一档”，编制“一河（湖）一策”，抓好规划编制和推广应用大数据等技术手段。

思　考　题

1. 分析如何在水资源管理、水服务管制和水环境管理中实现自然系统和人类系统统一。

2. 阐述水服务产业市场化的类型及特点。

3. 阐述最严格水资源管理制度的四项制度和三条“红线”内容。

4. 阐述河（湖）长制的核心和与水资源管理制度的关系。

参　考　文　献

[1] 沈大军. 水管理学概论 [M]. 北京：科学出版社，2004.

[2] 俞可平. 全球化：全球治理 [M]. 北京：社会科学文献出版社，2003.

[3] 梁瑞驹，沈大军，吴娟. 水资源统一管理 [M]. 北京：中国水利水电出版社，2003.

[4] Global Water Partnership Technical Committee. Effective Water Governance. TEC Background Papers，2003，7.

[5] Global Water Partnership Technical Committee. Integrated Water Resources Management，TEC Background Papers，2000，4.